Sabedoria incomum

Fritjof Capra

Sabedoria incomum

Conversas com pessoas notáveis

Tradução
CARLOS AFONSO MALFERRARI

EDITORA CULTRIX
São Paulo

Título original: *Uncommon Wisdom – Conversations with Remarkable People.*

Copyright © 1988 Fritjof Capra.

Todos os direitos reservados. Nenhuma parte deste livro pode ser reproduzida ou usada de qualquer forma ou por qualquer meio, eletrônico ou mecânico, inclusive fotocópias, gravações ou sistema de armazenamento em banco de dados, sem permissão por escrito, exceto nos casos de trechos curtos citados em resenhas críticas ou artigos de revistas.

O primeiro número à esquerda indica a edição, ou reedição, desta obra. A primeira dezena à direita indica o ano em que esta edição, ou reedição foi publicada.

Edição	Ano
13-14-15-16-17-18-19	10-11-12-13-14-15-16

Direitos de tradução para o Brasil
adquiridos com exclusividade pela
EDITORA PENSAMENTO-CULTRIX LTDA.
Rua Dr. Mário Vicente, 368 – 04270-000 – São Paulo, SP
Fone: 2066-9000 – Fax: 2066-9008
E-mail: pensamento@cultrix.com.br
http://www.pensamento-cultrix.com.br
que se reserva a propriedade literária desta tradução.
Foi feito o depósito legal.

Agradecimentos

Mais que qualquer outro livro, é óbvio que este não poderia ter sido escrito sem a inspiração e o apoio dos muitos homens e mulheres notáveis mencionados em suas páginas, e de muitos outros que não chegam a ser citados. Eu gostaria de expressar a todos a minha mais profunda gratidão. Agradeço também a minha família e a meus amigos por suas leituras críticas de diversas partes do manuscrito, especialmente minha mãe, Ingeborg Teuffenbach, por suas valiosas sugestões editoriais, e minha esposa, Elizabeth Hawk, por me ajudar a aprimorar o texto à medida que ia sendo escrito. Finalmente, gostaria de agradecer a meus editores na Simon and Schuster — Alice Mayhew, John Cox e Debra Makay — por sua magnífica e sensível edição final do texto.

Índice

Prefácio 9

1. Uivando com os lobos 13
Werner Heisenberg — J. Krishnamurti

2. Fundamento nenhum 41
Geoffrey Chew

3. O padrão que une 59
Gregory Bateson

4. Nadando no mesmo oceano 75
Stanislav Grof — R. D. Laing

5. A busca de equilíbrio 123
Carl Simonton — Margaret Lock

6. Futuros alternativos 169
E. F. Schumacher — Hazel Henderson

7. Os diálogos de Big Sur 215
Gregory Bateson, Antonio Dimalanta, Stanislav Grof, Hazel Henderson, Margaret Lock, Leonard Shlain, Carl Simonton

8. Uma qualidade especial de sabedoria 255
Indira Gandhi

Bibliografia 271

Índice remissivo 273

Prefácio

Em abril de 1970, recebi meu último pagamento referente a pesquisas na física teórica das partículas. Desde então tenho continuado essas pesquisas em diversas universidades norte-americanas e européias, mas não foi possível persuadir nenhuma delas para me oferecer apoio financeiro. O motivo dessa falta de apoio é que a partir de 1970 minhas pesquisas no campo da física, ainda que constituindo parte essencial de meu trabalho, passaram a ocupar apenas uma parcela relativamente pequena de meu tempo. Venho dedicando a maior parte dele a pesquisas de alcance muito mais amplo, pesquisas que transcendem os limites estreitos das atuais disciplinas acadêmicas, pesquisas em que muitas vezes avanço por territórios inexplorados, indo às vezes além dos limites da ciência, conforme são atualmente entendidos, ou melhor, tentando estender esses limites para novas áreas. Embora eu tenha empreendido essas pesquisas com tanta tenacidade, método e meticulosidade quanto meus colegas da comunidade dos físicos empreendem as suas, e embora eu tenha publicado meus resultados numa série de ensaios e em dois livros, esses frutos eram, e ainda são, por demais novos e controvertidos para receberem o apoio de alguma instituição acadêmica.

Qualquer pesquisa levada a cabo nas fronteiras do conhecimento tem por característica o fato de não sabermos jamais aonde ela levará; no final, porém, se tudo correr bem, em geral podemos discernir uma evolução coerente de nossas idéias e de nosso entendimento. Certamente foi isso o que aconteceu com meu trabalho. Nos últimos quinze anos, passei muitas horas em intensas discussões com alguns dos mais importantes cientistas de nossa época; explorei diversos estados alterados de consciência, com e sem mestres e guias; convivi demoradamente com filósofos e artistas; discuti e experimentei toda uma gama de terapias, físicas e psicológicas; e participei de inúmeras reuniões de atividades sociais onde a teoria e a prática da transformação social eram discutidas segundo as mais variadas perspectivas e por pessoas das mais diferentes formações culturais. Muitas vezes parecia que cada novo entendimento abria novos caminhos a serem trilhados e gerava mais perguntas a serem feitas. Entretanto, hoje, em meados dos anos 80, ao rever essa época, verifico que durante todos os últimos quinze anos tenho perseguido constantemente um único tema: a transformação fundamental da visão de mundo que ocorre na ciência e na sociedade, o desdobramento de uma nova visão da realidade e as implicações sociais dessa transformação cultural. Publiquei os resultados de minhas pesquisas em dois livros, *O tao da física* e *O ponto de mutação,* e discuti as implicações políticas concretas dessa transformação cultural numa terceira obra, *Green politics*, que escrevi em co-autoria com Charlene Spretnak.

O propósito do livro que o leitor tem em mãos não é apresentar alguma idéia nova ou desenvolver ou modificar as idéias apresentadas em meus livros anteriores, mas sim contar a história pessoal existente por trás da evolução dessas idéias. E a história de meus encontros com muitos homens e mulheres notáveis que me inspiraram, me ajudaram e apoiaram minha busca — Werner Heisenberg, que me descreveu de maneira vívida como ele vivenciou pessoalmente a mudança de conceitos e de idéias na física; Geoffrey Chew, que me ensinou a não aceitar nada como fundamental ou essencial; J. Krishnamurti e Alan Watts, que me ajudaram a transcender o pensamento sem abandonar o meu compromisso com a ciência; Gregory Bateson, que ampliou a minha visão de mundo ao colocar a vida no centro; Stanislav Grof e R. D. Laing, que me desafiaram a explorar toda a amplitude da consciência humana; Margaret Lock e Carl Simonton, que me revelaram novos caminhos para a saúde e a cura; E. F. Schumacher e Hazel Henderson, que partilharam comigo as suas visões ecológicas do futuro; e Indira Gandhi, que enriqueceu a minha percepção da interdependência global. Com esses homens e mulheres, e com muitos outros que conheci e convivi no decorrer da última década e meia, aprendi os principais elementos do que acabei por chamar de "nova visão da realidade". Minha própria contribuição foi a de estabelecer os elos entre suas idéias e as tradições científicas e filosóficas que representam.

As conversas registradas aqui se deram entre 1969, ano em que pela primeira vez vivenciei a dança das partículas subatômicas como a Dança de Xiva, e 1982, ano em que *O ponto de mutação* foi publicado. Eu as reconstruí, em parte de fitas gravadas, em parte de minhas extensas anotações, e em parte de memória. As conversas culminaram nos "Diálogos de Big Sur", três dias de instigantes e esclarecedoras discussões em meio a um grupo extraordinário de pessoas, que permanecerão entre os momentos culminantes de minha vida.

Minha busca foi acompanhada de uma profunda transformação pessoal, que teve início sob o impacto de uma era de magia, os anos 60. Os anos 40, 50 e 60 correspondem aproximadamente às três primeiras décadas de minha vida. Os anos 40 foram minha infância, os 50, a adolescência, e os 60, juventude e início de minha vida madura. Revendo minhas experiências nessas décadas, posso melhor caracterizar os anos 50 pelo título do famoso filme com James Dean, *Juventude transviada*. Havia conflito entre as gerações, sem dúvida, mas a geração de James Dean e a geração mais velha na realidade partilhavam a mesma visão de mundo: a mesma crença na tecnologia, no progresso, no sistema educacional. Nada disso era questionado nos anos 50. Foi somente nos anos 60 que os rebeldes começaram a enxergar uma causa, e o resultado foi uma contestação fundamental da ordem social existente.

Nos anos 60, questionamos e contestamos a sociedade. Vivíamos de acordo com valores diferentes, tínhamos rituais diferentes e estilos de vida diferentes. Mas não conseguimos efetivamente formular nossa crítica de maneira sucinta. É claro que apresentamos críticas concretas a questões específicas, como a Guerra do Vietnam; porém não desenvolvemos nenhum sistema alternativo e abrangente de valores e idéias. Nossa crítica baseava-se em sentimentos intuitivos; vivemos e corporificamos nosso protesto em vez de verbalizá-lo e sistematizá-lo.

Com os anos 70 veio uma consolidação do modo como víamos o mundo. A magia dos anos 60 desvaneceu-se; a excitação inicial deu lugar a um período de concentração, assimilação e integração. Dois novos movimentos políticos, o ecológico e o feminista, surgiram nessa década, e juntos proporcionaram o amplo arcabouço que se fazia tão necessário para a nossa crítica e as nossas idéias alternativas.

Os anos 80, finalmente, são mais uma vez um período de atividade social. Nos anos 60, sentimos, entusiasmados e maravilhados, a transformação cultural; nos 70, esboçamos um arcabouço teórico; nos 80, estamos corporificando-o. O movimento verde mundial, que surgiu de uma coalescência dos movimentos ecológicos, pacifistas e feministas, é o sinal mais impressionante de atividade política nos anos 80, que talvez venha a ser lembrada como a década da política do Verde.

A era dos anos 60, que teve o mais decisivo impacto sobre a minha visão de mundo, foi dominada por uma expansão da consciência em duas direções, uma delas rumo a um novo tipo de espiritualidade, semelhante à das tradições místicas do Oriente; foi uma expansão da consciência que incorporava experiências, as quais os psicólogos começaram a chamar de "transpessoais". A outra foi uma ampliação da consciência social, desencadeada pelo questionamento e contestação radicais da autoridade; foi algo que ocorreu independentemente em diversas áreas. O movimento norte-americano pelos direitos civis exigiu que os cidadãos negros fossem incluídos no processo político; o Movimento pela Livre Expressão, em Berkeley, e os movimentos estudantis em várias outras universidades dos Estados Unidos e da Europa exigiram o mesmo para os estudantes; os cidadãos tchecos, durante a Primavera de Praga, contestaram a autoridade do regime soviético; o movimento feminista começou a contestar a autoridade patriarcal; e os psicólogos humanistas abalaram e minaram a autoridade dos médicos e terapeutas. As duas tendências dominantes dos anos 60 — a expansão da consciência na direção do transpessoal e na direção do social — tiveram profunda influência em minha vida e em meu trabalho. Meus dois primeiros livros têm claramente suas raízes naquela década mágica.

O final dos anos 60 coincidiu para mim com o fim do meu emprego, mas não do meu trabalho, como físico teórico. No outono de 1970, deixei o cargo de professor na Universidade da Califórnia, campus de Santa Cruz, e fui para Londres, onde passei os quatro anos seguintes explorando os paralelos entre a física moderna e o misticismo oriental. Esse trabalho em Londres foi o meu primeiro passo num longo e sistemático esforço para formular, sintetizar e transmitir uma nova visão da realidade. As etapas dessa jornada intelectual e os encontros e conversas com os muitos homens e mulheres notáveis que partilharam comigo o seu saber insólito constituem a história deste livro.

Fritjof Capra
Berkeley, outubro de 1986.

1
Uivando com os lobos

Werner Heisenberg

Meu interesse pela mudança da nova visão de mundo na ciência e na sociedade foi despertado quando eu, ainda um jovem estudante de física de dezenove anos, li *Física e filosofia* de Werner Heisenberg — o seu relato clássico da história e da filosofia da física quântica. Esse livro exerceu, e exerce ainda, enorme influência sobre mim. É uma obra erudita, bastante técnica em certos momentos, embora cheia de passagens de caráter pessoal, às vezes carregadas de emoção. Heisenberg, um dos fundadores da teoria quântica e, junto com Albert Einstein e Niels Bohr, um dos gigantes da física moderna, descreve e analisa o singular dilema enfrentado pelos físicos durante as três primeiras décadas do século, quando começaram a explorar a estrutura dos átomos e a natureza dos fenômenos subatômicos. Essa exploração os colocou em contato com uma estranha e inesperada realidade, que estilhaçou os alicerces da sua visão de mundo e os forçou a pensar de maneira inteiramente nova. O mundo material que então observavam já não se assemelhava a uma máquina, constituída de uma multidão de objetos distintos; surgia-lhes, em vez disso, como um todo indivisível, uma rede de relações que incluía o observador humano de modo essencial. Em suas tentativas de compreender a natureza dos fenômenos subatômicos, os cientistas tornaram-se dolorosamente cientes de que seus conceitos básicos, sua linguagem e todo o seu modo de pensar eram inadequados para a descrição dessa nova realidade.

Em *Física e filosofia*, Heisenberg oferece não só uma brilhante análise dos problemas conceituais, mas também um relato fascinante das enormes dificuldades pessoais que esses físicos enfrentaram quando suas pesquisas os obrigaram a uma expansão da consciência. Seus experimentos atômicos forçaram-nos a pensar em novas categorias sobre a natureza da realidade, e o grande feito de Heisenberg foi ter reconhecido isso claramente. A história de seu esforço e triunfo é também a história do encontro e da simbiose de suas personalidades excepcionais: Werner Heisenberg e Niels Bohr.

Heisenberg envolveu-se com a física atômica aos vinte anos de idade, quando assistiu a uma série de palestras dadas por Bohr em Göttingen. O tema das palestras era a nova teoria atômica de Bohr, saudada com um grande feito intelectual, que estava sendo estudado por físicos de toda a Europa. Na discussão que se seguiu a uma dessas palestras, Heisenberg discordou de Bohr num determinado aspecto técnico, e este ficou tão impressionado com a argumentação clara daquele jovem estudante que o convidou para um passeio, a fim de continuarem a conversa. Esse passeio, que durou várias horas, foi o primeiro encontro de duas mentes excepcionais, cuja interação posterior iria se tornar a principal força no desenvolvimento da física atômica.

Niels Bohr, dezesseis anos mais velho que Heisenberg, era um homem de suprema intuição, profundo apreciador dos mistérios do mundo, influenciado pela filosofia religiosa de Kierkegaard e pelos escritos místicos de William James. Nunca apreciou os sintomas axiomáticos e declarou repetidas vezes: "Tudo o que digo deve ser entendido não como uma afirmação, mas como uma pergunta". Werner Heisenberg, por outro lado, possuía a mente clara, analítica, matemática, com raízes filosóficas no pensamento grego, com que estava familiarizado desde a juventude. Bohr e Heisenberg representavam pólos complementares da mente humana, cuja interação recíproca — dinâmica e freqüentemente dramática — constituiu um processo único na história da ciência moderna, acabando por levá-la a um dos seus maiores triunfos.

Quando eu, ainda um jovem estudante, li o livro de Heisenberg, fiquei fascinado por seu relato dos paradoxos e aparentes contradições que atribulavam as investigações dos fenômenos atômicos no início dos anos 20. Muitos desses paradoxos estavam ligados à natureza dual da matéria subatômica, que surge às vezes como partículas, às vezes como ondas. "Os elétrons", costumavam dizer os físicos naqueles dias, "são partículas às segundas e quartas-feiras, e ondas às terças e quintas." E o que causava maior estranheza era o fato de que quanto mais os físicos tentavam esclarecer a situação, mais acentuados se tornavam os paradoxos. Apenas muito gradualmente os físicos conseguiram desenvolver uma certa intuição para saberem quando um elétron surgiria como uma partícula e quando surgiria como uma onda. Os físicos, nas palavras de Heisenberg, tiveram de "entrar no espírito da teoria quântica" antes de elaborarem um formalismo matemático preciso. O próprio Heisenberg desempenhou um papel decisivo para que isso acontecesse. Ele verificou que os paradoxos da física nuclear surgem quando tentamos descrever os fenômenos atômicos em termos clássicos, e foi suficientemente ousado e corajoso para rejeitar todo o arcabouço conceitual clássico. Em 1925, publicou um ensaio onde abandonava a descrição convencional dos elétrons no interior de um átomo em termos de suas posições e velocidades — que era a descrição de Bohr e de todos os outros na época — e substituiu-a por um arcabouço teórico muito mais abstrato, em que as quantidades físicas eram representadas por estruturas matemáticas chamadas "matrizes". A mecânica matricial de Heisenberg foi a primeira formulação lógica coerente da teoria quântica. Ela foi suplementada um ano depois por outra explicação formal, desenvolvida por Erwin Schrödinger, e conhecida como "mecânica ondulatória". Ambas as estruturas formais são coerentes em termos lógicos e matematicamente equivalentes — o mesmo fenômeno atômico pode ser descrito por meio de duas linguagens matemáticas diferentes.

No final de 1926, os físicos já possuíam um formalismo matemático completo e logicamente consistente, embora nem sempre soubessem como interpretá-lo para descrever uma determinada situação experimental. Nos meses seguintes, Heisenberg, Bohr, Schrödinger e outros foram pouco a pouco tornando mais clara a situação em discussões intensas, exaustivas e não raro carregadas de muita emoção. Em *Física e filosofia*, Heisenberg apresentou um retrato vívido desse período crucial da história da teoria quântica:

"Um estudo intensivo de todas as questões referentes à interpretação da teoria quântica em Copenhague levou finalmente a um esclarecimento completo da situação. Não foi, porém, uma solução que pudéssemos aceitar com facilidade. Lembro-me de discussões com Bohr que se prolongavam por muitas horas, até alta madrugada, e terminavam num estado que beirava o desespero. E quando, ao final de uma discussão, eu saía sozinho para passear num parque das redondezas, ficava me perguntando sem parar: 'Pode a natureza ser assim tão absurda quanto nos parece em nossos experimentos atômicos?' "

Heisenberg reconheceu que o formalismo da teoria quântica não pode ser interpretado nos termos das nossas noções intuitivas de tempo e espaço, ou de causa e efeito; simultaneamente, ele estava ciente de que todos os nossos conceitos estão ligados a essas noções intuitivas. E concluiu que não havia outra saída senão manter os conceitos intuitivos clássicos, restringindo porém a sua aplicabilidade. O grande feito de Heisenberg foi expressar essas limitações dos conceitos clássicos de uma forma matematicamente precisa — que hoje leva seu nome e é conhecida como "princípio de indeterminação". Consiste numa série de relações matemáticas que determinam até que ponto os conceitos clássicos podem ser aplicados aos fenômenos atômicos, estabelecendo assim os limites da imaginação humana no mundo subatômico.

O princípio de indeterminação mede o grau em que o cientista influencia as propriedades dos objetos observados pelo próprio processo de mensuração. Na física atômica, os cientistas já não podem exercer o papel de observadores objetivos e imparciais; eles estão envolvidos no mundo que observam, e o princípio de Heisenberg mede esse envolvimento. No seu nível mais fundamental, o princípio de indeterminação é uma medida de quanto o universo é uno e inter-relacionado. Nos anos 20, os físicos, liderados por Heisenberg e Bohr, constataram que o mundo não é uma coleção de objetos distintos; pelo contrário, ele parece uma teia de relações entre as diversas partes de um todo unificado. Nossas noções clássicas, provenientes da experiência cotidiana, não são inteiramente adequadas para descrever esse mundo. Werner Heisenberg, mais que qualquer outro, explorou os limites da imaginação humana — os limites até onde nossos conceitos convencionais podem ser ampliados — e o grau em que, necessariamente, nos envolvemos nesse mundo que observamos. Sua grandeza foi não só a de ter reconhecido esses limites e suas profundas implicações filosóficas, mas também a de conseguir especificá-las com clareza e precisão matemática.

Aos dezenove anos, não compreendi todo o livro de Heisenberg. Para falar a verdade, nessa primeira leitura a maior parte da obra permaneceu um mistério para mim. No entanto, ela despertou em mim o fascínio que tenho até hoje por esse período memorável da ciência. Todavia, um estudo mais completo e aprofundado dos paradoxos da física quântica e da sua resolução teria de esperar vários anos, o tempo para eu receber uma sólida instrução em física: inicialmente na física clássica, depois na mecânica quântica, na teoria da relatividade e na teoria quântica dos campos. *Física e filosofia* permaneceu meu companheiro durante esses estudos e, olhando em retrospectiva, posso ver que Heisenberg plantou a semente que, mais de uma década depois, amadureceria na minha investigação sistemática das limitações da visão de mundo cartesiana. "A cisão cartesiana", escreveu Heisenberg, "penetrou fundo na mente humana nos três séculos após Descartes, e levará muito tempo para ser substituída por uma atitude realmente diferente diante do problema da realidade."

Os anos 60

Entre os meus anos de estudante em Viena e a época em que escrevi meu primeiro livro está o período da minha vida em que passei pela mais profunda e mais radical transformação pessoal — o período dos anos 60. Para aqueles de nós que se identificam com seus movimentos, esse período representa não tanto uma década quanto um estado de consciência, caracterizado pela expansão transpessoal, questionamento da autoridade, senso da possibilidade das coisas e vivência da beleza sensual e do espírito comunitário. Tal estado de consciência penetrou por quase toda a década seguinte, e poderíamos dizer que os anos 60 só chegaram ao fim em dezembro de 1980, com o tiro que matou John Lennon. A enorme sensação de perda que dominou tantos de nós foi em grande parte a perda de toda uma era. Por alguns dias após aquele tiro assassino, todos nós revivemos a magia dos anos 60; embora com tristeza e lágrimas, a mesma sensação de magia e comunidade esteve viva novamente. Aonde quer que fôssemos naqueles dias, em todos os bairros, todas as cidades, todos os países do mundo ouvia-se a música de Lennon, e aquele sentimento intenso que nos acompanhara durante os anos 60 manifestou-se de novo e pela última vez:

> *"You may say I'm a dreamer,*
> *but I'm not the only one.*
> *I hope some day you'll join us,*
> *and the world will live as one".*[1]

Depois de formar-me pela Universidade de Viena em 1966, meus dois primeiros anos de pesquisas de pós-doutoramento em física teórica foram passados na Universidade de Paris. Em setembro de 68, minha esposa Jacqueline

---

[1] *"Você talvez diga que sou um sonhador, mas não sou o único. Espero que um dia você se junte a nós, e o mundo viverá então como um só." (N. do T.)*

e eu nos mudamos para a Califórnia, onde assumi o posto de professor e pesquisador na UC (Universidade da Califórnia) de Santa Cruz. Lembro-me de ter lido *The structure of scientific revolutions*, de Thomas Kuhn, durante o vôo transatlântico, e de haver ficado ligeiramente desapontado com esse livro tão famoso ao constatar que já conhecia suas idéias principais graças às minhas repetidas leituras de Heisenberg. Entretanto, o livro de Kuhn apresentou-me a noção de paradigma científico, que se tornaria o ponto central do meu trabalho muitos anos depois. O termo "paradigma", do grego *"paradeigma"* ("modelo", "padrão"), foi usado por Kuhn para denotar uma estrutura conceitual partilhada por uma comunidade de cientistas, que lhes proporciona modelos de problemas e de soluções. Nos vinte anos seguintes se tornaria muito popular falar de paradigmas e mudanças de paradigma também fora do campo da ciência, e em *O ponto de mutação* eu usaria esses termos num sentido bastante amplo. Um paradigma, para mim, significaria a totalidade de pensamentos, percepções e valores que formam uma determinada visão de realidade, uma visão que é a base do modo como uma sociedade se organiza.

Na Califórnia, Jacqueline e eu nos deparamos com duas culturas muito diferentes; dominante, a cultura habitual ortodoxa da maioria dos norte-americanos, e a "contracultura" dos *hippies*. Ficamos encantados com a beleza natural da Califórnia, mas também perplexos com a falta geral de gosto e valores estéticos na cultura normal. Em nenhum outro lugar o contraste entre a estonteante beleza da natureza e a feiúra mesquinha da civilização era mais intenso do que na costa oeste dos Estados Unidos, onde nos parecia que toda a herança européia fora relegada. Não nos foi difícil compreender por que a oposição da contracultura ao *American way of life* tivera origem aqui, e naturalmente fomos atraídos por esse movimento.

Os *hippies* se opunham a muitos traços culturais que considerávamos igualmente pouco atraentes. Para se distinguirem dos cabelos à escovinha e dos ternos de poliéster típicos dos homens de negócios, eles usavam cabelos compridos, roupas coloridas e individualistas, flores, contas e outras jóias. Os *hippies* viviam de forma natural, sem desinfetantes ou desodorantes, vários deles eram vegetarianos, muitos praticavam ioga ou alguma outra forma de meditação. Costumavam fazer o próprio pão, e freqüentemente executavam alguma forma de artesanato. Eram chamados de *"hippies* sujos" pelo *status quo,* mas referiam-se a si mesmos como *the beautiful people.* Insatisfeitos com um tipo de educação que visava preparar os jovens para uma sociedade que eles haviam rejeitado, muitos *hippies* abandonaram o sistema educacional por completo, embora fossem com freqüência muito talentosos. Essa subcultura era imediatamente identificável e bastante unida. Tinha seus próprios rituais, sua música, sua poesia, sua literatura, um fascínio comum pela espiritualidade e pelo ocultismo e a visão de uma sociedade cheia de beleza e paz partilhada por todos. O *rock* e as drogas psicodélicas eram elos poderosos entre os membros da cultura *hippie,* e influenciaram intensamente sua arte e seu estilo de vida.

Enquanto eu prosseguia com minhas pesquisas na UC de Santa Cruz, fui me envolvendo na contracultura tanto quanto minhas obrigações acadêmicas o permitiam, levando uma vida um tanto esquizofrênica — parte do tempo como pesquisador em nível de pós-doutoramento, e parte como *hippie*. Pouquíssimas pessoas que me deram carona, vendo-me com mochila e saco de dormir, suspeitaram que eu tivesse um Ph.D., e menos ainda que eu acabara de completar trinta anos — não sendo portanto digno de confiança, conforme um célebre provérbio *hippie*. Em 69 e 70 vivenciei todas as facetas da contracultura — os festivais de *rock*, as drogas psicodélicas, a nova liberdade sexual, a vida comunitária, os muitos dias com o pé na estrada. Viajar era fácil naqueles dias. Bastava esticar o polegar para conseguir uma carona sem o menor problema. Uma vez dentro do carro, éramos indagados sobre nosso signo astrológico, convidados para partilhar um baseado ao embalo do som de Grateful Dead, ou então envolvidos numa conversa sobre Hermann Hesse, o *I ching*, ou algum outro assunto esotérico.

Os anos 60 proporcionaram-me sem dúvida as mais profundas e radicais experiências de minha vida: a rejeição dos valores convencionais e ortodoxos; a intimidade, a paz e a confiança existentes na comunidade *hippie;* a liberdade da nudez comunitária; a expansão da consciência por meio das drogas psicodélicas e da meditação; a alegria, o espírito leve e a atenção ao "aqui e agora". O resultado disso tudo foi uma sensação de contínua magia, assombro, pasmo e maravilha que, para mim, estará perpetuamente associada aos anos 60.

Foi também a época em que aumentou a minha consciência política. Isso ocorreu primeiro em Paris, onde muitos pós-graduandos e jovens pesquisadores eram ao mesmo tempo membros ativos do movimento estudantil que culminou na memorável revolta conhecida simplesmente como "Maio de 68". Lembro-me das longas discussões no Departamento de Ciências em Orsay, durante as quais os estudantes não só analisavam a Guerra do Vietnam e a guerra árabe-israelense de 1967, mas também questionavam a estrutura de poder da universidade, propondo estruturas não-hierárquicas alternativas.

Afinal, em maio de 1968 todas as atividades docentes e de pesquisa foram interrompidas por completo quando os estudantes, liderados por Daniel Cohn-Bendit, estenderam sua crítica à sociedade como um todo e buscaram a solidariedade dos trabalhadores no intuito de mudarem toda a organização social. Durante cerca de uma semana, o governo municipal, os transportes públicos e negócios de todos os tipos foram completamente paralisados por uma greve geral. As pessoas passavam a maior parte do tempo discutindo política nas ruas, e os estudantes, que haviam ocupado o Odéon, o espaçoso teatro da Comédie Française, transformaram-no num "parlamento do povo" por vinte e quatro horas.

Jamais me esquecerei da excitação daqueles dias, que era moderada apenas pelo meu medo da violência. Jacqueline e eu passávamos os dias participando de comícios e manifestações gigantescas, evitando, cuidadosos, os confrontos entre manifestantes e as tropas policiais, reunindo-nos com pessoas nas ruas, em restaurantes e nos cafés, e discutindo política infindavelmente. À noite íamos ao Odéon ou à Sorbonne para ouvir Cohn-Bendit e outros exporem suas visões bastante idealistas mas muito estimulantes a respeito de uma futura ordem social.

O movimento estudantil europeu, de orientação basicamente marxista, não foi capaz de transformar suas visões em realidades durante os anos 60. No entanto, manteve suas preocupações sociais vivas na década seguinte, quando muitos de seus membros sofreram profundas transformações pessoais. Sob a influência dos dois temas de maior interesse dos anos 70, o movimento feminista e a ecologia, esses membros da nova esquerda ampliaram seus horizontes sem perder a consciência social, e no final da década começaram a ingressar nos recém-formados partidos verdes europeus.

Quando nos mudamos para a Califórnia no outono de 68, o racismo ostensivo, a opressão dos negros e o resultante movimento do Poder Negro tornaram-se outra parte importante da minha experiência dos anos 60. Eu não só participaria das manifestações e passeatas contra a guerra, como também compareceria aos eventos políticos organizados pelos Panteras Negras e assistiria a conferências e palestras de oradores como Angela Davis. Minha consciência política, que se tornara bastante aguçada em Paris, ampliou-se ainda mais com esses acontecimentos, e também com a leitura de *Alma no exílio*, de Eldridge Cleaver, e de outros livros de autores negros.

Lembro que minha simpatia pelo Poder Negro foi despertada por um fato dramático e inesquecível, pouco depois de nos mudarmos para Santa Cruz. Lemos no jornal que um adolescente negro desarmado fora brutalmente morto a tiros por um policial branco numa pequena loja de discos de San Francisco. Chocados e enfurecidos com o fato, minha esposa e eu fomos até San Francisco para acompanhar o enterro do rapaz, esperando encontrar uma grande multidão de brancos também emocionados. Havia, de fato, uma grande multidão, mas para nosso grande espanto verificamos que, ao lado de dois ou três outros, nós éramos os únicos brancos. O prédio da congregação estava rodeado de Panteras Negras de aspecto feroz, com roupas de couro preto e braços cruzados. O clima era tenso, e nos sentimos inseguros e assustados. No entanto, quando me aproximei de um dos guardas e perguntei-lhe se podíamos acompanhar o enterro, ele olhou diretamente em meus olhos e disse apenas: "Seja bem-vindo, irmão, seja bem-vindo!"

O caminho de Alan Watts

Meu primeiro contato com o misticismo oriental ocorreu quando ainda estava em Paris. Conhecia várias pessoas interessadas nas culturas indiana e japonesa, mas quem realmente me introduziu no pensamento oriental foi meu irmão Bernt. Desde a infância fomos sempre muito próximos, e Bernt partilha o meu interesse pela filosofia e pela espiritualidade. Em 66 ele era estudante de arquitetura na Áustria e, como tal, talvez tivesse mais tempo para estar aberto às novas influências do pensamento oriental sobre a cultura jovem da Europa e dos Estados Unidos, já que eu estava ocupado em me estabelecer como físico teórico. Bernt deu-me uma antologia de poetas e escritores *beat* para ler, introduzindo-me nas obras de Jack Kerouac, Lawrence Ferlinghetti, Allen Ginsberg, Gary Snyder e Alan Watts. Por meio de Watts fiquei conhecendo o budismo zen, e pouco depois Bernt sugeriu que eu lesse o *Bhagavad-Gita,* um dos textos espirituais mais belos e profundos da Índia.

Logo depois de me mudar para a Califórnia, constatei que Alan Watts era um dos heróis da contracultura, e que seus livros estavam presentes nas estantes da maioria das comunidades *hippies,* juntamente com os de Carlos Castañeda, J. Krishnamurti e Hermann Hesse. Embora eu tivesse feito leituras sobre a filosofia e a religião do Oriente antes de ler Watts, foi ele quem mais me ajudou a compreender sua essência. Seus livros me levaram até onde um livro pode levar, estimulando-me a ir adiante por meio da experiência direta não-verbal. Ainda que Watts não fosse um erudito do porte de um D. T. Suzuki ou de certos outros autores orientais mais conhecidos, possuía o dom único e singular de ser capaz de descrever os ensinamentos orientais em linguagem ocidental, e de um modo leve, inteligente, elegante e cheio de humor e sagacidade. Assim, modificando a forma dos ensinamentos, ele os adaptava ao nosso contexto cultural sem distorcer seu significado.

Embora eu estivesse muito atraído pelos aspectos exóticos do misticismo oriental, sentia, como a maioria de meus amigos na época, que aquelas tradições espirituais nos seriam mais significativas se pudéssemos adaptá-las ao nosso próprio contexto cultural. Alan Watts era magnificamente capaz disso, e tenho sentido uma forte afinidade com ele desde que li os seus *The book* e *The way of zen.* Na verdade fiquei conhecendo seus escritos tão bem que de maneira subconsciente absorvi sua técnica de reformular os ensinamentos orientais, aplicando-a no que iria escrever muitos anos depois. Parte do sucesso de *O tao da física* pode muito bem dever-se ao fato de ele ser um livro escrito na tradição de Alan Watts.

Conheci Watts antes de haver formulado minhas idéias sobre a relação entre ciência e misticismo. Em 1969 proferiu uma palestra na UC de Santa Cruz, e fui escolhido para me sentar ao seu lado durante o jantar com o corpo docente, provavelmente por ser considerado o mais "entendido" dos professores. Watts mostrou-se extremamente alegre e divertido durante o jantar, contando-nos muitas histórias do Japão e mantendo uma animada conversa sobre filosofia, arte, religião, cozinha francesa e muitos outros assuntos que apreciava. No dia seguinte, continuamos nossa conversa diante de um copo de cerveja no Catalyst, um bar de *hippies* que eu costumava freqüentar com meus amigos e onde conheci muitas pessoas interessantes e expressivas. (Foi no Catalyst que vi Carlos Castañeda dando uma palestra informal sobre suas aventuras com Don Juan, o mítico sábio *yaqui,* pouco depois de ele haver escrito seu primeiro livro.)

Depois de trocar a Califórnia por Londres, em 1970, continuei mantendo contato com Watts, e quando escrevi "A Dança de Xiva" — meu primeiro artigo sobre os paralelos entre a física moderna e o misticismo oriental —, ele foi um dos primeiros a receber uma cópia. Recebi dele uma carta muito encorajadora, dizendo que considerava esse um campo importantíssimo de investigação. Sugeriu também alguns textos budistas e pediu que eu o mantivesse informado de meus progressos. Desgraçadamente foi nosso último contato. No decorrer de todo o meu trabalho em Londres eu ansiava por rever Alan Watts — pensava sempre no dia em que voltaria para a Califórnia a fim de discutir com ele sobre o meu livro —, mas ele faleceu um ano antes de eu terminar *O tao da física.*

J. Krishnamurti

Um dos primeiros contatos diretos que tive com a espiritualidade do Oriente foi meu encontro com J. Krishnamurti no final de 1968. Quando ele proferiu uma série de palestras na UC de Santa Cruz, estava com setenta e três anos e a sua aparência era absolutamente estonteante. Seus traços indianos bem marcados, o contraste entre a pele escura e os cabelos brancos impecavelmente penteados, a elegância dos trajes europeus, a dignidade do semblante, o inglês medido e perfeito, e — acima de tudo — a intensidade da concentração e da presença dele deixaram-me encantado e perplexo. *Os ensinamentos de Don Juan,* de Carlos Castañeda, acabara de ser publicado, e ao ver Krishnamurti não pude deixar de comparar sua aparência com a da figura mítica do sábio *yaqui.*

O impacto do carisma e da aparência física de Krishnamurti foi intensificado e aprofundado pelas coisas que disse. Pensador muito original, rejeitava toda autoridade espiritual e todas as tradições espirituais. Seus ensinamentos eram muito semelhantes aos do budismo, mas ele jamais empregava algum termo budista ou de qualquer outro ramo de pensamento tradicional do Oriente. A tarefa a que se propusera (usar a língua e o raciocínio racional para levar seus ouvintes além da linguagem e do uso da razão) era extremamente difícil, mas o modo como ele se desincumbia dela era impressionante.

Krishnamurti escolhia algum problema existencial bem conhecido — medo, desejo, morte, tempo — como tópico de uma palestra, e principiava a falar usando palavras parecidas com estas: "Entremos nisso juntos. Não vou lhes dizer nada; não possuo autoridade alguma; vamos explorar essa questão juntos". Em seguida, mostrava a futilidade de todos os modos convencionais para se eliminar, por exemplo, o medo, e perguntava, lenta e intensamente, com um senso acurado do impacto dramático de suas palavras: "É possível que vocês, neste exato momento, aqui neste lugar, possam se livrar do medo? Não suprimi-lo, não negá-lo, nem opor resistência a ele, mas sim eliminá-lo de uma vez por todas? Esta será a nossa tarefa hoje à noite: eliminarmos o medo por completo, de uma vez por todas. Se não conseguirmos isso, minha palestra terá sido em vão".

A cena já estava armada; a platéia, arrebatada, dominada pelo enlevo, e absolutamente atenta. "Examinemos então a questão", prosseguia Krishnamurti, "sem julgarmos, sem condenarmos, sem justificarmos. O que é o medo? Examinemos isso juntos, vocês e eu. Vejamos se conseguimos realmente nos comunicar, estar no mesmo plano, na mesma intensidade, no mesmo momento. Usando-me como espelho, será que vocês conseguirão encontrar a resposta a esta pergunta extraordinariamente importante: o que é o medo?" E Krishnamurti passava então a tecer uma teia imaculada de conceitos. Mostrava que, para compreendermos o medo, temos de compreender o desejo; que para compreendermos o desejo, temos de compreender o pensamento; e, consecutivamente com o tempo, o conhecimento, o ser, e assim por diante. Apresentava uma análise brilhante de como tais problemas existenciais básicos estão inter-relacionados — não na teoria, mas na prática. Krishnamurti não só confrontava cada membro da platéia com os resultados da sua análise, como também instava e convencia cada um a se envolver no processo de análise. No final, ficava uma sensação nítida e forte de que o único meio para se resolver qualquer um de nossos problemas existenciais é ir além do pensamento, além da linguagem, além do tempo — é "libertar-se do conhecido", como diz no título de um de seus melhores livros, *Freedom from the known*.

Lembro-me de que fiquei fascinado, mas também profundamente perturbado, com as palestras de Krishnamurti. Após cada uma delas, Jacqueline e eu permanecíamos acordados durante várias horas, sentados junto à nossa lareira, discutindo o que Krishnamurti dissera. Esse foi meu primeiro encontro direto com um mestre espiritual radical, e logo me vi em face de um grave problema. Eu mal iniciara uma promissora carreira científica, com que estava bastante envolvido emocionalmente, e então vinha Krishnamurti, com todo o seu carisma e persuasão, dizendo para eu parar de pensar, para eu me libertar de todo o conhecimento, para eu deixar o raciocínio lógico para trás. O que isso significava no meu caso? Deveria desistir da carreira científica nesse estágio inicial, ou deveria continuá-la, abandonando toda esperança de alcançar a auto-realização espiritual?

Eu ansiava por me aconselhar com Krishnamurti, porém ele não permitia nenhuma pergunta em suas palestras e recusava-se a receber quem quer que fosse depois delas. Fizemos diversas tentativas para vê-lo, mas foi-nos dito, com firmeza, que Krishnamurti não queria ser perturbado. Foi uma feliz coincidência — ou não? — que finalmente nos propiciou um encontro com ele. Krishnamurti tinha um secretário francês e, após a última palestra, Jacqueline, que nasceu em Paris, conseguiu estabelecer um diálogo com esse homem. Eles se entenderam bem e, como resultado, terminamos por nos encontrar com Krishnamurti em seu apartamento na manhã seguinte.

Senti-me um tanto intimidado quando finalmente vi o mestre cara a cara, mas não quis perder tempo. Eu sabia por que estava ali. "Como posso ser um cientista", perguntei-lhe, "e ainda assim seguir seu conselho para interromper o pensamento e libertar-me do conhecido?" Krishnamurti não hesitou sequer um instante. Ele respondeu a minha pergunta em dez segundos, e de um modo que resolveu completamente o meu problema. *"Primeiro* você é um ser humano", disse ele, "e *depois* um cientista. Antes você tem de se tornar livre, e essa liberdade não pode ser atingida por meio do pensamento. Ela é atingida pela meditação — a compreensão da totalidade da vida, em que cessam todas as formas de fragmentação." Uma vez que eu alcançar tal compreensão da vida como um todo, explicou, poderia me especializar e trabalhar como cientista sem problema algum. E evidentemente nem se cogitava na abolição da ciência. Passando para o francês, Krishnamurti acrescentou: *"J'adore la science. C'est merveilleux!"*

Após esse rápido mas decisivo encontro, só vi Krishnamurti de novo seis anos depois, ao ser convidado, juntamente com vários outros cientistas, a participar de uma semana de discussões com ele em seu centro educacional no Brockwood Park, ao sul de Londres. Sua aparência ainda era extremamente marcante, embora houvesse perdido um pouco da intensidade. No decorrer daquela semana fiquei conhecendo Krishnamurti muito melhor, inclusive alguns de seus defeitos. Quando falava, ele ainda era muito poderoso e carismático, mas fiquei desapontado pelo fato de jamais podermos realmente incluí-lo numa discussão. Ele falaria, mas não se disporia a ouvir. Por outro lado, mantive muitas discussões excitantes com meus colegas cientistas — David Bohm, Karl Pribram e George Sudarshan, entre outros.

Depois disso praticamente perdi contato com Krishnamurti. Nunca deixei de reconhecer sua influência decisiva sobre mim, e com freqüência ouvia falar dele por meio de várias pessoas; porém, não compareci a nenhuma outra palestra sua, nem li qualquer um de seus outros livros. Então, em janeiro de 1983, me vi em Madrasta, no sul da Índia, participando de uma conferência da Sociedade Teosófica Mundial, que ficava em frente à propriedade de Krishnamurti. Como ele estava lá e ia dar uma palestra naquela noite, resolvi aparecer para apresentar-lhe meus cumprimentos. O belíssimo parque, com suas gigantescas árvores seculares, estava repleto de gente, quase todos indianos, sentados em silêncio no chão, aguardando o início de um ritual de que a maioria já participara muitas vezes antes. Às oito horas Krishnamurti apareceu, vestido com trajes indianos, e caminhou lentamente mas com enorme segurança até uma plataforma que fora erguida. Foi maravilhoso vê-lo, aos oitenta e oito anos de idade, fazendo sua entrada como durante mais de meio século, subindo as escadas da plataforma sem ajuda de ninguém, sentando-se numa almofada, e unindo as mãos no tradicional cumprimento indiano para iniciar sua palestra.

Krishnamurti falou durante setenta e cinco minutos sem nenhuma hesitação, e quase com a mesma intensidade que eu presenciara quinze anos antes. O tópico dessa noite era o desejo, e ele teceu sua teia com a clareza e habilidade de sempre. Foi uma oportunidade única para eu avaliar a evolução de meu próprio entendimento desde a época em que o conhecera, e senti pela primeira vez que eu realmente compreendia seu método e sua personalidade. A sua análise do desejo foi bela e cristalina. A percepção causa uma reação sensorial, disse ele; o pensamento então intervém — "Eu quero. . . ", "Eu não quero. . . ", "Eu desejo. . . " —, e assim é gerado o desejo. O desejo não é causado pelo objeto de desejo, mas persistirá com diversos objetos enquanto intervier o pen-

23

samento. Portanto, não nos libertaremos do desejo suprimindo ou evitando a experiência sensorial (o modo do asceta). O único meio para nos libertarmos do desejo é libertando-nos do pensar.

O que Krishnamurti não disse é *como* podemos nos libertar do pensamento. Como Buda, ele ofereceu uma análise brilhante do problema, mas, à diferença dele, não mostrou um caminho claro para a libertação. Talvez, pensei, o próprio Krishnamurti não houvesse avançado o suficiente por esse caminho. . . Talvez não houvesse se libertado o suficiente de todo o condicionamento para poder levar seus discípulos à plena auto-realização. . .

Depois da palestra, fui convidado para jantar com Krishnamurti e várias outras pessoas. Compreensivelmente ele estava bastante exausto devido a seu esforço e sem ânimo para qualquer discussão. Nem eu pretendia algo assim. Fora ali apenas para mostrar-lhe a minha gratidão, sendo ricamente recompensado. Contei a Krishnamurti a história de nosso primeiro encontro, e agradeci-lhe mais uma vez por sua influência e ajuda decisivas, estando consciente de que esse talvez fosse o nosso último encontro, como de fato acabou sendo.

O problema que Krishnamurti resolvera para mim, à maneira zen, de um só golpe, é o problema com que a maioria dos físicos se deparam quando confrontados com as idéias das tradições místicas — como é possível transcender o pensamento sem abandonar um compromisso com a ciência? Esse é, acredito, o motivo pelo qual tantos de meus colegas sentiram-se ameaçados por minhas comparações entre a física e o misticismo. Talvez lhes seja proveitoso saber que eu também já senti a mesma ameaça. E a senti com todo o meu ser. No entanto, isso foi no início de minha carreira, e tive uma enorme felicidade: a mesma pessoa que me fez perceber a ameaça foi também a que me ajudou a transcendê-la.

Paralelos entre a física e o misticismo

Ao travar meu primeiro contato com as tradições do Oriente, descobri paralelos entre a física moderna e o misticismo oriental quase que imediatamente. Lembro-me de haver lido em Paris um livro francês sobre o zen-budismo, por meio do qual fiquei conhecendo pela primeira vez o importante papel do paradoxo nas tradições místicas. Aprendi que os mestres espirituais do Oriente não raro recorrem, com grande habilidade, a enigmas paradoxais para fazer seus estudantes perceberem as limitações da lógica e do uso da razão. A tradição zen, em particular, desenvolveu um sistema de instruções não-verbais que utiliza enigmas à primeira vista sem sentido, chamados *"koans"*, que não podem ser resolvidos pelo raciocínio. Eles visam precisamente interromper o processo de pensamento, preparando assim o estudante para uma experiência não-verbal da realidade. Li que todos os *koans* têm soluções mais ou menos peculiares que um mestre competente logo reconhece. Uma vez encontrada a solução, o *koan* deixa de ser paradoxal e torna-se uma asserção muito significativa, feita a partir do estado de consciência que ele próprio ajudou a despertar.

Quando li pela primeira vez a respeito do método dos *koans* no treinamento zen, senti algo estranhamente familiar. Eu passara muitos anos estudando outro tipo de paradoxo que parecia desempenhar papel semelhante no treinamento dos físicos. Havia diferenças, é claro. A minha própria formação como físico com certeza não tinha a mesma intensidade de um treinamento zen. Lembrei-me do relato de Heisenberg sobre o modo como os físicos dos anos 20 vivenciaram os paradoxos quânticos, esforçando-se para compreender uma situação onde o único mestre era a natureza. O paralelo mostrou-se óbvio e fascinante, e posteriormente, quando já havia aprendido mais sobre o zen-budismo, verifiquei que era de fato muito significativo. Como no zen, as soluções dos problemas dos físicos permaneciam ocultas em paradoxos que não podiam ser resolvidos pelo raciocínio lógico, mas apenas entendidos em termos de uma nova capacidade perceptiva que incorporasse a realidade atômica. Os físicos só tinham a natureza para lhes ensinar. E ela, como os mestres do zen-budismo, não afirmava nada; apenas apresentava os enigmas.

A similaridade entre as experiência dos físicos quânticos e dos zen-budistas marcou-me profundamente. Todas as descrições do método *koan* enfatizam que a resolução de tal enigma exige um esforço supremo de concentração e de envolvimento da parte do estudante. O *koan*, diz-se, toma conta do coração e da mente do aluno, criando um verdadeiro impasse mental, um estado de tensão constante em que o universo inteiro se torna uma enorme massa de dúvidas e indagações. Quando comparei essa descrição com aquela passagem do livro de Heisenberg, de que eu me lembrava tão bem, tive a nítida sensação de que os fundadores da teoria quântica vivenciaram exatamente a mesma situação:

"Lembro-me de discussões com Bohr que se prolongavam por muitas horas, até alta madrugada, e terminavam num estado que beirava o desespero. E quando, ao final de uma discussão, eu saía sozinho para passear num parque das redondezas, ficava me perguntando sem parar: 'Pode a natureza ser assim tão absurda quanto nos parece em nossos experimentos atômicos?' "

Tempos depois, eu também vim a compreender por que os físicos quânticos e os místicos orientais depararam com problemas semelhantes e passaram por experiências semelhantes. Sempre que a natureza essencial das coisas é analisada pelo intelecto, ela parecerá absurda ou paradoxal. Isso foi sempre reconhecido pelos místicos, mas só muito recentemente tornou-se um problema para a ciência. Durante séculos, os fenômenos estudados pela ciência faziam parte do mundo cotidiano dos cientistas e, portanto, pertenciam ao domínio da sua experiência sensorial. Como as imagens e conceitos da linguagem que usavam provinham exatamente dessa experiência dos sentidos, eles eram suficientes e adequados para descrever os fenômenos naturais.

No século XX, contudo, os físicos penetraram a fundo no mundo submicroscópico, em regiões da natureza muito afastadas do mundo macroscópico em que vivemos. O nosso conhecimento da matéria nesse nível já não provém da experiência sensorial direta; em conseqüência, a linguagem comum já não é mais adequada para descrever os fenômenos observados. Os físicos nucleares proporcionaram aos cientistas os primeiros vislumbres da natureza essencial das coisas. Como os místicos, os físicos passaram a lidar com experiências não-sensoriais da realidade e, também como eles, tiveram de enfrentar os aspectos paradoxais dessas experiências. A partir desse momento, os modelos e as imagens da física moderna tornaram-se vinculados aos da filosofia oriental.

A descoberta do paralelismo entre os *koans* do zen e os paradoxos da física quântica, que eu mais tarde chamaria de *"koans quânticos"*, estimularam muito meu interesse pelo misticismo oriental, aguçando minha atenção. Nos anos seguintes, à medida que me envolvia mais na espiritualidade oriental, deparava repetidas vezes com conceitos que me eram relativamente familiares em virtude de minha formação em física atômica e subatômica. A princípio, a descoberta dessas similaridades não foi muito mais que um exercício intelectual, ainda que muito emocionante. Mas ao entardecer de um dia de verão de 1969, vivi uma poderosa experiência que me fez levar os paralelos entre a física e o misticismo muito mais a sério. A melhor descrição dessa experiência é a que está na página inicial de *O tao da física:*

"Eu estava sentado na praia, ao cair de uma tarde de verão, e observava o movimento das ondas, sentindo ao mesmo tempo o ritmo da respiração. Nesse momento, de súbito, apercebi-me intensamente do ambiente que me cercava: este se me afigurava como se participasse de uma gigantesca dança cósmica. Como físico, eu sabia que a areia, as rochas, a água e o ar a meu redor eram feitos de moléculas e átomos em vibração, e que tais moléculas e átomos, por seu turno, consistiam em partículas que interagiam entre si por meio da criação e da destruição de outras partículas. Sabia do mesmo modo que a atmosfera da Terra era permanentemente bombardeada por chuvas de 'raios cósmicos', partículas de alta energia que sofriam múltiplas colisões à medida que penetravam na atmosfera. Tudo isso me era familiar em razão de minha pesquisa em física de alta energia; até aquele momento, porém, tudo isso me chegara apenas por intermédio de gráficos, diagramas e teorias matemáticas. Sentado na praia, senti que minhas experiências anteriores adquiriam vida. Assim, 'vi' cascatas de energia cósmica, provenientes do espaço exterior, cascatas em que, com pulsações rítmicas, partículas eram criadas e destruídas. 'Vi' os átomos dos elementos — bem como aqueles pertencentes a meu próprio corpo — participarem dessa dança cósmica de energia. Senti o seu ritmo e 'ouvi' o seu som. Nesse momento *compreendi* que se tratava da Dança de Xiva, o deus dos dançarinos, adorado pelos hindus".

No final de 1970, o meu visto americano venceu e tive de voltar para a Europa. Não tinha certeza de onde queria prosseguir minhas pesquisas, de modo que planejei visitar os melhores institutos e universidades do meu campo, sempre estabelecendo contato com pessoas que eu conhecia, a fim de obter uma bolsa de pesquisa ou algum outro tipo de posição. Minha primeira parada foi Londres, onde desembarquei em outubro, ainda *hippie* de coração. Quando entrei na sala de P. T. Matthews, físico especialista em partículas subatômicas que eu conhecera na Califórnia e que era agora o chefe da divisão de teoria do Imperial College, a primeira coisa que vi foi um pôster gigante de Bob Dylan. Interpretei isso como um bom augúrio, decidindo na mesma hora que iria permanecer em Londres, e Matthews afirmou que ficaria muito feliz em me receber no Imperial College. Nunca lamentei essa decisão, que resultou na minha estada em Londres por quatro anos — embora os primeiros meses após minha chegada tenham sido, talvez, os mais difíceis de minha vida.

O final de 1970 foi para mim uma época difícil de transição. Começava uma longa série de dolorosas separações de minha esposa, que eventualmente terminaria em divórcio. Eu não tinha amigos em Londres, e logo verifiquei que seria impossível obter qualquer tipo de bolsa de pesquisa ou posição acadêmica, pois já havia iniciado minha busca de um novo paradigma e não estava disposto a abandoná-la para aceitar os limites estreitos de um cargo acadêmico de dedicação integral. Foi durante essas primeiras semanas em Londres, quando meu moral esteve mais baixo do que jamais estivera, que tomei a decisão que deu à minha vida uma nova direção.

Pouco antes de deixar a Califórnia eu concebera uma fotomontagem — uma figura de Xiva dançando sobreposta às trilhas de partículas em colisão numa câmara de bolhas — para ilustrar minha experiência de dança cósmica na praia. Certo dia, sentado em meu minúsculo quarto perto do Imperial College, olhei para essa linda imagem e de súbito percebi algo muito claramente. Soube, com certeza absoluta, que os paralelos entre a física e o misticismo, que eu apenas começara a descobrir, um dia se tornariam o saber comum; e soube que ninguém estava em melhor posição do que eu para explorar esses paralelos a fundo e escrever um livro a respeito disso. Decidi naquele instante e lugar escrever esse livro; mas decidi também que ainda não estava preparado para fazê-lo. Deveria primeiro estudar o meu assunto mais a fundo e publicar alguns artigos sobre ele, e só depois escrever o livro.

Encorajado por essa resolução, peguei a fotomontagem, que para mim continha uma afirmação intensa e profunda, e levei-a até o Imperial College a fim de mostrá-la para um colega indiano com quem eu dividia um escritório. Quando lhe mostrei a fotomontagem, sem fazer nenhum comentário, ele ficou muito comovido e, espontaneamente, começou a recitar versos sagrados em sânscrito que lembrava da infância. Disse-me que fora criado na religião hindu, mas que esquecera tudo dessa herança espiritual quando sofreu uma "lavagem cerebral", em suas palavras, da ciência ocidental. Ele próprio jamais teria concebido paralelos entre a física das partículas e o hinduísmo, afirmou, mas ao ver minha fotomontagem eles se tornaram imediatamente evidentes.

Nos dois anos e meio seguintes, empreendi um estudo sistemático do hinduísmo, do budismo e do taoísmo, e dos paralelos que eu via entre as idéias básicas dessas tradições místicas e as teorias e conceitos básicos da física moderna. Nos anos 60, eu experimentara diversas técnicas de meditação e lera vários livros sobre o misticismo oriental sem de fato me dispor a seguir qualquer um de seus caminhos. Mas agora, estudando as tradições do Oriente com mais cuidado, senti-me particularmente atraído pelo taoísmo.

Dentre as grandes tradições espirituais, o taoísmo oferece, a meu ver, as mais belas e profundas expressões de uma sabedoria ecológica, enfatizando a unicidade fundamental de todos os fenômenos e a imersão de todas as pessoas e sociedades nos processos cíclicos da natureza. Diz Chuang-Tzu:

"Na transformação e crescimento de todas as coisas, cada broto e cada atributo têm sua forma própria. Nisso temos a sua maturação e corrupção graduais, o constante fluir da transformação e da mudança".

E Huai-Nan-Tzu:

"Aqueles que seguem a ordem natural fluem na corrente do tao".

Os sábios taoístas concentravam toda a atenção na observação da natureza, a fim de discernir os "atributos do tao". Assim, desenvolveram uma atitude que é em essência científica; apenas sua profunda desconfiança acerca do método analítico de raciocionar impediu-os de formular teorias científicas propriamente ditas. Não obstante, sua meticulosa observação da natureza, associada a uma forte intuição mística, levou-os a percepções profundas que são hoje confirmadas pelas teorias científicas modernas. A profunda sabedoria ecológica, a abordagem empírica e o tom especial do taoísmo — que eu talvez pudesse descrever melhor como "êxtase sereno" — eram-me tremendamente atraentes, de modo que o taoísmo, de forma bastante natural, tornou-se para mim o caminho a ser seguido.

Castañeda também exerceu forte influência sobre mim naqueles anos, e seus livros mostraram-me mais uma maneira de abordar os ensinamentos espirituais do Oriente. Constatei que os ensinamentos das tradições índias americanas, expressos pelo lendário *brujo yaqui* Don Juan, estão muito próximos aos da tradição taoísta transmitidos pelos lendários sábios Lao-Tse e Chuang-Tzu. O saber-se imerso no fluir natural das coisas e a habilidade de agir em harmonia com isso são fundamentais em ambas as tradições. Enquanto o sábio taoísta flui na corrente do Tao, o "homem de sabedoria" *yaqui* tem de ser leve e fluido para "enxergar" a natureza essencial das coisas.

O taoísmo e o budismo são tradições que lidam com a própria essência da espiritualidade, que não é restrita a nenhuma cultura em particular. O budismo, em especial, tem mostrado em toda a sua história ser adaptável a diversas situações culturais. Ele se originou com o Buda na Índia, espalhou-se pela China e sudoeste da Ásia, chegou ao Japão e, muitos séculos depois, atravessou o Pacífico, desembarcando na Califórnia. A influência mais forte da tradição budista sobre o meu pensamento foi sua ênfase no papel vital da compaixão para se obter sabedoria. De acordo com o pensamento budista, não pode haver sabedoria sem compaixão, o que para mim significa que a ciência não tem valor se não for acompanhada de preocupação social.

Ainda que 1971 e 1972 tenham sido anos muito difíceis para mim, foram também cheios de emoção. Continuei a viver metade do tempo como físico e metade como *hippie*, e a desenvolver pesquisas em física das partículas no Imperial College, paralelamente às minhas outras pesquisas de maior abrangência, agora mais organizadas e sistemáticas. Consegui obter vários empregos de meio-período — ensinava física de alta energia a um grupo de engenheiros, traduzia textos técnicos do inglês para o alemão, lecionava matemática a colegiais — que me proporcionavam dinheiro suficiente para sobreviver, mas não me permitiam nenhum luxo material. Minha vida durante esses dois anos foi muito semelhante à de um peregrino; seus luxos e alegrias não eram os do plano material. O que fez com que eu conseguisse atravessar esse período foi uma crença forte nas minhas idéias e a convicção de que minha persistência seria eventualmente recompensada. Durante esses dois anos, conservei sempre uma citação do mestre taoísta Chuang-Tzu pregada na parede: "Busquei um soberano que me empregasse por um longo tempo. Que eu não o tenha encontrado mostra o caráter do tempo".

Física e contracultura em Amsterdam

No verão de 1971 realizou-se uma conferência internacional de física em Amsterdam, de que eu ansiava muito participar por dois motivos: queria continuar mantendo contato com os principais pesquisadores em meu campo; além disso, na contracultura Amsterdam era famosa por ser capital *hippie* da Europa, e eu vi a reunião como uma excelente oportunidade para conhecer melhor o movimento europeu. Inscrevi-me a fim de ser convidado para a conferência como parte da equipe que representava o Imperial College, mas disseram-me que o número de vagas dessa equipe já estava completo. Como eu não tinha dinheiro para pagar a viagem, as despesas de hotel e a taxa de inscrição, decidi viajar para Amsterdam do modo como me habituara a fazer na Califórnia: de carona. Seguiria primeiro para o sul até o Canal da Mancha, atravessando-o numa balsa barata até Oostende e, depois de passar pela Bélgica, chegaria à Holanda e a Amsterdam.

Guardei meu terno, algumas camisas, um par de sapatos de couro e documentos de física numa mochila, pus meus *jeans* remendados, sandálias e uma camisa florida, e botei o pé na estrada. O tempo estava magnífico, e adorei viajar sem pressa pela Europa dessa maneira, conhecendo muitas pessoas e visitando lindas aldeias antigas pelo caminho. A experiência que mais se sobressaiu nessa viagem, a primeira na Europa depois de dois anos de Califórnia, foi me dar conta de quanto as fronteiras nacionais européias são divisões artificiais. Reparei que a língua, os costumes e as características físicas das pessoas não mudam de maneira abrupta nas fronteiras, e sim gradual, e notei que as pessoas de ambos os lados das divisas freqüentemente tinham muito mais em comum umas com as outras do que, digamos, com os habitantes da capital de seu país. Hoje essa percepção está formalizada no programa político de uma "Europa das Regiões" proposto pelo Movimento Verde europeu.

A semana que passei em Amsterdam foi o apogeu da minha vida esquizofrênica como *hippie* e físico. Durante o dia colocava o terno e ficava discutindo problemas de física subatômica com meus colegas na conferência (em que tinha de entrar sorrateiramente todos os dias por não ter como pagar a taxa de inscrição). À noite, vestia minhas roupas *hippies* e freqüentava os cafés, as praças e as casas flutuantes de Amsterdam, levando depois meu saco de dormir a um dos parques da cidade, juntamente com outras centenas de jovens vindos de toda a Europa no mesmo estado de espírito. Fiz isso, em parte, porque não tinha dinheiro para um hotel, mas também porque queria participar plenamente dessa excitante comunidade internacional.

Amsterdam era uma cidade fabulosa naqueles dias. Os *hippies* eram um novo tipo de turista. Vindos de toda a Europa e dos Estados Unidos, visitavam a cidade não para ver o Palácio Real ou os quadros de Rembrandt, mas para se encontrar, estar juntos. Um grande atrativo era o fato de a maconha e o haxixe serem tolerados a ponto de se tornarem virtualmente legais; porém a atração dessa linda cidade ia muito além. Havia entre os jovens um desejo genuíno de se conhecer e partilhar experiências e visões novas e radicais de um futuro diferente. Um dos pontos de encontro mais populares era um lugar enorme chamado "Via Láctea". Havia ali um restaurante vegetariano e uma discoteca, além de todo um andar com grossos tapetes, luz de velas e cheiro de incenso, onde as pessoas se sentavam em grupos para fumar e conversar. Na Via Láctea era possível passar horas discutindo o budismo maaiana, os ensinamentos de Don Juan, os melhores locais do Marrocos para se comprarem contas de vidro, ou a última peça do Living Theatre. A Via Láctea lembrava um lugar saído diretamente de um livro de Hesse, animado pela criatividade, herança cultural, emoções e fantasias de seus próprios freqüentadores.

Certa vez, por volta da meia-noite, eu estava sentado nos degraus de entrada da Via Láctea com alguns amigos italianos quando subitamente as duas realidades distintas da minha vida colidiram. Um grupo de turistas comuns vinha se aproximando dos degraus onde eu estava sentado e, ao chegarem mais perto, pude reconhecer, não sem horror, os físicos com quem estivera discutindo naquele mesmo dia. O choque entre as realidades foi maior do que pude suportar. Ergui minha jaqueta de lã até cobrir as orelhas e escondi a cabeça nos ombros da moça sentada ao meu lado, esperando que meus colegas, agora distantes poucos passos de mim, terminassem seus comentários sobre os *hippies* "malucos e fora da realidade" e partissem.

A Dança de Xiva

No final da primavera de 1971, senti-me preparado para escrever meu primeiro artigo sobre os paralelos entre a física moderna e o misticismo oriental.

O artigo girava em torno da minha experiência da dança cósmica e da fotomontagem que ilustrava a experiência, e dei-lhe o título de "A Dança de Xiva: a concepção hindu da matéria à luz da física moderna". O artigo foi publicado em *Main Currents in Modern Thought,* um belo periódico dedicado a promover estudos interdisciplinares e integradores.

Ao mesmo tempo em que oferecia meu artigo para publicação no *Main Currents,* enviei cópias dele para alguns dos principais físicos teóricos que a meu ver estavam abertos a considerações filosóficas. As reações variaram muito: a maioria foi cautelosa, mas algumas, muito encorajadoras. Sir Bernard Lovell, o famoso astrônomo, escreveu: "Sua tese e suas conclusões me são inteiramente simpáticas... Parece-me que a questão toda é de importância fundamental". O físico John Wheeler observou: "Sente-se que os pensadores do Oriente sabiam de tudo, e que se pudéssemos traduzir suas idéias para a nossa linguagem teríamos respostas a todas as nossas perguntas". A resposta que mais me agradou veio, porém, de Werner Heisenberg: "Sempre fui fascinado pelas relações entre os antigos ensinamentos do Oriente e as conseqüências filosóficas da teoria quântica moderna".

Conversas com Heisenberg

Alguns meses depois fui visitar meus pais em Innsbruck. Como eu sabia que Heisenberg morava em Munique, a uma hora de carro, e como eu me sentira muito encorajado pela sua carta, escrevi-lhe perguntando se poderia visitá-lo. Telefonei-lhe quando cheguei a Innsbruck, e ele disse que ficaria muito contente em me receber.

A 11 de abril de 1972, fui para Munique encontrar-me com o homem que exercera uma influência decisiva em minha carreira científica e em meus interesses filosóficos, o homem que era considerado um dos gigantes intelectuais do nosso século. Heisenberg recebeu-me em seu escritório no Instituto Max Planck. Ao sentar-me cara a cara com ele diante da sua mesa, fiquei imediatamente impressionado. Ele usava um terno impecável, e sua gravata estava presa à camisa por um alfinete que formava a letra *h,* símbolo da constante de Planck, a constante fundamental da física quântica. Fui notando esses detalhes pouco a pouco durante nossa conversa. Logo de início, o que mais me impressionou foram os límpidos olhos azul-acinzentados de Heisenberg, olhos atentos que revelavam grande clareza mental, plena presença, compaixão e sereno desprendimento. Pela primeira vez na vida senti que estava face a face com um dos grandes sábios da minha própria cultura.

Iniciei a conversa perguntando-lhe até que ponto ele ainda estava envolvido com a física, e ele me disse que desenvolvia um programa de pesquisas com um grupo de colegas, ia ao instituto todos os dias e acompanhava com grande interesse as pesquisas em física fundamental que se fazia pelo mundo todo. Quando lhe perguntei que tipo de resultados ele ainda esperava alcançar, Heisenberg expôs-me um breve esboço das metas de seu programa de pesquisas, acrescentando porém que sentia tanto prazer no processo de pesquisa quanto em atingir essas metas. Tive a nítida sensação de que esse homem desenvolvera sua disciplina ao ponto da auto-realização plena.

O mais admirável desses primeiros minutos de conversa foi o fato de eu ter me sentido completamente à vontade. Não havia o menor vestígio de pompa ou pose; nem por um segundo Heisenberg me fez sentir a diferença existente entre as nossas condições. Passamos a discutir os mais recentes avanços da física das partículas e, para meu assombro, vi-me contradizendo Heisenberg poucos minutos depois. Meus sentimentos iniciais de pasmo e reverência haviam cedido lugar à excitação intelectual que se apossa de nós numa boa discussão. Havia plena igualdade — dois físicos que discutiam idéias mais instigantes a seu ver na ciência que amavam.

Naturalmente nossa conversa logo voltou-se para os anos 20, e Heisenberg me entreteve com vários casos fascinantes daquela época. Percebi que ele amava falar sobre física e relembrar aqueles anos emocionantes. Descreveu-me, por exemplo, em cores vivas, as discussões entre Erwin Schrödinger e Niels Bohr quando o primeiro visitou Copenhague em 1926 para apresentar, no instituto de Bohr, sua recém-descoberta mecânica ondulatória, incluindo a célebre equação que leva seu nome. A mecânica ondulatória de Schrödinger era um formalismo contínuo, que utilizava técnicas matemáticas familiares, ao passo que a interpretação que Bohr fazia da teoria quântica se baseava na mecânica matricial descontínua e pouquíssimo ortodoxa de Heisenberg, uma mecânica que envolvia os chamados saltos quânticos.

Heisenberg contou-me que Bohr tentara convencer Schrödinger dos méritos da interpretação descontínua em longos debates que não raro tomavam dias inteiros. Num desses debates Schrödinger exclamou com grande frustração: "Se for preciso aceitar esses malditos saltos quânticos, então lastimo haver me envolvido nessa história toda". Bohr, entretanto, continuou insistindo e repreendendo Schrödinger tão intensamente que este acabou por adoecer. "Lembro-me bem", prosseguiu Heisenberg com um sorriso, "do pobre Schrödinger deitado numa cama na casa de Niels, com a sra. Bohr servindo-lhe um prato de sopa, enquanto ele, sentado em sua cama, insistia: 'Mas, Schrödinger, você *tem* de admitir. . .' "

Quando falamos sobre os fatos que levaram Heisenberg a formular o princípio de indeterminação, ele me contou um interessante detalhe que eu não lera em nenhum relato escrito sobre aquele período. Disse que, no início dos anos 1920, Niels Bohr sugeriu-lhe, durante uma de suas longas conversas filosóficas, que eles talvez houvessem atingido os limites do entendimento humano no domínio do infinitamente pequeno. Talvez, ponderou Bohr, os físicos jamais seriam capazes de encontrar um formalismo preciso que descrevesse os fenômenos atômicos. Heisenberg arrematou, com um sorriso evanescente e o olhar perdido em lembranças, que fora seu grande triunfo pessoal poder provar que Bohr estava errado nesse aspecto.

Enquanto Heisenberg me contava essas histórias, notei que *O acaso e a necessidade,* de Jacques Monod, estava em cima da escrivaninha; como eu também acabara de lê-lo com grande interesse, fiquei muito curioso para ouvir

32

sua opinião. Comentei que a meu ver Monod, em sua tentativa de reduzir a vida a um jogo de roleta governado por probabilidades quântico-mecânicas, na realidade não compreendera a mecânica quântica. Heisenberg concordou comigo e acrescentou achar triste que a excelente popularização da biologia molecular feita por Monod tenha sido acompanhada por uma filosofia tão ruim.

Isso me levou a discutir a estrutura filosófica mais ampla que está subjacente à física quântica e, em particular, sua relação com as tradições místicas orientais. Heisenberg disse-me ter pensado muitas vezes que as grandes contribuições dos físicos japoneses nas últimas décadas talvez se devessem a uma similaridade fundamental entre as tradições filosóficas do Oriente e a filosofia da física quântica. Comentei que as conversas que tivera com alguns colegas japoneses não me haviam mostrado que eles estivessem cientes desse elo, e Heisenberg concordou: "Os físicos japoneses têm verdadeiro tabu em falar de sua própria cultura, devido à grande influência exercida pelos Estados Unidos". Heisenberg acreditava que os físicos indianos eram um pouco mais abertos nesse sentido, e essa era também a impressão que eu tivera.

Ao perguntar-lhe quais eram as idéias que ele próprio tinha sobre a filosofia oriental, disse-me, para minha grande surpresa, que não apenas estivera sempre bem ciente dos paralelos entre a física quântica e o pensamento oriental, como também sua obra científica fora influenciada, pelo menos inconscientemente, pela filosofia indiana.

Em 1929, Heisenberg passou um certo tempo na Índia como convidado do célebre poeta indiano Rabindranath Tagore, com quem manteve longas conversas sobre ciência e filosofia indiana. Essa introdução ao pensamento indiano lhe trouxera um grande conforto, contou-me Heisenberg. Ele começou a ver que o reconhecimento da relatividade, da inter-relação de todas as coisas e da não-permanência como aspectos fundamentais da realidade física — um reconhecimento que fora tão difícil para ele mesmo e para seus colegas físicos — era a própria base das tradições espirituais indianas. "Depois daquelas conversas com Tagore", disse ele, "algumas idéias que haviam parecido tão loucas passaram de súbito a ter muito mais sentido. Isso foi de grande ajuda para mim."

A essa altura não pude deixar de abrir o coração a Heisenberg. Contei-lhe que eu deparara os paralelos entre a física e o misticismo há muitos anos, que começara a estudá-los sistematicamente e que estava convencido de que essa era uma importante linha de pesquisa. Todavia, não conseguira obter nenhum apoio financeiro da comunidade científica, e verificara que trabalhar sem tal apoio era difícil e desgastante ao extremo. Heisenberg sorriu: "Também sou sempre acusado de entrar demais em filosofia". Quando lhe mostrei que nossas situações eram bastante distintas, ele manteve seu sorriso caloroso e disse: "Sabe, você e eu somos físicos de um tipo diferente. De vez em quando, porém, temos de uivar com os lobos[1]". Essas palavras extremamente amáveis de Werner Heisenberg — "Você e eu somos físicos de um tipo diferente" —

---

[1] *Expressão alemã equivalente a "correr com o bando".*

ajudaram-me, talvez mais do que tudo, a perseverar e manter a fé em momentos difíceis.

Escrevendo O tao da física

Ao voltar para Londres, continuei com renovado entusiasmo meu estudo das filosofias orientais e de sua relação com a filosofia da física moderna. Ao mesmo tempo, comecei a preparar uma apresentação dos conceitos da física moderna para um público leigo. Na realidade, naquela época tentei levar a cabo esses dois objetivos separadamente, pois achei que talvez fosse possível publicar minha apresentação da física moderna como um manual antes de escrever o livro sobre os paralelos com o misticismo oriental. Enviei os primeiros capítulos desse manuscrito a Victor Weisskopf, que é não só um físico famoso como também um extraordinário divulgador e intérprete da física moderna. Recebi uma resposta muito encorajadora. Weisskopf disse que estava impressionado com minha capacidade de apresentar os conceitos da física moderna em linguagem não-técnica, e insistiu para eu levar adiante o projeto, que ele considerava muito importante.

Durante o ano de 1972, houve também oportunidades para eu apresentar minhas idéias sobre os paralelos entre a física moderna e o misticismo oriental a diversas platéias de físicos — notadamente num seminário internacional de física na Áustria e numa palestra especial que proferi no CERN (o instituto europeu de pesquisas em física subatômica localizado em Genebra). O fato de eu ser convidado para dar uma conferência sobre minhas idéias filosóficas numa instituição tão prestigiosa significava um certo reconhecimento de meu trabalho, mas a reação da maioria dos meus colegas físicos não foi além de um interesse polido e algo divertido.

Em abril de 1973, um ano depois de minha visita a Heisenberg, voltei à Califórnia para uma visita de algumas semanas, durante as quais proferi conferências na UC de Santa Cruz, em Berkeley, e renovei meus contatos com muitos amigos e colegas do estado. Um desses colegas era Michael Nauenberg, físico de partículas da UC de Santa Cruz, que eu conhecera em Paris e que me convidara a integrar o corpo docente daquela escola em 1968. Em Paris, e durante meu primeiro ano na UC, Nauenberg e eu fomos bastante íntimos, trabalhando juntos em diversos projetos de pesquisa e mantendo uma forte amizade pessoal. Entretanto, à medida que eu fui me envolvendo mais e mais com a contracultura, passamos a nos ver cada vez menos, e durante meus dois primeiros anos em Londres acabamos perdendo contato completamente. Agora, estávamos ambos contentes de nos rever, e fomos dar uma longa caminhada no bosque de sequóias do campus.

Nesse passeio, contei a Nauenberg sobre meu encontro com Heisenberg, e fiquei surpreso diante de sua empolgação quando mencionei as conversas de Heisenberg com Tagore e as idéias dele acerca da filosofia oriental. "Se Heisenberg disse isso", Nauenberg exclamou emocionado, "é porque deve mesmo haver algo, e você definitivamente tem de escrever um livro a esse respeito." Naquele instante, o grande interesse de meu colega — que eu sabia ser um físico pragmático e obstinado — levou-me a alterar minhas prioridades. Logo que voltei a Londres, abandonei o projeto do livro didático e decidi incorporar o material que já estava escrito ao texto de *O tao da física*.

Hoje *O tao da física* é um *best seller* internacional, sendo elogiado com freqüência como um clássico que influenciou muitos outros escritores. Porém, quando planejei escrevê-lo, foi extremamente difícil encontrar uma editora. Alguns amigos londrinos, que eram escritores, sugeriram que antes eu deveria procurar um agente literário, e mesmo isso levou um tempo considerável. Quando afinal encontrei um agente que concordou em aceitar esse projeto pouco comum, ele me disse que precisaria de um sumário do livro, além de três capítulos de amostra, para oferecer às possíveis editoras. Isso me colocou diante de um grande dilema. Eu sabia que planejar todo o livro em detalhes, preparar um resumo de seu conteúdo e escrever três capítulos exigiria muito tempo e esforço. Deveria eu dedicar seis meses ou mais a essa tarefa, vivendo do modo como eu sempre vivera no passado, isto é, ganhando meu sustento durante o dia com empregos de meio período e começando meu verdadeiro trabalho ao anoitecer, quando já estava cansado? Ou deveria abandonar todo o resto e concentrar-me apenas no livro? E, nesse caso, de onde tiraria o dinheiro para pagar o aluguel e comprar comida?

Lembro-me de deixar o escritório de meu agente e me sentar num banco na Leicester Square, no centro de Londres, pesando as possibilidades e tentando encontrar uma solução. Senti que de algum modo precisava mergulhar de cabeça, comprometendo-me em definitivo com minha visão, independentemente dos riscos que isso pudesse envolver. E assim fiz. Decidi deixar Londres por um período; mudei para a casa de meus pais em Innsbruck a fim de escrever os três capítulos, resolvendo que só voltaria a Londres quando tivesse completado essa tarefa.

Meus pais ficaram contentes de me ter em casa enquanto eu escrevia, embora se sentissem bastante preocupados com as perspectivas de minha carreira. No entanto, após dois meses de trabalho concentrado, eu estava pronto para voltar a Londres e oferecer o manuscrito às eventuais editoras. Estava ciente de que isso não resolveria de imediato meu dilema financeiro, pois por ora não tinha esperança de receber nenhum adiantamento de editora alguma. Mas então uma antiga amiga de nossa família, uma senhora de Viena razoavelmente rica, veio em minha salvação e ofereceu-me apoio financeiro para que eu me mantivesse por alguns meses. Enquanto isso, meu agente ia apresentando o manuscrito às principais editoras de Londres e Nova York, sendo recusado por todas. Após cerca de uma dúzia de rejeições, uma editora londrina, a Wildwood House, pequena mas empreendedora, aceitou a proposta e pagou um adiantamento que me permitiu terminar de escrever o livro. Oliver Caldecott, seu fundador, atualmente trabalhando na Hutchinson, tornou-se não apenas meu editor inglês desse e de outros livros subseqüentes, mas também um bom amigo desde aqueles primeiros dias de *O tao da física*. No

35

decorrer de sua longa carreira editorial, Caldecott sempre teve uma notável intuição para novas idéias radicais capazes de se tornar pilares de todo um pensamento baseado num "novo paradigma". Ele não só foi a primeira pessoa a publicar *O tao da física* — o melhor dos seus muitos palpites, muitas vezes diria a mim com orgulho —, como também o responsável pela publicação na Grã-Bretanha de algumas das obras mais influentes mencionadas nestas páginas.

A partir do dia em que assinei o contrato com a Wildwood House, minha vida profissional deu uma virada decisiva e tem sido cheia de êxitos e emoções desde essa época. Sempre me lembrarei dos quinze meses subseqüentes, durante os quais escrevi *O tao da física*, como dos mais felizes de minha vida. Eu tinha dinheiro suficiente para continuar no estilo de vida a que me acostumara — modesto no que se refere a luxos materiais, mas rico de experiências interiores. Tinha diante de mim um projeto excitante em que trabalhar. E agora também um grande círculo de amigos muito interessantes — escritores, músicos, pintores, filósofos, antropólogos e outros cientistas. Minha vida e meu trabalho harmonizavam-se plenamente num meio intelectual e artístico rico e estimulante.

Discussões com Phiroz Mehta

Ao descobrir os paralelos entre a física moderna e o misticismo oriental, as similaridades das afirmações dos físicos e dos místicos pareceram-me muito evidentes; porém, de certa forma ainda me mantinha cético. Afinal, pensei, podem tratar-se de meras similaridades de palavras, que sempre surgem quando comparamos diferentes escolas de pensamento, simplesmente porque temos um número limitado de palavras à nossa disposição. De modo que comecei meu primeiro artigo, "A Dança de Xiva", com essa observação cautelosa. Entretanto, ao prosseguir em meu estudo sistemático da relação entre a física e o misticismo e ao escrever *O tao da física*, os paralelos iam se tornando mais profundos e significativos à medida que eu os investigava. Percebi muito claramente que não estava lidando com qualquer similaridade superficial de palavras e que se tratava de uma profunda harmonia entre duas visões de universo que surgiram de maneira bastante distinta. "O místico e o físico", escrevi naquele livro, "chegam à mesma conclusão; um partindo do domínio interno, o outro, do mundo exterior. A harmonia entre suas visões confirma a antiga sabedoria da Índia em que há perfeita identidade entre *brahman*, a derradeira realidade exterior, e *atmã*, a realidade interior."

Dois avanços distintos em meu estudo levaram-me a esse entendimento. De um lado, as relações conceituais que eu estudara mostravam uma impressionante consistência interna. Quanto mais áreas eu explorava, com mais consistência surgiam os paralelos. Por exemplo, na teoria da relatividade, a unificação do espaço e do tempo e o caráter dinâmico dos fenômenos subatômicos têm uma estreita relação entre si. Einstein reconheceu que espaço e tempo não são entidades distintas; estão intimamente ligados e formam um *continuum* quadridimensional: o espaço-tempo. Conseqüências diretas dessa unificação espaço-tempo são o fato de haver equivalência entre massa e energia e também de as partículas subatômicas precisarem ser compreendidas como padrões dinâmicos, como eventos e não como objetos. No budismo, a situação é muito semelhante. O budismo maaiana fala da interpenetração entre espaço e tempo — uma expressão perfeita para descrever o espaço-tempo da teoria da relatividade — e diz que quando percebemos o espaço e o tempo interpenetrando-se, os objetos aparecem como eventos, e não como coisas ou substâncias. Esse tipo de consistência me tocou fundo e surgiu repetidamente ao longo de minha exploração.

O outro avanço que fiz em meu estudo referiu-se ao fato de não podermos compreender o misticismo lendo livros a seu respeito; é preciso praticá-lo, vivenciá-lo, "saboreá-lo", ao menos um pouco, para termos idéia do que os místicos estão falando. Isso significa seguir uma disciplina e praticar alguma forma de meditação que nos leve a experimentar um estado alterado de consciência. Embora eu não tenha progredido muito nesse tipo de prática espiritual, minhas experiências ainda assim permitiram que eu compreendesse os paralelos que investigava não só intelectualmente, como também num nível mais profundo, por meio de uma percepção intuitiva. Esses dois avanços foram sendo feitos juntos. Enquanto via a consistência interna dos paralelos cada vez mais clara, os momentos de experiência intuitiva direta foram ocorrendo com mais freqüência, e aprendi a usar e a harmonizar esses dois modos complementares de cognição.

Nesses dois desenvolvimentos, fui muito ajudado por um grande estudioso e sábio indiano, Phiroz Mehta, que vive ao sul de Londres escrevendo livros sobre filosofias religiosas e dando aulas de meditação. Com grande bondade, Mehta me orientou em meio ao grande corpo da literatura existente sobre a filosofia e a religião da Índia, e generosamente permitiu que eu consultasse sua excelente biblioteca pessoal, tendo ainda dedicado longas horas a discutir comigo o pensamento oriental e a ciência. Tenho lembranças muito claras e belas das visitas regulares que fazia a ele, quando permanecíamos sentados em sua biblioteca ao entardecer, tomando chá e discutindo os upanixades, os escritos de Sri Aurobindo ou algum outro clássico indiano.

À medida que a sala ia escurecendo, nossas conversas muitas vezes davam lugar a longos momentos de silêncio, que ajudavam a aprofundar minhas percepções. Mas eu também forçava para que houvesse entre nós entendimento intelectual e expressão verbal. "Olhe essa xícara de chá, Phiroz", lembro-me de haver dito em certa ocasião; "em que sentido ela se torna uma comigo numa experiência mística?" "Pense em seu próprio corpo", respondeu ele; "quando você está com saúde, não está ciente de suas miríades de partes. Você se percebe como um organismo único. Somente quando algo está errado é que você se torna ciente de suas pálpebras ou de suas glândulas. De modo semelhante, o estado de experimentar a realidade como um todo unificado é o estado saudável para os místicos. A divisão em objetos distintos deve-se, para eles, a uma perturbação mental."

Segunda visita a Heisenberg

Em dezembro de 1974, terminei meu manuscrito e deixei Londres para retornar à Califórnia. Foi algo arriscado, pois novamente eu estava sem dinheiro, meu livro só seria publicado dali a nove meses, e não tinha contrato com nenhuma outra editora nem outro tipo de emprego. Tomei dois mil dólares emprestados de uma grande amiga — a quase totalidade de suas economias —, fiz as malas, coloquei o manuscrito na mochila e marquei passagem num vôo fretado para San Francisco. Porém, antes de deixar a Europa fui dizer adeus a meus pais e aproveitei mais uma vez a viagem para uma visita a Werner Heisenberg.

Nessa minha segunda visita, ele recebeu-me como se já nos conhecêssemos há anos, e passamos outras duas horas e pouco em animada conversa. Nossa discussão sobre os mais recentes avanços da física na época girou basicamente em torno da abordagem *bootstrap* da física das partículas pela qual eu me interessara, estando muito curioso para ouvir a opinião de Heisenberg. Voltarei a esse assunto no próximo capítulo.[1]

O outro propósito da minha visita era, é claro, descobrir o que Heisenberg pensava do meu *Tao da física*. Mostrei-lhe o manuscrito, capítulo por capítulo, resumindo em poucas palavras seu conteúdo e enfatizando especialmente os temas ligados ao seu próprio trabalho. Heisenberg mostrou-se muito interessado pelo manuscrito todo e aberto para ouvir minhas idéias. Eu lhe disse que via dois temas básicos percorrendo todas as teorias da física moderna, e que ambos eram também os dois temas básicos de todas as tradições místicas — a inter-relação e a interdependência fundamentais entre todos os fenômenos, e a natureza intrinsecamente dinâmica da realidade. Heisenberg concordou comigo no que se referia à física e afirmou que tinha consciência do destaque que o pensamento oriental dava à inter-relação de tudo. No entanto, desconhecia o aspecto dinâmico da visão de mundo oriental e mostrou-se intrigado quando lhe mostrei em meu manuscrito numerosos exemplos de que os principais termos sânscritos usados na filosofia hindu e na filosofia budista — *"brahman"*, *"rita"*, *"lila"*, "carma", *"samsara"*, etc. — tinham conotações dinâmicas. Ao final de minha apresentação um tanto demorada do manuscrito, Heisenberg disse apenas: "Basicamente estou de pleno acordo com você".

Como ocorrera após nosso primeiro encontro, deixei a sala de Heisenberg bastante animado. Agora que esse grande sábio da ciência moderna revelara tanto interesse pelo meu trabalho e estava tão de acordo com os resultados, eu não tinha mais medo de enfrentar o resto do mundo. Enviei-lhe uma das primeiras cópias de O *tao da física* quando foi publicado em novembro de 1975, e ele respondeu prontamente que estava lendo e que me escreveria de novo depois de haver lido mais. Essa carta foi nosso último contato. Werner Hei-

---

[1] *Veja também o capítulo 18 de* O tao da física *e as últimas seis páginas do capítulo 3 de* O ponto de mutação. *(N. do E.)*

senberg morreu após algumas semanas, no dia do meu aniversário, enquanto eu estava sentado na varanda ensolarada de meu apartamento em Berkeley, consultando o *I ching*. Sempre lhe serei grato por haver escrito o livro que foi o ponto de partida de minha busca de um novo paradigma e que tem me mantido sempre fascinado pelo assunto, e por seu apoio pessoal e sua inspiração.

2
Fundamento nenhum

Geoffrey Chew

As famosas palavras de Isaac Newton, "Acho-me sobre os ombros de gigantes", valem para todos os cientistas. Todos devemos nosso conhecimento e nossa inspiração a uma "linhagem" de gênios criativos. Meu próprio trabalho dentro e além do campo da ciência foi influenciado por uma miríade de grandes cientistas, muitos dos quais desempenham papéis da maior importância nessa história. Na física propriamente dita, minhas principais fontes de inspiração foram dois homens notáveis: Werner Heisenberg e Geoffrey Chew. Chew, que está hoje com sessenta anos, pertence a uma geração de físicos diferente da de Heisenberg, e embora seja muito conhecido na área não é de modo algum tão famoso quanto os grandes físicos quânticos. Entretanto, não tenho a menor dúvida de que os futuros historiadores da ciência irão julgar as contribuições de Chew à física no mesmo plano que as deles. Se Einstein revolucionou o pensamento científico com sua teoria da relatividade, e se Bohr e Heisenberg, com suas interpretações da mecânica quântica, efetuaram mudanças tão radicais que até o próprio Einstein se recusou a aceitá-las, Chew deu o terceiro passo revolucionário na física do século XX. Sua teoria *bootstrap* das partículas unifica a mecânica quântica e a teoria da relatividade numa teoria que abrange os aspectos quânticos e relativistas da matéria subatômica em sua totalidade e, ao mesmo tempo, representa um rompimento radical com toda a abordagem ocidental à ciência básica.

De acordo com a hipótese *bootstrap,* a natureza não pode ser reduzida a entidades fundamentais — semelhantes a "blocos de construção" da matéria —, mas deve ser entendida por completo com base na autoconsistência. As coisas existem em virtude de suas relações mutuamente consistentes, e toda a física deve desenvolver-se de maneira exclusiva a partir da exigência de os seus componentes serem coerentes entre si e consigo mesmos. A base matemática da física *bootstrap* é conhecida como "teoria da matriz S". Essa teoria baseia-se no conceito de matriz S, ou "matriz de espalhamento", *"scattering matrix"*[1], proposta a princípio por Heisenberg nos anos 40 e elaborada, durante as duas últimas décadas, até constituir-se numa complexa estrutura matemática, idealmente adequada para combinar os princípios da mecânica quântica e da teoria da relatividade. Muitos físicos contribuíram para essa ela-

---

[1] *Veja o capítulo 17 de* O tao da física. *(N. do E.)*

boração, mas Geoffrey Chew tem sido a força unificadora e o líder filosófico da teoria da matriz S, mais ou menos como Niels Bohr fora a força unificadora e o líder filosófico do desenvolvimento da teoria quântica meio século antes.

Nos últimos vinte anos, Chew e seus colaboradores usaram a abordagem *bootstrap* para elaborar uma teoria ampla e abrangente das partículas subatômicas, juntamente com uma filosofia mais geral da natureza. Essa filosofia *bootstrap* não só abandona a idéia de blocos de construção fundamentais da matéria, como nem sequer admite entidade fundamental alguma — nenhuma constante, lei ou equação fundamental. O universo material é concebido como uma rede ou teia dinâmica de eventos inter-relacionados. Nenhuma das propriedades de qualquer parte dessa rede é fundamental; todas decorrem das propriedades das outras partes, e a consistência global de suas inter-relações determina a estrutura da rede toda.

O fato de a filosofia *bootstrap* não admitir nenhuma entidade fundamental torna-a, em minha opinião, um dos sistemas mais profundos do pensamento ocidental. Ao mesmo tempo, ela é tão estranha aos nossos modos tradicionais de pensar cientificamente que só é aceita ou seguida por uma pequena minoria de físicos. A maioria prefere seguir a abordagem tradicional, a que sempre buscou encontrar os constituintes fundamentais da matéria. Em conseqüência, as pesquisas de base na física têm se caracterizado por uma penetração cada vez maior no mundo das dimensões submicroscópicas, até os domínios dos átomos, dos núcleos e das partículas subatômicas. Nessa progressão os átomos, os núcleos e os hadríons (isto é, os prótons, os nêutrons e outras partículas associadas a interações fortes) foram, cada um, por sua vez, considerados "partículas elementares". Contudo, nenhuma pôde corresponder a essas expectativas; a cada vez, essas partículas revelaram que elas mesmas eram estruturas compostas, e a cada vez os físicos tinham esperanças de que a geração posterior de elementos constituintes se revelasse por fim como sendo os componentes derradeiros da matéria. Os candidatos mais recentes a blocos de construção fundamentais da matéria são os chamados *"quarks"*, os constituintes hipotéticos dos hadríons — que ainda não foram observados e cuja existência se torna extremamente duvidosa em face de graves objeções teóricas. Apesar dessas dificuldades, a maioria dos físicos ainda se atêm à idéia de blocos fundamentais da matéria, idéia essa que está profundamente arraigada em nossa tradição científica.

Bootstrap *e budismo*

Quando travei conhecimento com a concepção de Chew — segundo a qual a natureza é entendida não como uma montagem de entidades básicas com certas propriedades fundamentais, mas sim como uma rede dinâmica de eventos inter-relacionados, em que nenhuma parte é mais fundamental que qualquer outra — senti-me atraído por ela de imediato. Nessa época, estava em meio ao meu estudo das filosofias orientais, e percebi logo de início que os princípios básicos da filosofia científica de Chew contrastavam radicalmente com a tradição científica ocidental, mas concordavam por completo com o pensamento oriental, em particular com o budismo. Comecei em seguida a explorar os paralelos entre a filosofia de Chew e a do budismo, e resumi meus resultados num ensaio intitulado *"Bootstrap* e budismo".

Nesse ensaio, argumento que o contraste entre os "fundamentalistas" e os *"bootstrappers"* na física das partículas reflete o contraste entre duas correntes prevalecentes no pensamento do Ocidente e do Oriente. Procurei mostrar que a redução da natureza aos seus aspectos fundamentais é basicamente uma atitude grega, surgida na filosofia grega ao lado do dualismo espírito/matéria, ao passo que a visão do universo como uma rede de inter-relações é característica do pensamento oriental. Mostrei como a unidade e a inter-relação mútua de todas as coisas e eventos têm sua expressão mais clara e sua formulação mais abrangente no budismo maaiana, e como essa escola de pensamento budista está em completa harmonia com a física *bootstrap,* tanto em sua filosofia geral como em sua concepção específica de matéria.

Antes de escrever esse ensaio, eu ouvira Chew discursar em diversos congressos de física e tive um rápido encontro com ele quando veio dar um seminário na UC de Santa Cruz. Porém, não o conhecia de fato. Fiquei muito impressionado com a seriedade intelectual e filosófica de sua palestra, mas também me senti intimidado. Eu teria adorado discutir seriamente com ele, mas senti que ainda era ignorante demais para tal, de modo que só lhe fiz uma pergunta bastante trivial após o seminário. No entanto, dois anos depois, quando já escrevera meu ensaio, estava confiante em que meu pensamento havia evoluído o suficiente para eu efetuar uma real troca de idéias com Chew. Enviei-lhe uma cópia do ensaio e pedi seus comentários. Sua resposta foi muito gentil e muito estimulante para mim. "Sua maneira de descrever a noção de *bootstrap",* escreveu, "deverá torná-la mais aceitável para muitos e tão esteticamente atraente para outros que lhes será irresistível."

Essa carta foi o início de uma associação pessoal que me tem sido fonte de contínua inspiração e que moldou de maneira decisiva toda a minha perspectiva de ciência. Mais tarde Chew me contou, para minha grande surpresa, que os paralelos entre sua filosofia *bootstrap* e o budismo maaiana não lhe eram desconhecidos quando recebeu meu artigo. Em 1969, disse, ele e a família estavam se preparando para passar um mês na Índia quando seu filho, em parte sério e em parte brincando, lhe apontou os paralelos entre a abordagem *bootstrap* e o pensamento budista. "Fiquei estupefato", disse Chew, "simplesmente não pude acreditar. Mas meu filho prosseguiu em sua explanação, e tudo tinha perfeito sentido." Fiquei pensando se Chew, como tantos outros físicos, não se sentira ameaçado ao ter suas idéias comparadas com as das tradições místicas. "Não", esclareceu ele, "pois eu já fora acusado de estar mais do lado místico. As pessoas haviam comentado muitas vezes que minha maneira de abordar a física não era fundamentada da mesma maneira como a maioria dos físicos fundamentavam as suas. Desse modo, não foi um choque tão grande para mim. Foi um choque, mas logo me dei conta de quanto era adequada a comparação."

Muitos anos depois, Chew descreveu seu encontro com a filosofia budista numa palestra em Boston aberta ao público e que para mim foi uma bela demonstração da profundidade e da maturidade de seu pensamento:

"Lembro-me com muita clareza de meu assombro e de minha frustração — creio que foi em 1969 — quando meu filho, que estava concluindo o segundo grau e estivera estudando a filosofia do Oriente, me falou sobre o budismo maaiana. Fiquei atônito, e senti um certo embaraço ao descobrir que, de alguma maneira, minhas pesquisas haviam se baseado em idéias que soavam terrivelmente pouco científicas quando associadas a ensinamentos budistas.

"Hoje, é claro, outros físicos de partículas, por estarem trabalhando com a teoria quântica e com a relatividade, encontram-se na mesma situação. No entanto, a maioria deles reluta em admitir, até para si próprios, o que vem acontecendo com sua disciplina — que, como sabemos, lhes é cara por sua dedicação à objetividade. No entanto, o embaraço que senti em 1969 foi sendo pouco a pouco substituído por uma reverente estupefação, associada a um senso de gratidão por estar vivo na época em que essas coisas estão se desenvolvendo".

Durante minha visita à Califórnia em 1973, Chew convidou-me para dar uma palestra sobre os paralelos entre a física moderna e o misticismo oriental na UC de Berkeley, onde me recebeu com muita amabilidade, passando a maior parte do dia comigo. Como eu não fizera nenhuma contribuição significativa para a física teórica das partículas nos últimos anos, e conhecendo bem como funciona o sistema universitário, eu sabia que era absolutamente impossível obter uma posição de pesquisador no Lawrence Berkeley Laboratory, um dos institutos de física mais prestigiados do mundo e onde Chew chefiava o grupo teórico. Não obstante, perguntei-lhe ao final do dia se via alguma possibilidade de eu ir para Berkeley e trabalhar com ele. Respondeu, como eu esperava, que não teria como obter uma bolsa de pesquisa para mim, mas logo em seguida acrescentou que teria o maior prazer em ter-me em Berkeley e que poderia estender sua hospitalidade e conceder-me pleno acesso às instalações do laboratório sempre que eu desejasse. Fiquei, é claro, muito entusiasmado e encorajado com sua oferta — que aceitei com alegria dois anos depois.

Quando escrevi O tao da física, estabeleci a íntima correspondência entre a física bootstrap e a filosofia budista como o ponto culminante e final. Portanto, quando discuti o manuscrito com Heisenberg, estava naturalmente muito curioso para ouvir sua opinião sobre a abordagem de Chew. Esperava que Heisenberg estivesse de acordo com ele, pois em seus escritos ele freqüentemente enfatizara a concepção da natureza como uma rede interligada de eventos — e esse é também o ponto de partida da teoria de Chew. Além disso, foi Heisenberg quem originalmente propôs o conceito de matriz S, sobre o qual Chew e outros desenvolveram um poderoso formalismo matemático vinte anos depois.

Heisenberg, de fato, disse que concordava integralmente com o quadro da teoria *bootstrap* onde as partículas são padrões dinâmicos numa rede interligada de eventos. Ele não acreditava no padrão *quark,* chegando mesmo a chamá-lo de bobagem. Entretanto, Heisenberg, como a maioria dos físicos atuais, não conseguiu aceitar a visão de Chew, segundo a qual não deve haver *nada* fundamental numa teoria, e em particular nenhuma equação fundamental. Em 1958 Heisenberg propusera justamente uma equação dessas, que logo ganhou o nome popular de "Fórmula Mundial de Heisenberg", e ele passou o resto da vida tentando deduzir a partir dessa equação as propriedades de todas as partículas subatômicas. De modo que ele naturalmente se sentia muito atraído pela idéia de uma equação fundamental, não estando disposto a aceitar sem reservas a radicalidade da filosofia *bootstrap.* "Há uma equação fundamental", disse-me ele. "Não importa qual possa vir a ser sua formulação, dela derivaremos todo o aspecto das partículas elementares. Não devemos buscar refúgio na neblina. Nesse ponto eu discordo de Chew."

Heisenberg não conseguiu deduzir todo o espectro das partículas elementares a partir de sua equação, mas Chew há pouco tempo conseguiu fazer justamente isso com sua teoria *bootstrap.* Em particular, ele e seus colaboradores conseguiram deduzir resultados característicos dos padrões *quark* sem precisarem postular a existência física deles; atingiram, por assim dizer, a física dos *quarks* sem estes.

Antes desse avanço, o programa *bootstrap* estava se atolando seriamente nas complexidades matemáticas da teoria da matriz S. Segundo a perspectiva *bootstrap,* cada partícula tem relação com todas as outras partículas, inclusive consigo mesma, o que torna o formalismo matemático não-linear ao extremo. Essa não-linearidade permanecia impenetrável há pouco tempo. Por essa razão, em meados dos anos 60, a concepção *bootstrap* atravessou uma crise de fé, e o apoio à idéia de Chew reduziu-se para não mais que um punhado de físicos. Ao mesmo tempo, a hipótese dos *quarks* recebia um grande impulso, e seus partidários apresentaram aos defensores da teoria *bootstrap* o desafio de explicar os resultados atingidos com a ajuda dos padrões *quark.*

O grande avanço da física *bootstrap* teve início em 1974 com um jovem físico italiano, Gabriele Veneziano. Quando estive com Heisenberg em janeiro de 1975, desconhecia a descoberta de Veneziano. Se a conhecesse, talvez pudesse ter mostrado a Heisenberg como os primeiros esboços de uma teoria *bootstrap* precisa já estavam emergindo da neblina, por assim dizer.

A essência da descoberta de Veneziano consistiu em reconhecer que a topologia — um formalismo bem conhecido dos matemáticos mas nunca antes aplicado à física das partículas — pode ser usada para definir categorias de ordem na inter-relação dos processos subatômicos. Com ajuda da topologia, é possível estabelecer quais inter-relações são mais importantes e, desse modo, formular uma primeira aproximação, em que somente essas inter-relações serão consideradas, podendo-se, a seguir, acrescentar as outras, em sucessivas etapas de aproximação. Em outras palavras, a complexidade matemática do esquema *bootstrap* pode ser desenredada incorporando-se a topologia à estrutura conceitual da matriz S. Ao fazermos isso, constatamos que apenas algumas categorias especiais de relações ordenadas se revelam compatíveis com as propriedades bem conhecidas de matriz S. Essas categorias de ordem são precisamente os padrões *quark* observados na natureza. Dessa forma, a estrutura *quark* surge como uma manifestação de ordem e como uma conseqüência necessária da autoconsistência, sem que seja preciso postular os *quarks* como os constituintes físicos dos hadríons.

Quando cheguei a Berkeley, em abril de 1975, Veneziano estava visitando o Lawrence Berkeley Laboratory, e Chew e seus colaboradores estavam bastante excitados com a nova abordagem topológica. Para mim, esse foi um desenrolar muito feliz dos acontecimentos, que me ofereceu a oportunidade de reiniciar ativamente minhas pesquisas na física com relativa facilidade, após um intervalo de três anos. Ninguém na equipe de Chew conhecia topologia, e como, ao me juntar ao grupo, eu não tinha nenhum projeto de pesquisa em mãos, acabei por entregar-me de maneira integral ao estudo dessa disciplina, adquirindo logo certa perícia, que me tornou membro valioso da equipe. Quando todos os outros me alcançaram, eu já reativara minhas outras habilidades e pude participar plenamente no programa do *bootstrap* topológico.

Discussões com Chew

Ainda que meu grau de envolvimento tenha variado muito, desde 1975 sou membro da equipe de pesquisas de Chew no Lawrence Berkeley Laboratory, e essa associação tem sido bastante gratificante e enriquecedora para mim. Além da minha alegria por ter voltado à física, tenho tido o privilégio único de colaborar de perto e de poder trocar idéias de maneira contínua com um dos cientistas verdadeiramente grandes de nossa época. Meus muitos interesses fora da física impedem-me de efetuar pesquisas com Chew em tempo integral, e a Universidade da Califórnia nunca julgou apropriado financiar minhas pesquisas com dedicação parcial, nem se dispôs a reconhecer meus livros e artigos como contribuições valiosas para o avanço e a transmissão de idéias científicas. Mas não me importo. Pouco depois de eu retornar à Califórnia, *O tao da física* foi publicado nos Estados Unidos pela Shambhala e depois pela Bantam Books, tornando-se *best seller* internacional. Os direitos autorais dessas edições e o que recebo pelas palestras e seminários que tenho apresentado com freqüência cada vez maior puderam pôr fim às minhas dificuldades financeiras, que haviam persistido durante a maior parte dos anos 70.

Nos últimos dez anos tenho visto Geoffrey Chew com regularidade, e passamos centenas de horas discutindo. O assunto de nossas discussões em geral envolve a física das partículas e, mais especificamente, a teoria *bootstrap*. No entanto, de maneira alguma nos restringimos a isso, e muitas vezes nossas discussões acabam por abranger a natureza da consciência, a origem do espaço-tempo ou a natureza da vida. Nos períodos em que me dedicava totalmente às pesquisas, participava de todos os seminários e reuniões de nossa equipe, e quando estava ocupado escrevendo ou dando palestras, encontrava-me com Chew no mínimo a cada duas ou três semanas, para algumas horas de discussões intensivas.

Esses encontros foram muito úteis para nós dois. Ajudaram-me muito a manter-me a par das pesquisas de Chew e, de um modo mais geral, dos avanços mais importantes ocorridos no campo da física das partículas. Por outro lado, forçaram Chew a resumir os progressos de seu trabalho a intervalos regulares, podendo usar a linguagem técnica apropriada em sua total potencialidade, mas também se concentrando nos avanços mais importantes sem se perder em detalhes desnecessários ou em pequenas dificuldades temporárias. Muitas vezes disse-me que nossas discussões eram para ele uma ajuda valiosa para manter a mente atenta ao projeto maior do programa de pesquisa. Como eu discutia com ele conhecendo por completo os principais avanços efetuados e os problemas ainda não resolvidos, e como estava livre do peso da rotina da pesquisa cotidiana, não raro conseguia apontar inconsistências ou exigir esclarecimentos que estimulavam em Chew novos *insights*. Com o passar dos anos, fiquei conhecendo Geoff — como Chew costuma ser chamado por seus amigos e colegas — tão bem, e o meu pensamento foi tão influenciado pelo dele, que nossos colóquios costumavam gerar aquele estado de excitação e ressonância mentais extremamente favorável ao trabalho criativo. Para mim, essas discussões permanecerão para sempre entre os pontos altos de minha vida científica.

Quem conhece Geoff Chew logo percebe tratar-se de uma pessoa muito bondosa e gentil, e quem chega a articular com ele uma séria discussão fatalmente fica impressionado com a profundidade de seu pensamento. Ele tem o hábito de abordar toda dúvida ou problema no nível mais profundo possível. Já o vi um sem-número de vezes refletindo sobre perguntas para as quais eu teria respostas prontas na hora, e dizendo lentamente, após alguns momentos de reflexão: "Bem, você está fazendo uma pergunta muito importante", evidenciando a seguir o contexto mais amplo em que ela se enquadra e propondo uma resposta no seu nível mais profundo e significativo.

Chew é um pensador lento, cauteloso e muito intuitivo, e observá-lo debatendo-se com algum problema tornou-se uma experiência fascinante para mim. Muitas vezes vi idéias brotarem das profundezas de seu cérebro até o nível consciente, e ele, as mãos grandes e expressivas, tentar descrevê-las gesticulando antes de formulá-las, lenta e meticulosamente, em palavras. Sempre senti que Chew tem a sua matriz S no sangue, e que ele usa o corpo para dar a essas idéias tão abstratas uma forma tangível.

Desde o início de nossas discussões eu imaginava qual teria sido a formação filosófica de Chew. Sabia que o pensamento de Bohr fora influenciado por Kierkegaard e William James, que Heisenberg estudara Platão, que Schrödinger lera os upanixades. Para mim, Chew sempre fora uma pessoa muito filosófica e, dada a natureza radical de sua teoria *bootstrap,* interessava-me muito saber de alguma influência filosófica, artística ou religiosa sobre seu pensamento. Mas sempre que conversávamos, eu acabava tão absorvido em nossas discus-

47

sões sobre a física que me parecia perda de tempo interromper o fluxo da conversa para perguntar-lhe acerca de sua formação filosófica. Só depois de vários anos é que acabei lhe fazendo essa pergunta, e quando por fim soube a resposta fiquei absolutamente surpreso.

Ele me disse que em sua juventude tentara moldar-se de acordo com seu professor, Enrico Fermi, que era famoso por sua maneira pragmática de abordar a física. "Fermi era um pragmatista extremo que não estava nem um pouco interessado em filosofia", explicou Chew. "Ele queria simplesmente descobrir as regras que lhe permitiriam prever resultados de experimentos. Lembro-me dele discorrendo sobre a mecânica quântica e escarnecendo das pessoas que perdiam tempo preocupando-se com a interpretação da teoria, uma vez que ele sabia usar aquelas fórmulas para fazer previsões. Durante muito tempo tentei imaginar que eu agiria, tanto quanto possível, de acordo com o espírito de Fermi."

Foi apenas muito depois, explicou Chew, quando começou a escrever e a proferir palestras, que começou a pensar sobre questões filosóficas. Quando pedi que me dissesse quais pessoas haviam influenciado seu pensamento, os nomes que ele mencionou foram todos de físicos; e quando eu, estupefato, quis saber se ele fora influenciado por alguma escola filosófica ou por algo fora da física, respondeu simplesmente: "Bem, com certeza não estou ciente de nenhuma influência. Não consigo identificar nada nesse sentido".

Tudo indica então que Chew é um pensador de fato original, que desenvolveu sua profunda filosofia da natureza e sua maneira revolucionária de abordar a física a partir da própria experiência com o mundo dos fenômenos subatômicos. É uma experiência que evidentemente só pode ser indireta, obtida por meio de instrumentos complicados e delicados de observação e mensuração, mas que não obstante é para Chew bastante real e significativa. Um de seus segredos talvez seja sua capacidade de mergulhar por completo no trabalho e de se concentrar com intensidade por prolongados períodos de tempo. De fato, ele diz que sua concentração é virtualmente contínua: "Uma característica de meu modo de trabalhar é que eu quase nunca paro de pensar sobre o problema do momento. É raro me desligar dele, a menos que ocorra algo que me requisite de modo muito imediato, como ter de dirigir um carro numa situação perigosa. Então paro de pensar; mas para mim a continuidade é crucial; não posso parar".

Chew disse-me também que só raramente lê algo estranho ao seu campo de pesquisa, e mencionou uma anedota a respeito de Paul Dirac, um dos mais famosos físicos quânticos: certa vez, quando lhe perguntaram se havia lido determinado livro, respondeu com total e desconcertante sinceridade: "Nunca leio; ler impede-me de pensar". "Bem, *eu* leio", acrescentou Chew com uma risada ao recontar o episódio, "mas preciso ter uma motivação muito específica."

Seria plausível imaginar que a intensa e constante concentração de Chew em seu mundo conceitual o tornasse uma pessoa fria e um tanto obsessiva. Na verdade, acontece justamente o contrário. Ele possui uma personalidade

48

calorosa e aberta; é raro parecer tenso ou frustrado, e costuma rir com alegria e franqueza no meio de uma discussão. Desde que conheço Geoff Chew, sinto-o como uma pessoa muito em paz consigo mesma e com o mundo. É bondoso e gentil ao extremo, manifestando em sua vida do dia-a-dia a tolerância que considera característica da filosofia *bootstrap*. "O físico que for capaz de conceber sem favoritismos um número qualquer de modelos diferentes e em parte comprovados", escreveu num de seus artigos, "é automaticamente um *bootstrapper*". Sempre me impressionou a harmonia entre a ciência de Chew, sua filosofia e sua personalidade, e embora ele se considere cristão e esteja próximo da tradição católica, não posso deixar de sentir que sua concepção de vida revela em essência uma atitude budista.

Bootstrap *e o espaço-tempo*

Como a física *bootstrap* não se baseia em nenhuma entidade fundamental, o processo de sua pesquisa teórica difere em vários aspectos do da física ortodoxa. Ao contrário da maioria dos físicos, Chew não sonha com uma descoberta única e decisiva que irá confirmar em definitivo sua teoria; pelo contrário, ele acredita que seu desafio seja o de construir, lenta e pacientemente, uma rede interligada de conceitos, onde nenhum é mais fundamental que os outros. À medida que a teoria progride, as interconexões dessa rede tornam-se cada vez mais precisas, como se toda a rede fosse, por assim dizer, cada vez mais entrando em foco.

Nesse processo, a teoria também vai-se tornando mais empolgante à medida que mais e mais conceitos se tornam *bootstrap*, isto é, à medida que vão sendo explicados em termos da autoconsistência global da rede de conceitos. De acordo com Chew, esse processo acabará por abranger os princípios básicos da teoria quântica, a nossa concepção de espaço-tempo macroscópico e, eventualmente, até mesmo nossa concepção de consciência humana. "Levada ao seu extremo lógico", escreve Chew, "a conjetura *bootstrap* implica em que a existência da consciência, junto com a de todos os outros aspectos da natureza, é necessária para a autoconsistência do todo."

Nos dias de hoje, a parte mais instigante da teoria de Chew é a perspectiva de se efetuar um *bootstrap* do espaço-tempo, algo cuja realização parece possível num futuro próximo. Na teoria *bootstrap* das partículas não há um espaço-tempo contínuo. A realidade física é descrita em termos de eventos isolados que mantêm entre si uma conexão causal mas que não estão imersos num espaço e num tempo contínuos. Apesar de o espaço-tempo ser algo introduzido no domínio macroscópico e estar associado à aparelhagem experimental, não há nenhuma implicação de um *continuum* espaço-tempo no domínio microscópico.

A inexistência de um espaço e de um tempo contínuos é, talvez, o aspecto mais radical e mais difícil da teoria de Chew, tanto para os físicos como para os leigos. Chew e eu recentemente discutimos como a experiência humana

49

do dia-a-dia, em que objetos separados se movem num espaço e num tempo contínuos, poderia ser explicada pela teoria *bootstrap*. Nossa conversa foi provocada por uma discussão sobre os paradoxos já bem conhecidos da teoria quântica.

"Creio que esse é um dos aspectos mais intrigantes da física", começou Chew, "e o máximo que posso fazer é dar o meu ponto de vista, que não acredito seja partilhado por mais alguém. Sinto que os princípios da mecânica quântica, da maneira como estão formulados, são insatisfatórios, e que o desenvolvimento do programa *bootstrap* acabará levando a uma enunciação diferente. Acredito que essa nova formulação deva levar em conta o fato de que não devemos tentar expressar os princípios da mecânica quântica num espaço-tempo apriorístico. Essa é a deficiência da situação atual. A mecânica quântica tem em si algo de intrinsecamente descontínuo, ao passo que a idéia de espaço-tempo é contínua. Creio que se tentarmos formular os princípios da mecânica quântica aceitando o espaço-tempo como uma verdade absoluta acabaremos enfrentando sérias dificuldades. Sinto que a abordagem *bootstrap* irá eventualmente nos oferecer explicações simultâneas para o espaço-tempo, para a mecânica quântica e para o significado da realidade cartesiana. Tudo isso convergirá de alguma maneira, mas não poderemos partir do espaço-tempo como uma base clara e isenta de ambigüidades para depois sobrepormos a ele essas outras idéias."

"Todavia", argumentei, "parece evidente que os fenômenos atômicos *estão* imersos no espaço-tempo. Você e eu estamos imersos no espaço e no tempo, e também os átomos que nos constituem. Espaço-tempo é um conceito extremamente útil; então, o que você quer dizer com essa afirmação de que não devemos imergir os fenômenos atômicos no espaço-tempo?"

"Bem, em primeiro lugar, creio que seja óbvio que os princípios quânticos tornam inevitável a idéia de que a realidade objetiva cartesiana é apenas uma aproximação. Não podemos ter os princípios da mecânica quântica e, ao mesmo tempo, afirmar que nossas idéias comuns de realidade externa são uma descrição exata. Podemos apresentar vários exemplos de como um sistema sujeito aos princípios quânticos começa a apresentar um comportamento clássico quando ele se torna complexo o suficiente. Isso é algo que as pessoas já fizeram repetidas vezes. É perfeitamente possível mostrar que o comportamento clássico surge como uma aproximação do comportamento quântico. De modo que a noção cartesiana clássica de objeto e toda a física newtoniana são aproximações. Não vejo como possam ser exatas. Elas dependem necessariamente da complexidade dos fenômenos que estão sendo descritos. Um alto grau de complexidade pode, é claro, acabar se autocompensando de modo a produzir uma simplicidade efetiva. E esse efeito torna a física clássica possível."

"Temos então um nível quântico em que não há objetos sólidos e os conceitos clássicos não se mantêm; contudo, se formos aumentando a complexidade do sistema, os conceitos clássicos acabam de alguma maneira surgindo. É isso?"

"Sim."

"Você está afirmando então que o espaço-tempo é um desses conceitos clássicos?"

"Exato. O conceito de espaço-tempo surge com a concepção clássica, e não devemos aceitá-lo como válido desde o princípio."

"E você tem hoje alguma idéia sobre como o espaço-tempo acaba por emergir num contexto de alta complexidade?"

"Sim. A noção-chave é a idéia de 'eventos suaves', que está intimamente associada aos fótons."

Chew prosseguiu explicando que os fótons — as partículas do eletromagnetismo e da luz — têm propriedades únicas, incluindo a de não possuírem massa, o que lhes permite interagir com outras partículas em eventos que provocam apenas perturbações mínimas. Pode haver um número infinito desses "eventos suaves" e, à medida que vão se acumulando, resultam numa localização aproximada das outras interações entre partículas, emergindo daí a noção clássica de objetos isolados.

"Mas e o tempo e o espaço?", perguntei.

"Bem, veja você, o entendimento do que é um objeto clássico, um observador, o eletromagnetismo, o espaço-tempo está entrelaçado. Uma vez incluída a idéia de fótons suaves no quadro geral, podemos começar a reconhecer certos padrões de eventos com algo que representaria um observador em face de alguma coisa. Nesse sentido, eu diria, podemos esperar que seja elaborada uma teoria da realidade objetiva. No entanto, o significado do espaço-tempo surgirá no mesmo instante. Não podemos partir do espaço-tempo para depois tentarmos desenvolver uma teoria da realidade objetiva."

Chew e David Bohm

Com essa conversa ficou claro para mim que o plano de Chew é extremamente ambicioso. O que ele espera conseguir é nada menos que deduzir os princípios da mecânica quântica (inclusive, por exemplo, o princípio de indeterminação de Heisenberg), o conceito de espaço-tempo macroscópico (e com ele o formalismo básico da teoria da relatividade), as características da observação e da mensuração e as noções básicas de nossa realidade cartesiana do dia-a-dia — deduzir tudo isso da autoconsistência geral da teoria *bootstrap* topológica.

Eu estava vagamente ciente desse seu programa há vários anos, pois Chew vivia mencionando diversos aspectos dele antes mesmo que a incorporação do espaço-tempo à teoria *bootstrap* se tornasse uma possibilidade concreta. E sempre que Chew falava sobre seu grande plano, eu me lembrava de outro físico, David Bohm, que está desenvolvendo um programa similarmente ambicioso. Eu já ouvira falar de Bohm — que era bem conhecido como um dos opositores mais eloqüentes da interpretação padrão da teoria quântica (a chamada interpretação de Copenhague) — desde os meus tempos de estudante. Em 1974 o conheci pessoalmente no encontro no Brockwood Park com Krishnamurti, e ali tivemos nossas primeiras discussões. Logo notei que Bohm, da mesma forma que Chew, era um pensador profundo e meticuloso, e estava envolvido, como aconteceria com Chew vários anos depois, na terrível tarefa de deduzir os princípios básicos da mecânica quântica e da teoria da relatividade a partir de um formalismo subjacente mais profundo. Bohm também inseriu sua teoria num amplo contexto filosófico mas, ao contrário de Chew, foi profundamente influenciado por um único filósofo e sábio, Krishnamurti, que com o passar dos anos se tornou seu mentor espiritual.

O ponto de partida de Bohm é a noção de "totalidade intacta" *("unbroken wholeness"),* e sua meta é explorar a ordem que ele acredita ser inerente à teia cósmica de relações num nível mais profundo e "não-manifesto". Deu a essa ordem o nome de "implicada" ou "englobada"[1], descrevendo-a por meio de uma analogia com o holograma em que cada parte, num certo sentido, contém o todo. Se qualquer parte de um holograma for iluminada, a imagem completa será reconstruída, embora com menos detalhes do que se fosse obtida do holograma inteiro. Para Bohm, o mundo real é estruturado segundo os mesmos princípios gerais, com o todo englobado ou envolvido em cada uma de suas partes.

Bohm está ciente de que o holograma é estático demais para ser usado como um modelo da ordem implicada no nível subatômico. Para expressar a natureza essencialmente dinâmica da realidade subatômica ele cunhou o termo "holomovimento". Na concepção de Bohm, o holomovimento é um fenômeno dinâmico de que procedem todas as formas do universo material. O objetivo de sua abordagem é estudar a ordem que se encontra envolvida ou englobada nesse holomovimento, atendo-se não à estrutura dos objetos, mas à do movimento — levando em conta assim tanto a unidade como a natureza dinâmica do universo.

A teoria de Bohm ainda não atingiu sua forma final, mas parece haver uma intrigante afinidade, mesmo nesse estágio preliminar, entre sua teoria da ordem implicada e a teoria *bootstrap* de Chew. Ambas as abordagens baseiam-se na mesma visão do mundo como uma teia dinâmica de relações; ambas atribuem um papel central à noção de ordem; ambas utilizam matrizes para representar mudança e transformação, além da topologia para classificar as categorias de ordem.

Com o passar dos anos, fui pouco a pouco me tornando ciente dessas similaridades, e desejei organizar um encontro entre Bohm e Chew, que virtualmente não tinham nenhum contato entre si, para que um pudesse se familiarizar com a teoria do outro e discutir suas semelhanças e diferenças. Há alguns anos consegui afinal promover o encontro de ambos na Universidade da Califórnia, em Berkeley, que levou a um intercâmbio de idéias muito enriquecedor. Desde esse encontro, que foi seguido por outras discussões entre os dois, não tive muito contato com David Bohm e, portanto, não sei até

---

[1] *Veja as duas últimas páginas do posfácio à segunda edição de* O tao da física, *na tradução da Editora Cultrix. (N. do T.)*

que ponto seu pensamento foi afetado pelo de Chew. O que sei é que este adquiriu grande familiaridade com a concepção de Bohm, e foi em certa medida influenciado por ela, passando a acreditar, como eu, que as duas abordagens têm tanto em comum que poderão se fundir no futuro.

Uma rede de relações

Geoffrey Chew teve enorme influência sobre minha visão de mundo, minha concepção de ciência e meu modo de desenvolver pesquisas. Embora tenha repetidamente me estendido muito além de meu campo original de pesquisa, minha mente é em essência científica e minha maneira de abordar a grande variedade de problemas que vim a investigar permaneceu científica — ainda que se trate de uma definição muito ampla de ciência. Foi a influência de Chew, mais do que qualquer outro fator, que me ajudou a desenvolver tal atitude no sentido mais amplo.

Minha longa associação e minhas discussões intensas com Chew, aliadas a meus estudos e prática das filosofias budista e taoísta, permitiram que eu me sentisse inteiramente à vontade com um dos aspectos mais radicais do novo paradigma científico — a inexistência de qualquer fundamento sólido. Em toda a história da ciência e da filosofia do Ocidente, sempre se acreditou que qualquer corpo de conhecimento teria de ter fundamentos firmes. Em conseqüência disso, cientistas e filósofos de todas as épocas usaram metáforas arquitetônicas para descrever o conhecimento[1]. Os físicos sempre buscaram os "blocos de construção básicos" da matéria e expressaram suas teorias em termos de princípios "básicos" e de equações ou constantes "fundamentais". Toda vez que ocorria alguma grande revolução científica, sentia-se que os próprios alicerces da ciência estavam sendo abalados. Assim, Descartes escreveu em seu célebre *Discurso do método:*

"Na medida em que [as ciências] tomam seus princípios da filosofia, julgava que nada de sólido se podia construir sobre fundamentos tão pouco firmes".

Trezentos anos depois, Heisenberg escreveu, em seu *Física e filosofia,* que os alicerces da física clássica, ou seja, do próprio edifício que Descartes construíra, estavam cedendo:

"A violenta reação aos últimos avanços da física moderna só pode ser compreendida se percebermos que os alicerces da física começaram a se deslocar e que esse movimento provocou a sensação de que a ciência não mais sabia onde pisava".

---

[1] *Devo esse* insight *ao meu irmão, Bernt Capra, que é arquiteto de formação.*

Em sua autobiografia, Einstein descreveu seus sentimentos em termos muito semelhantes aos de Heisenberg:

"Era como se o chão houvesse sido tirado de sob nossos pés, e não entrevíamos nenhuma base sólida sobre a qual pudéssemos construir algo".

Parece que a ciência do futuro não precisará mais de fundamentos sólidos e que a metáfora da construção será substituída pela da rede, ou teia, em que nenhuma parte é mais fundamental que qualquer outra. A teoria *bootstrap* de Chew é a primeira teoria científica em que uma "filosofia de rede" foi formulada de modo explícito e, numa conversa recente, ele concordou com o fato de que a maior e mais profunda mudança na ciência natural talvez venha a ser o abandono da necessidade de existirem fundamentos firmes:

"Acho que isso é verdade. Como também é verdade que, dada a longa tradição da ciência ocidental, a concepção *bootstrap* ainda não goza de boa reputação entre os cientistas, não sendo reconhecida como ciência precisamente por sua falta de uma base firme. Toda a idéia de ciência, num certo sentido, está em conflito com a abordagem *bootstrap*, pois a ciência quer perguntas expressas com clareza e que possam ter uma verificação experimental isenta de ambigüidades. Faz parte da concepção *bootstrap*, no entanto, que nenhum conceito seja considerado absoluto, havendo sempre a expectativa de encontrarmos falhas nos conceitos antigos. Estamos a todo instante rebaixando ou desacreditando conceitos que no passado recente teriam sido considerados fundamentais e usados como linguagem para a formulação de perguntas.

"Veja bem", Chew continuou explicando, "quando formulamos uma pergunta, estamos aceitando alguns conceitos básicos para podermos formulá-la. No entanto, na abordagem *bootstrap*, em que o sistema todo representa uma rede de relações sem nenhum fundamento firme, a descrição de algo pode começar numa enorme variedade de pontos diferentes. Não há ponto de partida claro e definido. E da maneira como nossa teoria vem se desenvolvendo nesses últimos anos, é muito comum não sabermos quais perguntas fazer. Orientamo-nos pela consistência do sistema; cada aumento dessa consistência sugere algo que ainda está incompleto, embora isso raramente assuma a forma de uma pergunta bem definida. Estamos indo além de toda estrutura de perguntas e respostas".

Uma metodologia que não utiliza perguntas bem definidas e que não admite nenhum fundamento firme para o nosso conhecimento certamente parece pouquíssimo científica. O que a torna uma iniciativa científica é outro elemento essencial da abordagem de Chew: o reconhecimento do papel crucial da aproximação nas teorias científicas. Essa foi outra das grandes lições que aprendi com ele.

Quando os físicos começaram a explorar os fenômenos atômicos no início do século, ficou-lhes dolorosamente claro que todos os conceitos e teorias que usamos para descrever a natureza são limitados. Por causa das limitações essenciais da mente racional, temos de aceitar o fato de que, nas palavras de Heisenberg, "toda palavra ou conceito, por mais claros que possam parecer, possuem apenas uma gama limitada de aplicabilidade". As teorias científicas jamais poderão oferecer uma descrição completa e definitiva da realidade. Serão sempre aproximações da verdadeira natureza das coisas. Em palavras mais duras, os cientistas não lidam com a verdade; lidam com descrições limitadas e aproximadas da realidade.

Admitir isso é um aspecto essencial da ciência moderna, sendo importante sobretudo na abordagem *bootstrap*, como Chew tem ressaltado de maneira incessante. Todos os fenômenos naturais são vistos como estando derradeiramente interligados e, para explicarmos qualquer um deles, temos de compreender todos os outros — e isso é impossível, claro. O que torna a ciência tão bem-sucedida é o fato de as aproximações serem possíveis. Se nos satisfizermos com um entendimento aproximado da natureza, poderemos descrever grupos selecionados de fenômenos, relegando aqueles que forem menos relevantes. Assim, seremos capazes de explicar muitos fenômenos em termos de alguns poucos e, em conseqüência disso, compreender diversos aspectos da natureza de maneira aproximada sem precisarmos compreender tudo ao mesmo tempo. A aplicação da topologia à física das partículas, por exemplo, resultou precisamente numa dessas aproximações, possibilitando os recentes avanços da teoria *bootstrap* de Chew.

As teorias científicas são, portanto, descrições aproximadas dos fenômenos naturais e, de acordo com Chew, é essencial que sempre perguntemos, logo ao constatar que uma determinada teoria funciona: "Por que ela funciona?" "Quais são seus limites?" "De que modo, exatamente, ela é uma aproximação?" Para Chew, essas perguntas são o primeiro passo para continuarmos progredindo, e a idéia de progredir por meio de etapas aproximativas é para ele um elemento-chave do método científico.

Para mim, o mais belo exemplo da atitude de Chew foi dado em uma entrevista que ele concedeu à televisão britânica há alguns anos. Quando lhe perguntaram qual seria o maior avanço possível para a ciência nas décadas seguintes, ele não mencionou nenhuma grande teoria de unificação, nem qualquer nova descoberta emocionante, mas disse apenas: "A aceitação do fato de que todos os nossos conceitos são aproximações".

Esse fato é hoje provavelmente aceito em teoria pela maior parte dos cientistas, embora seja ignorado por muitos deles em seu trabalho. Porém, é pouquíssimo conhecido fora do campo da ciência. Lembro-me claramente de certa discussão após um jantar, onde ficou evidente a enorme dificuldade que a maioria das pessoas tem em aceitar a natureza aproximada de todos os conceitos. Para mim, foi também outro magnífico exemplo da profundidade do pensamento de Chew. Isso ocorreu na casa de Arthur Young, o inventor do helicóptero Bell, que é vizinho meu em Berkeley, onde fundou o Instituto para o Estudo da Consciência. Estávamos sentados em torno da mesa de nossos anfitriões — Denyse e Geoff Chew, minha esposa Jacqueline e eu, e Ruth e

Arthur Young. Quando nossa conversa chegou à noção de certeza na ciência, Young começou a apontar um fato científico após outro enquanto Chew ia lhe mostrando, por meio de uma análise atenta e meticulosa, como todos esses "fatos" eram na realidade noções aproximadas. Finalmente Young exasperou-se: "Olhe aqui, alguns fatos absolutos *existem*. Há seis pessoas sentadas em torno desta mesa neste exato momento. Isso é absolutamente verdadeiro". Chew sorriu com delicadeza e olhou para Denyse, que estava grávida. "Não sei, não, Arthur", disse de modo suave. "Quem pode dizer exatamente onde começa uma pessoa e termina outra?"

O fato de todos os conceitos científicos e todas as teorias científicas serem aproximações da verdadeira natureza da realidade, válidos apenas para uma certa gama de fenômenos, tornou-se evidente para os físicos no início do século em decorrência das dramáticas descobertas que levaram à formulação da teoria quântica. A partir daquela época, os físicos aprenderam a ver a evolução do conhecimento científico em termos de uma seqüência de teorias, ou "modelos", cada um mais preciso e abrangente que o anterior, mas nenhum deles fornecendo um relato completo e definitivo dos fenômenos naturais. Chew acrescentou mais um refinamento a esse modo de ver as coisas, um refinamento típico da abordagem *bootstrap*. Ele acredita que a ciência do futuro poderá muito bem consistir num mosaico de teorias e modelos entrelaçados do tipo *bootstrap*. Nenhum desses modelos ou teorias seria mais fundamental que outro, e todos teriam de ser mutuamente consistentes. De maneira eventual, uma ciência desse tipo iria além das distinções disciplinares convencionais, recorrendo a qualquer linguagem que fosse adequada para descrever aspectos diferentes do tecido da realidade, um tecido constituído de múltiplos níveis inter-relacionados.

O modo como Chew concebe a ciência futura — uma rede interligada de modelos mutuamente consistentes, todos eles limitados e aproximados, e nenhum deles baseado em qualquer fundamento firme — ajudou-me muito a aplicar o método científico de investigação a uma enorme variedade de fenômenos. Dois anos depois de me juntar ao grupo de pesquisas de Chew, comecei a explorar o novo paradigma em diversos campos fora da física — em psicologia, saúde, economia, entre outros. Ao fazê-lo, tive de lidar com coleções desconexas, e não raro contraditórias, de conceitos, idéias e teorias, nenhuma das quais parecia suficientemente elaborada para oferecer a estrutura conceitual que eu procurava. Muitas vezes não chegava nem a ficar claro quais perguntas eu deveria fazer para aumentar meu entendimento, e com certeza não vislumbrei nenhuma teoria que me parecesse mais fundamental que as outras.

Diante de tal situação, nada mais natural que aplicar a abordagem de Chew a meu trabalho. Assim, paciente, passei vários anos integrando idéias de disciplinas diversas num arcabouço conceitual que começava a se delinear com lentidão. Durante esse longo e árduo processo, fiz questão, em particular, de que todas as interligações da minha rede de idéias fossem mutuamente consistentes. Passei vários meses verificando toda a rede, às vezes desenhando gigantescos mapas conceituais não-lineares para assegurar que todos os conceitos se mantivessem consistentes.

Nunca perdi a confiança em que uma estrutura coerente acabaria por emergir. Aprendera com Chew que é possível usarmos modelos diferentes para descrever aspectos diversos da realidade sem precisarmos considerar qualquer um deles como fundamental, e que vários modelos interconectados podem formar uma teoria coerente. Dessa forma, a abordagem *bootstrap* tornou-se uma experiência viva para mim, não só em minhas pesquisas na física, mas também na minha investigação, muito mais ampla, sobre as mudanças nos paradigmas. Nesse sentido, minhas contínuas discussões com Geoff Chew têm sido fonte ininterrupta de inspiração para todo meu trabalho.

3
O padrão que une

Gregory Bateson

O tao da física foi publicado no final de 1975, sendo recebido com grande entusiasmo na Inglaterra e nos Estados Unidos e gerando um enorme interesse pela "nova física" entre as mais variadas pessoas. Uma decorrência desse enorme interesse foi o fato de que passei a viajar constantemente, proferindo palestras para platéias leigas e especializadas, e discutindo com homens e mulheres de todos os ramos e profissões os conceitos da física moderna e suas implicações. Nessas palestras, pessoas das mais variadas disciplinas com freqüência me diziam que uma mudança na visão de mundo, à semelhança do que ocorria na física, também vinha se processando em seus campos e que muitos dos problemas que deparavam em suas disciplinas estavam, de alguma forma, ligados às limitações da visão de mundo mecanicista.

Essas discussões me levaram a examinar mais de perto a influência do paradigma newtoniano[1] sobre vários campos do conhecimento, e no início de 1977 eu pretendia escrever um livro sobre o assunto com o título provisório de *Beyond the mechanistic world view* ("Além da visão mecanicista de mundo"). A idéia básica desse livro seria a de que todas as nossas ciências — as ciências naturais e também as humanas e sociais — estariam fundamentadas na visão de mundo mecanicista da física newtoniana; que as graves limitações dessa visão de mundo estavam agora tornando-se evidentes; e que cientistas de diversas disciplinas seriam, portanto, forçados a ir além da visão mecanicista, como ocorrera conosco na física. Na realidade, eu concebia a nova física — a estrutura conceitual abrangendo a teoria quântica, a teoria da relatividade e especialmente a física *bootstrap* — como o modelo ideal para os novos conceitos e as novas abordagens das outras disciplinas.

Esse raciocínio continha uma grave falha, que só fui percebendo aos poucos e que levei muito tempo para superar. Ao apresentar a nova física como modelo para uma nova medicina, uma nova psicologia ou uma nova ciência social, caíra na mesma armadilha cartesiana que gostaria que os cientistas evitassem. Descartes, como eu viria a aprender mais tarde, usou a metáfora de uma árvore para representar o conhecimento humano; suas raízes eram a meta-

---

[1] *Só mais tarde vim a compreender o papel primordial de Descartes no desenvolvimento da visão mecanicista de mundo, adotando então o termo "paradigma cartesiano".*

física, o tronco, a física, e os ramos e galhos, todas as outras ciências. Sem saber, eu adotara essa metáfora cartesiana como o princípio norteador de minha investigação. O tronco de minha árvore não era mais a física newtoniana, porém eu ainda via a física como o modelo para as outras ciências e, portanto, supunha que os fenômenos físicos fossem de alguma forma a realidade primordial e a base para todo o resto. Não que eu acreditasse nisso explicitamente, mas essas idéias estavam implícitas quando propus a nova física como modelo para as outras ciências.

Com o passar dos anos, meus pensamentos e percepções sobre esse assunto sofreram uma profunda transformação, e no livro que por fim escrevi, *O ponto de mutação*, não mais apresentei a nova física como modelo para as outras ciências, e sim como um importante caso especial de uma estrutura muito mais geral, a estrutura da teoria dos sistemas.

A importante passagem de meu pensamento do "raciocínio físico" para o "raciocínio sistêmico" ocorreu gradualmente, e resultou de muitas influências. Mais que tudo, porém, foi a influência de uma só pessoa, Gregory Bateson, que modificou minhas perspectivas. Pouco depois de nos conhecermos, Bateson comentou brincando com um amigo comum: "Capra? Esse cara é maluco! Pensa que somos todos elétrons". Esse comentário foi a sacudidela inicial, e meus encontros subseqüentes com Bateson nos dois anos seguintes modificaram profundamente meu pensamento, fornecendo-me os elementos-chave para uma visão radicalmente nova da natureza, que vim a chamar de "visão sistêmica da vida".

Gregory Bateson será considerado um dos pensadores mais influentes de nossa época por historiadores futuros. A singularidade de seu pensamento decorre de sua amplitude e generalidade. Numa época caracterizada pela fragmentação e pela sua especialização, Bateson desafiou os pressupostos básicos e os métodos das várias ciências ao buscar os padrões que se articulam por trás dos padrões e os processos subjacentes às estruturas. Ele declarou que a relação deveria ser a base para toda definição, e sua meta principal seria a de descobrir os princípios de organização em todos os fenômenos que observava, "o padrão que une", como ele diria.

Conversas com Bateson

Conheci Gregory Bateson no verão de 1976, em Boulder, Colorado. Eu estava dando um curso numa escola de verão budista, e ele apareceu para proferir uma palestra. Essa palestra foi meu primeiro contato com suas idéias. Eu já ouvira falar muito dele — Bateson era uma figura quase cultuada na Universidade da Califórnia — mas nunca lera o seu livro, *Steps to an ecology of mind* ("Passos para uma ecologia da mente"). No decorrer da palestra impressionei-me muito com a visão de Bateson e com seu estilo singular e pessoal; porém, acima de tudo, fiquei maravilhado com o fato de sua mensagem central — os objetos estarem cedendo lugar às relações — ser virtualmente idêntica às conclusões que eu tirara das teorias da física moderna. Falei com ele por alguns instantes após a palestra, mas só iria conhecê-lo de fato dois anos depois, durante os dois últimos anos de sua vida, que ele passou no Instituto Esalen, na costa de Big Sur. Eu ia ali com bastante freqüência para organizar seminários e visitar pessoas da comunidade de Esalen que haviam se tornado minhas amigas.

Bateson era uma figura impressionante: um gigante, física e intelectualmente. Era muito alto, grande e imponente em todos os níveis. Muitas pessoas sentiam-se intimidadas diante dele, e eu também me sentia um pouco estarrecido diante de sua presença, sobretudo no começo. Foi muito difícil chegar a manter uma conversa casual com ele; sempre me sentia na obrigação de dizer algo inteligente ou fazer alguma pergunta perspicaz. Só muito gradualmente consegui conversar de maneira natural com ele — e mesmo isso só aconteceu raras vezes.

Foi preciso muito tempo até eu conseguir chamar Bateson de Gregory. Na realidade, acho que jamais o teria chamado pelo primeiro nome se ele não morasse em Esalen, que é um lugar extremamente informal. E mesmo assim demorei bastante. Entretanto, ele próprio parecia achar difícil chamar-se Gregory e sempre se referia a si mesmo como Bateson. Gostava de ser chamado por esse nome, talvez devido à sua formação nos círculos acadêmicos britânicos, onde isso é costumeiro.

Quando me aproximei mais de Bateson, em 1978, sabia que ele não gostava muito de física. Seu principal interesse, a curiosidade intelectual e a forte paixão que incorporou à sua ciência estavam associados aos seres vivos, às "coisas vivas", como diria. Em *Mind and nature,* ele escreveu:

"Em minha vida, coloquei as descrições de pedras, paus e bolas de bilhar numa caixa... e as deixei ali. Na outra caixa coloquei coisas vivas: caranguejos, pessoas, problemas sobre o belo..."

Essa "outra caixa" era o que Bateson estudava; nela estava sua paixão. Ele tinha uma espécie de desconfiança intuitiva dos físicos e, quando me conheceu, bem sabia que eu vinha daquela disciplina, que estudava pedras, paus e bolas de bilhar. Seu desinteresse pela física também podia ser reconhecido pelo fato de ele ter propensão a cometer erros que os não-físicos freqüentemente cometem ao falar da física, como o de confundir "matéria" com "massa", e outros enganos similares.

De modo que, quando me encontrei com Bateson, já sabia de seu preconceito contra os físicos, e estava muito ansioso para lhe mostrar que o tipo de física com que eu me envolvera era, na verdade, bastante próximo de seu próprio modo de pensar. Tive uma excelente oportunidade nesse sentido logo depois de conhecê-lo, quando dei um seminário de um dia em Esalen, ao qual ele compareceu. Com Bateson na platéia, senti-me tremendamente inspirado, embora creia que ele não tenha dito uma só palavra durante o dia inteiro. Procurei apresentar os conceitos básicos da física do século XX sem distorcê-los de qualquer maneira, visando deixar evidente sua íntima afinidade com o pensamento de Bateson. Devo ter-me saído bem, pois soube mais tarde que ele ficou muito impressionado com meu seminário. "Que rapaz brilhante!", comentou ele com um amigo.

Depois desse dia, eu passei a sentir que Bateson respeitava meu trabalho; mais que isso, percebi que ele começava genuinamente a gostar de mim e a dedicar-me uma certa afeição paternal.

Nesses dois últimos anos de sua vida, tivemos muitas conversas extremamente animadas: no salão de refeições do Instituto Esalen, na varanda de sua casa, que dava para o oceano, e em outros locais dos lindíssimos penhascos da costa de Big Sur. Certa vez, Bateson me deu o manuscrito de *Mind and nature* para ler, e recordo-me claramente do dia límpido e ensolarado em que fiquei horas sentado na grama, olhando para o oceano Pacífico, ouvindo o ritmo regular das ondas quebrando, sendo visitado por besouros e aranhas e lendo seu manuscrito:

"Qual o padrão que une o caranguejo à lagosta, a orquídea à prímula, e todos os quatro a mim? E eu a você?"

Quando eu ia a Esalen para dar seminários, era comum encontrar-me com Bateson no salão de refeições. Ele se dirigia radiante a mim: "Como vai, Fritjof? Veio para apresentar o seu *show?*" Após a refeição ele perguntava: "Quer um café?", e o trazia para ambos. E nós dois prosseguíamos então nossa conversa.

Minhas conversas com Gregory Bateson eram de um tipo muito especial, devido ao modo especial como ele próprio apresentava suas idéias. Descortinava toda uma rede de idéias sob a forma de histórias, anedotas, piadas, casos e observações aparentemente soltas, sem explicitar nada por inteiro. Bateson não gostava de explicar as coisas por completo sabendo, talvez, que atingimos um entendimento melhor quando conseguimos estabelecer as relações por nós mesmos, num ato criativo, sem ninguém nos dizer nada. Ele explicava apenas o mínimo possível, e lembro-me muito bem do brilho em seus olhos e do prazer em sua voz quando percebia que eu conseguia acompanhá-lo em sua teia de idéias. Eu absolutamente não era capaz de acompanhá-lo por completo, mas talvez de vez em quando, um pouco mais que as outras pessoas, e isso lhe dava enorme prazer.

Bateson expunha dessa maneira a sua teia de idéias, e eu, com observações rápidas ou perguntas curtas, procurava enxergar certos elos de sua rede por meio do meu próprio entendimento. Ele ficava particularmente feliz quando eu conseguia antecipá-lo, adiantando-me em um ou dois elos em sua rede. Seus olhos iluminavam-se então nessas raras ocasiões, indicando que nossa mente estava em ressonância.

Tento a seguir reconstruir de memória uma dessas conversas típicas.[1] Cer-

---

[1] *As idéias mencionadas nessa conversa serão aprofundadas em seguida.*

to dia, estávamos sentados num terraço de Esalen, e Bateson falava sobre lógica. "A lógica é um instrumento muito elegante", disse ele, "e fizemos bom uso dela nesses últimos dois mil anos. O problema é que quando a aplicamos aos caranguejos e às tartarugas, às borboletas e à formação do hábito. . . " Sua voz foi se extinguindo, e depois de uma pausa ele acrescentou, contemplando o oceano: "Bem, para todas essas coisas lindas", e olhou diretamente para mim, "a lógica simplesmente não serve".

"Como assim?"

"Não serve", prosseguiu ele animado, "porque não é a lógica que torna coeso todo o tecido das coisas vivas. Perceba, quando criamos encadeamentos causais circulares, como sempre acontece no mundo vivo, o uso da lógica nos faz deparar com paradoxos. Veja o caso do termostato, um dispositivo sensorial simples, não?"

Olhou para mim, querendo saber se eu o estava acompanhando, e, vendo que sim, prosseguiu.

"Se está ligado, está desligado; e se está desligado, está ligado. Se sim, então não; se não, então sim."

Ficou quieto então para que eu ponderasse sobre o que dissera. Sua última frase me lembrava os paradoxos clássicos da lógica aristotélica — e isso era evidentemente o que ele pretendia. Arrisquei, portanto, um salto.

"Você quer dizer que os termostatos mentem?"

Os olhos de Bateson reluziram: "Sim-não-sim-não-sim-não. Veja que o equivalente cibernético da lógica é a oscilação".

E calou-se de novo. Nesse instante, percebi algo subitamente, e estabeleci uma conexão com algo que despertara meu interesse há muito tempo. Fiquei bastante excitado, e disse com um sorriso provocador:

"Heráclito sabia disso!"

"Heráclito sabia disso", repetiu Bateson, respondendo ao meu sorriso com o seu.

"E também Lao-tse", prossegui.

"Certamente; e também aquelas árvores ali. A lógica não serve para elas."

"O que elas usam então?"

"Metáforas."

"Metáforas?"

"Sim, metáforas. É assim que se sustenta todo esse tecido de interligações mentais. A metáfora está no âmago do estar vivo."

Histórias

O modo de Bateson apresentar suas idéias era parte essencial e intrínseca daquilo que ensinava. Devido ao método especial que usava para unir suas idéias ao estilo de apresentá-las, pouquíssimas pessoas o compreendiam. R. D. Laing chegou a dizer num seminário que deu em Esalen em homenagem a Bateson: *Ele achava que não era compreendido mesmo pelas poucas pessoas* que *pensavam* entendê-lo. Poucas, pouquíssimas pessoas, a seu ver, o compreendiam".

Suas piadas eram igualmente difíceis de entender. Bateson, além de inspirar e instruir, sabia entreter e divertir magnificamente. Entretanto suas piadas também eram de um tipo especial. Tinha um senso de humor britânico muito aguçado e, quando contava uma piada, só deixava entrever uns vinte por cento dela. Os ouvintes que adivinhassem o restante. Às vezes, não chegava a explicitar mais que cinco por cento. Em decorrência disso, muitas das piadas que Bateson contava em seus seminários eram recebidas com absoluto silêncio, um silêncio entrecortado apenas pelo seu próprio riso discreto e satisfeito.

Pouco depois que o conheci, Bateson contou-me uma de suas piadas favoritas, que apresentou muitas vezes para muitos públicos. Talvez ela sirva como chave para compreendermos seu pensamento e seu modo de apresentar as idéias. Eis como ele costumava contá-la:

"Um homem tinha um poderoso computador e queria saber se os computadores conseguiam pensar. Resolveu então perguntar-lhe, certamente em Fortran castiço: 'Você conseguirá um dia raciocinar como um ser humano?' O computador zumbiu, fez alguns ruídos e piscou luzes, imprimindo por fim sua resposta numa folha de papel, como é hábito dessas máquinas. O homem correu para pegar o impresso, onde leu, impecavelmente datilografadas, as seguintes palavras: 'ISSO ME FAZ LEMBRAR DE UMA HISTÓRIA'. "

Bateson considerava histórias, parábolas e metáforas como expressões essenciais do pensamento humano, da mente humana. Embora fosse um pensador muito abstrato, jamais trabalhava uma idéia por meio de uma abstração pura. Sempre a apresentava de modo concreto, contando uma história.

A importância das histórias em seu pensamento está intimamente ligada ao importante papel das relações. Se eu tivesse de descrever a mensagem de Bateson numa única palavra, seria "relações"; era sobre elas que ele sempre falava. Um aspecto central desse novo paradigma que surge — talvez *o* aspecto central — é o deslocamento que leva dos objetos às relações. De acordo com Bateson, as relações devem ser a base de toda definição; a forma biológica é constituída de relações, não de partes, e é assim também que as pessoas pensam. Ele diria que é desse único modo que podemos pensar.

Bateson costumava enfatizar que para descrevermos a natureza com precisão deveríamos tentar falar a língua da natureza. Certa vez, ilustrou isso de maneira vívida e teatral, perguntando: "Quantos dedos vocês têm na mão?" Após uma pausa perplexa, várias pessoas responderam timidamente: "Cinco". No entanto, ele berrou: "Não!" Alguns então arriscaram quatro, e novamente ele respondeu: "Não". Afinal quando todos já haviam desistido, ele disse: "Não! A resposta correta é que não se deve fazer uma pergunta dessas; é uma pergunta idiota. É essa a resposta que uma planta nos daria, porque no mundo das plantas e dos seres vivos em geral não existem coisas com dedos; existem apenas relações".

Como as relações são a essência do mundo vivo, Bateson sustentava que seria melhor usarmos uma linguagem de relações para descrevê-lo. É isso que as histórias fazem. As histórias, dizia ele, são um caminho excelente para o estudo das relações. O importante numa história, o que é verdadeiro nela, não é a trama, os objetos ou as personagens, mas as relações entre tais elementos. Bateson definia uma história como "um conjunto de relações formais espalhadas no tempo", e era isso que buscava em todos os seminários: desenvolver uma teia de relações formais por meio de uma coleção de histórias.

Desse modo, seu método favorito consistia em apresentar as idéias mediante histórias — e adorava contá-las. Ele abordaria seu tema olhando-o sob todos os ângulos, tecendo sem parar variações sobre o mesmo tema. Tocaria num ponto, e depois em outro, entremesclando piadas, passando da descrição de uma planta à de uma dança de Bali, ao modo como os golfinhos interagem, às diferenças entre a religião egípcia e a tradição judeu-cristã, a um diálogo com um esquizofrênico — e assim por diante. Esse estilo de comunicação era muito divertido e fascinante de observar, mas dificílimo de acompanhar. Para os não-iniciados, para alguém que não conseguisse seguir a complexidade dos padrões, o estilo de apresentação de Bateson muitas vezes parecia mera divagação. Era, porém, muito mais que isso. A matriz da sua coleção de histórias era um padrão de relações preciso e coerente, um padrão que para ele encarnava enorme beleza. Quanto mais complexo o padrão, maior sua beleza. "O mundo fica muito mais belo quanto mais complicado se torna", costumava dizer.

Bateson encantava-se com a beleza manifesta na complexidade das relações padronizadas, e obtinha grande prazer estético descrevendo esses padrões. Na verdade, seu prazer era muitas vezes tão grande que ele se deixava levar, narrando uma história que o recordaria de outro elo do padrão, que então o levaria a outra história. Assim, ele acabava apresentando um sistema de histórias dentro de histórias que envolvia relações altamente sutis, entremeadas com piadas que ajudavam a elaborar melhor essas relações.

Bateson às vezes podia ser bastante teatral, e não era sem motivo que ele jocosamente se referia aos seus seminários em Esalen como "shows". E costumava acontecer de ficar tão arrebatado pela beleza poética dos padrões complexos que descrevera, por todos os tipos de piadas e pelo encadeamento de anedotas, que lhe faltava tempo para arrematar tudo num desfecho final. Quando todos os fios que ele tecera durante o seminário não se juntavam numa teia completa, não era porque eles não conseguiam se juntar ou porque Bateson fosse incapaz de juntá-los, mas simplesmente porque ele se deixava levar de tal modo que ficava sem tempo. Acontecia também de ficar entediado depois de falar durante uma ou duas horas, acreditando serem todas as ligações que mostrara tão óbvias que qualquer um poderia integrá-las num todo sem ajuda ulterior sua. Nesses momentos ele costumava dizer: "Acho que é isso — vamos às perguntas", e então normalmente se recusava a dar respostas diretas às perguntas feitas, respondendo-as com outra coleção de histórias.

"Qual é a de tudo"

Uma das idéias centrais do pensamento de Bateson é que a estrutura da natureza e a estrutura da mente são reflexos uma da outra, que a mente e a natureza são necessariamente uma unidade. Portanto, a epistemologia — "o estudo de como chegamos a conhecer algo" ou, como ele às vezes diria, a tentativa de saber "qual é a de tudo" — deixou de ser para ele a filosofia abstrata e tornou-se um ramo da história natural.[1]

Uma das principais metas de Bateson em seu estudo da epistemologia era apontar a inadequação da lógica para descrever os padrões biológicos. A lógica pode ser usada com muita elegância para descrever sistemas lineares de causa e efeito, mas quando as seqüências causais se tornam circulares, como acontece no mundo vivo, sua descrição em termos lógicos passa a gerar paradoxos. Isso é verdade mesmo para sistemas não-vivos que envolvam mecanismos de *feedback*, e Bateson recorria freqüentemente ao termostato para ilustrar esse seu ponto.

Quando a temperatura cai, o termostato liga o sistema de aquecimento; com isso a temperatura sobe, o que faz o termostato desligar o sistema de aquecimento; então a temperatura volta a cair, e assim por diante. Quando se aplica a lógica, a descrição desse mecanismo se transforma num paradoxo — se a sala estiver fria, o aquecimento será ligado; se o aquecimento estiver ligado, a sala esquentará; se a sala esquentar, o aquecimento será desligado, etc. Em outras palavras, se o interruptor está ligado, então ele está desligado; se está desligado, então está ligado. Isso ocorre, segundo Bateson, porque a lógica é atemporal, ao passo que a causalidade envolve tempo. Se é introduzido, o paradoxo torna-se uma oscilação. Da mesma forma, se programarmos um computador para resolver um dos paradoxos clássicos da lógica aristotélica — por exemplo, se um grego disser: "Os gregos sempre mentem", estará ele dizendo a verdade? —, ele dará a resposta "SIM-NÃO-SIM-NÃO-SIM-NÃO. . .", transformando-do o paradoxo numa oscilação.

Lembro-me de ter ficado muito impressionado quando Bateson me fez perceber isso, pois ajudou-me a esclarecer algo em que eu próprio já reparara. As tradições filosóficas que têm uma visão dinâmica da realidade — isto é, uma visão que contenha as noções de tempo, mudança e flutuação como elementos essenciais — tendem a enfatizar os paradoxos, e muitas vezes recorrerão a eles como um instrumento para ensinar os estudantes a se tornar cientes da natureza dinâmica da realidade, quando os paradoxos se dissolvem em oscilações. Lao-tse no Oriente e Heráclito no Ocidente são, talvez, os exemplos mais conhecidos de filósofos que fizeram uso extensivo desse método.

Em seu estudo da epistemologia, Bateson sempre destacava o papel fundamental da metáfora no mundo vivo. Para ilustrar esse ponto, ele costumava escrever no quadro-negro os dois seguintes silogismos:

---

[1] *Bateson, em geral, preferia o termo "história natural" a "biologia", provavelmente para evitar associações com a biologia mecanicista de nosso tempo.*

"Os homens morrem.
Sócrates é homem.
Sócrates morrerá".

"Os homens morrem.
O capim morre.
Os homens são capim."

O primeiro desses silogismos é conhecido como silogismo de Sócrates; o segundo chamarei de silogismo de Bateson[1]. O silogismo de Bateson não é válido no mundo da lógica; a sua validade é de natureza bem diferente. Ele é uma metáfora, e é encontrado na linguagem dos poetas.

Bateson mostrou que o primeiro silogismo se refere a um tipo de classificação que determina a inclusão ou não numa classe pela identificação dos sujeitos ("Sócrates é homem"), enquanto o segundo silogismo inclui ou não um elemento numa classe mediante a identificação de predicados ("Os homens morrem — O capim morre"). Em outras palavras o silogismo de Sócrates identifica itens, e o de Bateson, padrões. E é por isso que, de acordo com este, a metáfora é a linguagem da natureza. A metáfora expressa a similaridade estrutural ou, melhor ainda, a similaridade de organização. A metáfora assim concebida era o aspecto fundamental da obra de Bateson. Qualquer que fosse o campo que estudasse, sempre procurava as metáforas da natureza, sempre buscava "o padrão que une".

A metáfora, então, é a lógica sobre a qual todo o mundo vivo é construído. E como é também a linguagem poética, Bateson gostava muito de misturar suas afirmações concretas com poesia. Num de seus seminários em Esalen, por exemplo, citou de memória, quase textualmente, esses belíssimos versos do "Casamento do Céu e do Inferno" de William Blake[2]:

"As religiões dualistas sustentam que o homem possui dois princípios reais de existência, um corpo e uma alma; que a energia provém apenas do corpo, enquanto a razão, inteiramente da alma; e que Deus atormentará o homem por toda a eternidade por ele seguir suas energias. A verdade é que o homem não possui um corpo distinto da alma — o chamado corpo é uma porção da alma discernida pelos cinco sentidos; que essa energia é a única vida que provém do corpo; que a razão é o limite externo ou circunferência da energia; e que a energia é o deleite eterno".

Embora Bateson às vezes gostasse de apresentar suas idéias de forma poé-

---

[1] *Um crítico observou certa vez que esse silogismo não era logicamente perfeito, mas que era o modo como Bateson pensava. Este concordou, e sentiu-se muito orgulhoso com o comentário.*
[2] *No original de Blake, lê-se: "Todas as Bíblias ou códigos sagrados têm sido causas dos seguintes Erros:*
1. Que o Homem possui dois princípios reais, a Saber, um Corpo & uma Alma.
2. Que a Energia, chamada Mal, provém somente do Corpo, & que a Razão, chamada Bem, provém somente da Alma.
3. Que Deus atormentará o Homem na Eternidade por seguir suas Energias.
Mas os seguintes Contrários a esses são Verdade:
1. O Homem não possui um Corpo distinto da sua Alma, pois aquilo que se chama Corpo é uma porção da Alma discernida pelos cinco Sentidos, os principais pórticos da Alma nesta era.
2. A Energia é a única vida e provém do Corpo, e a Razão é o limite ou circunferência externa da Energia.
3. Energia é Deleite Eterno.

tica, sua maneira de pensar era a do cientista, e sempre enfatizou que trabalhava dentro do domínio da ciência. Ele se via claramente como um intelectual — "meu trabalho é pensar", dizia ele —, ainda que possuísse um lado intuitivo muito forte, manifesto no modo como observava a natureza. Possuía uma singular capacidade de juntar ou coligir coisas da natureza mediante uma observação extraordinariamente intensa. Porém, não se tratava apenas da observação científica usual. De algum modo, Bateson era capaz de observar uma planta ou um animal com a totalidade do seu ser, com plena empatia e paixão. E quando discorria a respeito da planta, era capaz de descrevê-la em detalhes minuciosos e cheios de amor, empregando o que ele considerava ser a própria linguagem dela para falar sobre os princípios gerais que deduzira de seu contato direto com a natureza.

Bateson se considerava, antes de mais nada, um biólogo, e acreditava que os muitos outros campos com os quais estava envolvido — antropologia, epistemologia e psiquiatria, entre outros — eram ramos da biologia. Entretanto, não pretendia com isso chegar a qualquer tipo de reducionismo; sua biologia não era mecanicista. Seu campo de estudo era o mundo das "coisas vivas", e sua meta, descobrir os princípios de organização deste mundo.

A matéria, para Bateson, é sempre organizada — "Nada sei sobre matéria não-organizada, se é que ela existe", escreveu em *Mind and nature* —, e seus modelos de organização tornavam-se tanto mais belos para ele quanto mais aumentava sua complexidade. Bateson sempre insistia no fato de que era um monista e estava elaborando uma descrição científica do mundo que não cindiria o universo no dualismo mente e matéria, ou em nenhuma outra realidade distinta. Costumava apontar que a religião judeu-cristã, ainda que monista de uma maneira ostensiva, era em essência dualista porque separava Deus da Sua criação. Da mesma forma, insistia que tinha de excluir todas as outras explicações sobrenaturais, pois elas destruiriam a estrutura monística de sua ciência.

Isso não significa que Bateson era materialista. Pelo contrário, sua visão de mundo era profundamente espiritual, instilada com o tipo de espiritualidade que é a própria essência da consciência ecológica. Em conseqüência disso, assumia posições muito fortes e definidas em questões éticas, estando alarmado sobretudo com a corrida armamentista e a destruição do meio ambiente.

Um novo conceito de mente

As contribuições mais notáveis de Bateson ao pensamento científico foram, a meu ver, suas idéias sobre a natureza da mente. Ele desenvolveu um conceito novo e radical de mente, que representa para mim a primeira tentativa bem-sucedida de superar de fato a cisão cartesiana que causou tantos problemas ao pensamento e à cultura do Ocidente.

Bateson propôs definir a mente como um fenômeno sistêmico característico das "coisas vivas". Estabeleceu um conjunto de critérios que os sistemas têm de satisfazer para que a mente ocorra. Todo sistema que satisfizer tais critérios será capaz de processar informações e realizar os fenômenos que associamos à mente — pensar, aprender, memorizar, etc. Na sua concepção, a mente é uma conseqüência necessária e inevitável de uma certa complexidade que tem início muito antes de os organismos desenvolverem um cérebro e um sistema nervoso superior. Para ele, as características mentais manifestam-se não só em cada organismo, mas também em sistemas sociais e em ecossistemas. Isto é, a imanência da mente não existe só no corpo mas também nas vias e mensagens fora do corpo.

Mente sem sistema nervoso? Mente que se manifesta em todos os sistemas que satisfizerem certos critérios? Imanência da mente às vias e mensagens fora do corpo? A princípio, essas idéias eram tão novas para mim que não via o menor sentido nelas. A noção de mente proposta por Bateson não parecia ter nada a ver com as coisas que eu associava à palavra "mente", e vários anos se passaram até que essa nova idéia radical penetrasse no meu consciente e me permeasse as percepções e a visão de mundo em todos os níveis. Quanto mais eu conseguia integrar o conceito de mente de Bateson à minha visão de mundo, mais liberadora e estimulante ela se tornava para mim, e mais eu percebia as tremendas implicações desse conceito para o futuro do pensamento científico.

Meu primeiro grande passo para entender a noção de mente de Bateson se deu quando estudei a teoria de sistemas auto-organizadores de Ilya Prigogine. De acordo com Prigogine, que recebeu o Prêmio Nobel por seus trabalhos em física e química, os padrões de organização característicos dos sistemas vivos podem ser resumidos em termos de um único princípio dinâmico, o princípio da auto-organização. Um organismo vivo é um sistema auto-organizador, o que significa que sua ordem não é imposta pelo meio-ambiente externo, mas estabelecida pelo próprio sistema. Em outras palavras, os sistemas auto-organizadores apresentam um certo grau de autonomia. Isso não significa que sejam isolados do ambiente em que vivem; pelo contrário, interagem com ele continuamente, mas essa interação não determina sua organização. Eles se auto-organizam.

Nos últimos quinze anos, a teoria dos sistemas auto-organizadores foi bastante detalhada por vários pesquisadores de diversas disciplinas sob a liderança de Prigogine. Meu entendimento dessa teoria foi imensamente favorecido pelas longas discussões que tive com Erich Jantsch, teórico de sistemas que era um dos principais discípulos e intérpretes de Prigogine. (Jantsch vivia em Berkeley, onde, aos cinqüenta e dois anos de idade, faleceu em 1980, o mesmo ano em que Bateson.) Seu livro *The self-organizing universe* foi uma das fontes mais importantes em meu estudo dos sistemas vivos, e lembro-me claramente de nossas longas e intensas discussões — que me davam um prazer especial por serem em alemão, já que Jantsch era austríaco como eu.

Foi Erich Jantsch quem me apontou a ligação entre o conceito de auto-organização de Prigogine e o conceito de mente de Bateson. E, de fato, quando comparei os critérios daquele para sistemas auto-organizadores com os critérios deste para processos mentais, verifiquei que eram muito semelhantes;

na realidade pareciam quase idênticos. Percebi de imediato que isso significava que mente e auto-organização eram apenas aspectos diferentes de um só fenômeno, o fenômeno da vida.

Fiquei bastante excitado quando percebi isso, pois para mim significou não apenas minha primeira compreensão real do conceito de mente de Bateson, mas também uma perspectiva inteiramente nova do fenômeno da vida. Mal pude esperar para rever Bateson, e aproveitei a primeira oportunidade para ir visitá-lo e ver como ele reagia ao meu novo entendimento. "Olhe, Gregory", disse eu ao nos sentarmos para tomar café, "seus critérios para a mente parecem-me idênticos aos critérios para a vida." Sem hesitação alguma, disse, olhando-me nos olhos: "Você tem razão. A mente é a essência de se estar vivo".

A partir desse momento, meu entendimento da relação entre mente e vida, ou mente e natureza, como Bateson diria, continuou se aprofundando. Com isso passei a apreciar melhor a riqueza e a beleza de seu pensamento. Compreendi de maneira plena por que lhe era impossível separar mente e matéria. Quando Bateson observava o mundo vivo, ele concebia seus princípios de organização como essencialmente mentais, e imanência da mente à matéria em todos os níveis de vida. Ele alcançou assim uma síntese única e singular entre noções de mente e noções de matéria; uma síntese que, como ele gostava de ressaltar, não era mecânica nem sobrenatural.

Bateson fazia nítida distinção entre mente e consciência, e deixava claro que a consciência não estava incluída em seu conceito de mente — ou que ainda não estava. Muitas vezes tentei induzi-lo a afirmar alguma coisa sobre a natureza da consciência, mas ele sempre se recusava a fazê-lo dizendo que essa era a grande questão intocada, o grande desafio seguinte. A natureza da consciência e a natureza de uma ciência da consciência — se é que pode haver tal ciência — seriam os temas centrais de minhas discussões com R. D. Laing. Foi apenas por intermédio dessas discussões, que ocorreram vários meses após a morte de Bateson, que vim a entender por que ele se recusava tão veementemente a fazer qualquer afirmação precipitada sobre a natureza da consciência. E ainda mais tarde, quando Laing apresentou seu seminário sobre Bateson em Esalen, não me surpreendi com o trecho que ele escolhera para ler, extraído de *Mind and nature:*

"Todos ficam querendo que eu vá adiante. É monstruoso — vulgar, reducionista, sacrílego, chame-o como quiser — precipitar-se com uma indagação ultra-simplificada. É um pecado contra [. . .] a estética, contra a consciência e contra o sagrado".

Discussões com Robert Livingston

Durante a primavera e o verão de 1980, lentamente foi surgindo o esboço geral do capítulo "A concepção sistêmica da vida", que se tornaria o cerne da minha apresentação do novo paradigma em *O ponto de mutação*. Delinear os contornos de um novo arcabouço que possa servir de base para a biologia, a psicologia, a saúde, a economia e a outros campos do saber era uma tarefa formidável, e eu teria sido esmagado se não tivesse a felicidade de ser ajudado por diversos cientistas notáveis.

Um dos que acompanharam pacientemente o aumento de meu conhecimento e de minha autoconfiança, e que me ajudaram com conselhos e discussões estimulantes a todo momento, foi Robert Livingston, professor de neurociência na UC de San Diego. Foi ele quem me desafiou a incorporar a teoria de Prigogine em meu arcabouço conceitual, e foi ele, mais que ninguém, quem me ajudou a explorar os múltiplos aspectos da nova biologia sistêmica. Conversamos pela primeira vez num pequeno barco ancorado no Yacht Harbor de La Jolla, onde ficamos horas balançando com as ondas e discutindo as diferenças entre máquinas e organismos vivos. Posteriormente, eu alternaria minhas discussões com Livingston e Jantsch avaliando o aumento de minha compreensão em confronto com o conhecimento deles. Foi ainda Bob Livingston quem novamente muito me ajudou na tentativa de integrar o conceito de mente de Bateson ao arcabouço que eu estava montando.

O legado de Bateson

Integrar idéias de diversas disciplinas na vanguarda da ciência num arcabouço conceitual coerente foi um empreendimento longo e laborioso. Sempre que surgiam perguntas a que eu mesmo não conseguia responder, ia procurar especialistas nos campos pertinentes; às vezes, porém, surgiam perguntas que eu nem sequer podia associar a alguma disciplina ou escola de pensamento em particular. Nesses casos, costumava anotar à margem do manuscrito: "Pergunte a Bateson!", para tocar no assunto com ele em minha visita seguinte.

Infelizmente, algumas dessas perguntas ainda permanecem sem resposta. Gregory Bateson faleceu em julho de 1980, antes que eu pudesse lhe mostrar qualquer parte de meu manuscrito final. Escrevi os primeiros parágrafos de "Uma concepção sistêmica da vida", que ele influenciara tão marcantemente, no dia seguinte ao seu funeral, no lugar em que suas cinzas haviam sido espalhadas — os penhascos onde o rio Esalen desemboca no oceano Pacífico, um cemitério sagrado da tribo de índios que deu seu nome ao Instituto Esalen.

É estranho que eu tenha me tornado mais íntimo de Bateson na semana que antecedeu sua morte, embora nem chegasse a vê-lo. Eu vinha trabalhando tanto em minhas anotações sobre seu conceito de mente, e estava de tal maneira absorto em suas idéias, que cheguei a ouvir sua voz característica e a sentir sua presença. Às vezes, tinha a impressão de que Bateson me observava por sobre os ombros para ver o que eu estava escrevendo, e me vi tendo um diálogo extremamente íntimo com ele, muito mais íntimo que qualquer uma de nossas conversas reais.

Eu sabia que Bateson estava doente e que fora internado num hospital, mas não me dera conta da gravidade de seu estado. Porém, certa noite, nesses dias de trabalho intenso, sonhei que ele havia morrido. Fiquei tão perturbado que telefonei para Christina Grof, em Esalen, no dia seguinte, quando ela me disse que Bateson de fato falecera na véspera.

A cerimônia fúnebre de Gregory Bateson foi uma das mais lindas que eu jamais presenciei. Um grande grupo de pessoas — sua família, os amigos e os membros da comunidade de Esalen — sentou-se em círculo num gramado acima do oceano, tendo ao centro um pequeno altar com as cinzas de Bateson, um retrato seu, incenso e maços e maços de flores recém-colhidas. Durante a cerimônia, o ruído de crianças brincando, e o de cães, pássaros e outros animais, encheu o ar, juntamente com o murmúrio das ondas ao fundo, como que nos lembrando da unicidade de toda a vida. A cerimônia foi se encaminhando como se não tivesse plano ou programa algum. Ninguém parecia dirigi-la e, no entanto, de alguma forma, todos sabiam qual seria sua contribuição — um sistema auto-organizador. Um monge beneditino de um eremitério da vizinhança, que Bateson visitava com freqüência, ofereceu suas orações; monges do Zen Center de San Francisco entoaram cânticos e realizaram diversos rituais; algumas pessoas cantavam e tocavam; outras recitavam poemas; e outras ainda falavam de suas relações com Bateson.

Quando chegou minha vez, falei um pouco sobre seu conceito de mente. Expressei minha crença de que viria a ter um vigoroso impacto sobre o pensamento científico futuro, acrescentando que também haveria de nos ajudar, naquele exato momento, a suportar melhor a morte de Bateson. "Parte de sua mente", disse eu, "decerto desapareceu com seu corpo, mas uma grande parte ainda está conosco e permanecerá por muito tempo. É a parte que participa de nossas relações uns com os outros e com nosso ambiente; relações que foram profundamente influenciadas pela personalidade de Gregory. Como todos sabem, uma de suas expressões favoritas era 'o padrão que une'. Creio que Gregory tenha se tornado, ele próprio, esse padrão. Continuará nos unindo uns aos outros e ao cosmos, e assim viverá em cada um de nós e no universo. Sinto que, se na próxima semana qualquer um de nós entrar na casa do outro, não seremos totalmente forasteiros. Haverá um padrão para nos unir: Gregory Bateson."

Dois meses depois, eu estava viajando pela Espanha a caminho de uma conferência internacional perto de Saragoça. Tive de fazer baldeação de trens em Aranjuez, uma cidade cujo nome me era mágico devido à música que inspirara, e como dispusesse de um certo tempo resolvi sair da estação e dar uma volta. Era bem cedo, mas já estava bastante quente, e acabei por parar num pequeno mercado onde os feirantes começavam a armar suas barracas com frutas, verduras e legumes para os primeiros fregueses.

Sentei-me a uma mesa à sombra, perto de um quiosque onde comprei um café expresso e um exemplar de *El País,* o jornal nacional da Espanha, e fiquei observando os feirantes e seus fregueses, refletindo sobre o fato de eu ser um total estranho àquele cenário. Eu nem sequer sabia precisamente em que lugar da Espanha estava; era incapaz de compreender as conversas que ouvia; mal podia dizer qual era a época, pois as atividades ao meu redor eram parte de uma tradição que devia ter permanecido mais ou menos a mesma há centenas de anos. Fiquei apreciando esse devaneio enquanto folheava o jornal, que também não conseguia ler muito bem, e que comprei mais para me misturar com a paisagem do que para obter informações.

Entretanto quando cheguei às páginas centrais, o mundo inteiro mudou para mim. No topo de uma das páginas, em grandes letras negras, havia uma mensagem que compreendi imediatamente: "GREGORY BATENSON (1904-1980)". Era um longo panegírico e uma resenha de sua obra. Vendo isso, deixei de súbito de me sentir um forasteiro. Aquele pequeno mercado, Aranjuez, Espanha, a Terra Inteira — todos eles eram meu lar. Tive a forte sensação de pertencer a tudo isso — física, emocional e intelectualmente — e também pude perceber de maneira nítida o ideal que eu expressara várias semanas antes: Gregory Bateson — o padrão que une.

4
Nadando no mesmo oceano

Stanislav Grof e R. D. Laing

Quando decidi escrever um livro sobre as limitações da visão de mundo mecanicista e o surgimento de um novo paradigma em diversos campos do saber, ficou bem claro para mim que eu não poderia empreender tal tarefa sozinho. Teria sido impossível apreciar a volumosa literatura de uma única outra disciplina que não a minha a fim de descobrir onde as principais mudanças estavam ocorrendo e onde começavam a surgir novas idéias significativas — quanto mais tentar isso em várias delas. Portanto, desde o início concebi minha tarefa como o resultado de algum tipo de esforço conjunto.

Inicialmente planejei um livro escrito por diversos autores, tomando por base um seminário, "Além da visão de mundo mecanicista", que eu organizara na UC de Berkeley, na primavera de 1976, e para o qual convidara diversos conferencistas. No entanto, mudei de idéia e decidi escrever o livro inteiro sozinho, contando com a ajuda de um grupo de conselheiros que preparariam ensaios e artigos de apoio. Sugeririam os livros que eu deveria ler e me ajudariam com os problemas conceituais que surgissem quando eu escrevesse o livro. Decidi concentrar-me em quatro disciplinas — biologia, medicina, psicologia e economia — e, no início de 1977, comecei a procurar pessoas que pudessem me assessorar nesses campos.

Naquela época, minha vida e meu estilo de trabalho estavam sob forte influência da filosofia taoísta. Buscava intensificar minha percepção intuitiva e reconhecer "os padrões do taoísmo"; praticava a arte do *wu wei,* o não-agir, que vai "contra o feitio das coisas", esperando pelo momento certo sem forçar nada. A metáfora de Castañeda, do centímetro cúbico de chance que desponta de tempos em tempos e é apanhado pelo "guerreiro" que leva uma vida disciplinada e que aguçou sua intuição, estava sempre presente em minha mente.

Quando comecei a procurar conselheiros, não empreendi uma busca sistemática, ou qualquer coisa do gênero. Em vez disso, concebi a tarefa como parte de minha prática taoísta. Eu sabia que tudo o que tinha a fazer era permanecer alerta e dedicado ao meu propósito, e mais cedo ou mais tarde as pessoas certas cruzariam o meu caminho. Sabia quem eu estava procurando: indivíduos com um conhecimento sólido e abrangente de suas áreas de especialização; que fossem pensadores profundos e partilhassem de minha visão holística; que tivessem feito contribuições significativas em suas áreas de estudo, mas que houvessem rompido os limites estreitos das disciplinas acadêmicas; pessoas que, como eu, fossem rebeldes e inovadoras.

Essa maneira taoísta de buscar meus assessores funcionou magnificamente. Nos três anos seguintes, vim a conhecer muitos homens e mulheres notáveis, que tiveram um profundo impacto em meu pensamento e que me ajudaram muito na preparação de meu livro (sendo que quatro deles concordaram em trabalhar comigo como consultores especiais, da forma como eu imaginara). Foi muito mais por meio de discussões com pessoas que de leituras de livros que explorei as mudanças conceituais nos diversos campos do saber, descobrindo ligações e relações fascinantes entre essas mudanças. Cheguei até mesmo a desenvolver um aguçado senso intuitivo para reconhecer quem estava explorando essas novas maneiras de pensar, às vezes a partir de um mero comentário casual ou de uma pergunta feita num seminário. Conhecendo melhor essas pessoas, mantendo com elas discussões de grande intensidade, fui adquirindo também o dom de desinibi-las e incentivá-las a ir muito além do que jamais haviam ido em sua formulação de novas idéias.

Foram anos ricos ao extremo em aventuras intelectuais, anos em que meu conhecimento se expandiu perceptivelmente. O que se ampliou de maneira mais nítida foi talvez meu entendimento de psicologia, disciplina sobre a qual eu sabia pouquíssimo e que se transformou num fascinante campo de aprendizagem, experiência e crescimento pessoal. Durante os anos 60 e início dos 70 eu me envolvera em prolongadas explorações dos múltiplos níveis de consciência; porém, essas explorações tiveram lugar no âmbito das tradições espirituais do Oriente. Eu aprendera com Alan Watts que essas tradições, sobretudo o budismo, podiam ser consideradas como o equivalente oriental da psicoterapia ocidental, e foi essa a visão que expressei em *O tao da física*. No entanto, eu afirmara isso sem conhecer de fato a psicoterapia. Havia lido apenas um ensaio de Freud e, talvez, dois ou três de Jung, a quem eu apreciava por ser alguém em quase perfeito acordo com os valores da contracultura. Quanto ao campo da psiquiatria propriamente dita, era-me estranho por completo. Eu apenas vislumbrava de longe alguns estados psicóticos graças a discussões sobre drogas psicodélicas nos anos 60 e, de certa forma, às inesquecíveis atuações de teatro experimental que me arrebataram durante meus quatro anos em Londres.

Paradoxalmente, os psicólogos e os psicoterapeutas logo se tornaram meu público profissional mais atento e mais entusiasta nas viagens pelos Estados Unidos em que proferi palestras sobre *O tao da física* — a despeito de minha ignorância em seus campos. É claro que mantivemos numerosas discussões que foram muito além da física e da filosofia oriental, tomando várias vezes a obra de Jung como ponto de partida. Dessa forma, meus conhecimentos de psicologia foram aumentando e se aprofundando aos poucos com o passar dos anos. Entretanto, essas discussões foram apenas um prelúdio ao meu intercâmbio com dois homens extraordinários, que me instigariam intelectualmente, forçando meu pensamento até seus limites; dois homens a quem devo a maior parte da compreensão que tenho dos múltiplos domínios da consciência humana — Stanislav Grof e R. D. Laing.

Grof e Laing são ambos psiquiatras, formados na tradição psicanalítica e pensadores brilhantes e originais, que transcenderam em muito o âmbito freudiano, modificando de maneira radical as fronteiras conceituais de sua disciplina. Os dois partilham um profundo interesse pela espiritualidade oriental e um fascínio pelos níveis "transpessoais" da consciência, revelando um grande respeito mútuo pelo trabalho do outro. Afora essas similaridades, contudo, são personalidades bem diferentes, talvez diametralmente opostas.

Grof, muito sereno, tem porte elevado e constituição sólida; Laing é pequeno e esquálido; sua linguagem corporal é rica e expressiva, refletindo um amplo repertório de estados de espírito. As maneiras de Grof inspiram confiança, as de Laing costumam intimidar as pessoas. Grof tende a ser diplomático e cativante, Laing, desembaraçado e combativo; aquele é sério e tranqüilo, e este caprichoso e cheio de humor sarcástico. Em nosso primeiro encontro logo me senti à vontade com Grof. Por outro lado, a princípio tive grande dificuldade para compreender Laing, que nasceu em Glasgow e nunca perdeu o sotaque escocês. Embora eu houvesse ficado imediatamente fascinado por ele, precisei de muito tempo até ficar à vontade a seu lado.

Nos quatro anos seguintes, meu intercâmbio intenso e alternado com essas duas personalidades extraordinárias e dramaticamente divergentes ampliaria todo o meu arcabouço conceitual e afetaria a fundo minha consciência.

A política da experiência

Meu primeiro contato com a obra de R. D. Laing foi no verão de 1976, no Instituto Naropa em Boulder, Colorado, a escola budista onde também conheci Gregory Bateson. Naquele verão passei seis semanas no Instituto Naropa dando um curso sobre *O tao da física,* enquanto freqüentava dois outros: um de poesia organizado por Allen Ginsberg e um sobre "loucura e cultura" dado por Steve Krugman, psicólogo e assistente social de Boston. O livro clássico de Laing, *O eu dividido,* era leitura obrigatória do curso de Krugman e, ao ler trechos selecionados desse livro e assistir às palestras, fui me familiarizando com as idéias básicas da obra de Laing.

Antes disso, eu efetivamente nada sabia sobre psicose ou esquizofrenia, ou sobre a diferença entre psiquiatria e psicoterapia. Porém, sabia quem era R. D. Laing. Seu livro *The politics of experience*, cultuado nos anos 60, fora lido por muitos de meus amigos (ainda que não por mim), de modo que eu tinha uma certa familiaridade com a crítica social de Laing.

Suas idéias encontraram vigorosa ressonância na contracultura dos anos 60, pois exprimiam eficazmente as duas coisas que mais caracterizaram a década: o questionamento da autoridade e a expansão da consciência. Laing, de maneira eloqüente e apaixonada, questionava a autoridade com que as instituições psiquiátricas privavam os pacientes mentais de seus direitos humanos básicos:

"O indivíduo que é internado e recebe o rótulo de 'paciente' — e, de modo específico, de 'esquizofrênico' — sofre um aviltamento de sua condição existencial e legal plena enquanto agente humano e pessoa responsável, e torna-se alguém não mais possuidor da sua própria definição de si, incapaz de manter aquilo que é seu e impedido de arbitrar quem irá encontrar ou o que irá fazer. Seu tempo deixa de ser seu, e o espaço que ocupa não é mais o de sua escolha. Depois de ser submetido a uma cerimônia de degradação, conhecida como exame psiquiátrico, é destituído de suas liberdades civis ao ser aprisionado numa instituição totalmente fechada conhecida como hospital de 'doentes mentais'. De maneira mais completa e mais radical que em qualquer outro segmento de nossa sociedade, ele é anulado enquanto ser humano".

Laing não nega, de forma alguma, a existência da doença mental. Entretanto, insiste em que, para compreender um paciente, o psiquiatra tem de inseri-lo no contexto de suas relações com outros seres humanos — que incluem, de maneira bastante central, a relação entre o paciente e o próprio psiquiatra. A psiquiatria tradicional, ao contrário, seguiu uma abordagem cartesiana em que o paciente é isolado de seu meio — conceitual e fisicamente — e rotulado em termos de uma doença mental bem definida. Laing enfatiza que ninguém tem esquizofrenia como se tem um resfriado, e prossegue fazendo a afirmação radical de que, em muitos dos textos psiquiátricos clássicos, a própria psicopatologia projetada sobre uma pessoa denominada "paciente" pode ser vista manifesta com clareza na mentalidade do psiquiatra.

A psiquiatria convencional é assediada por uma confusão que está no âmago dos problemas conceituais de toda a medicina científica moderna: a confusão entre o processo da doença e as origens da doença. Em vez de perguntarem por que ocorre uma doença mental, os pesquisadores médicos tentam entender os mecanismos biológicos pelos quais a doença opera. Esses mecanismos, e não suas verdadeiras origens, são vistos como as causas da doença. Conseqüentemente os tratamentos psiquiátricos atuais limitam-se, em sua maioria, a suprimir sintomas com drogas psicoativas. Embora tenham tido mais êxito nesse sentido, essa abordagem não ajudou os psiquiatras a compreender melhor a doença mental, nem permitiu aos pacientes resolver seus problemas subjacentes.

É aí que Laing se afastou da maioria de seus colegas. Ao observar a condição humana, ao voltar-se para o indivíduo imerso numa rede de múltiplas relações, ele concentrou-se nas origens da doença mental e, portanto, passou a conceber os problemas psiquiátricos em termos existenciais. Em vez de tratar a esquizofrenia e outras formas de psicose como doenças, Laing as considerou como estratégias especiais que as pessoas inventam para poderem sobreviver em situações insuportáveis. Tal concepção significou uma radical mudança de perspectiva, que levou Laing a reconhecer na loucura uma reação sadia a um ambiente social insano. Em *The politics of experience,* ele enunciou uma cáustica crítica social, que ressoou vigorosamente com a crítica da contracultura e que é tão válida hoje quanto há vinte anos.

Enquanto a maioria dos psicólogos e psiquiatras estudavam o *comportamento* humano e tentavam associá-lo a fenômenos fisiológicos e bioquímicos, Laing dedicou-se ao estudo das sutilezas e distorções da *experiência* humana. Mais uma vez ele estava em plena harmonia com o espírito dos anos 60. Tendo a filosofia, a música, a poesia, a meditação e as drogas de expansão da mente como guias, empreendeu uma jornada pelos múltiplos domínios da consciência humana. E, com tremenda intensidade e enorme habilidade literária, retratou paisagens mentais que milhares de leitores reconheceram como suas próprias experiências.

Domínios do inconsciente humano

Meus contatos iniciais com a obra de R. D. Laing, no verão de 1976, despertaram-me a curiosidade pela psicologia ocidental. Dali em diante, eu aproveitaria toda oportunidade para ampliar meu conhecimento da psique humana em discussões com psicólogos e psicoterapeutas. Em várias delas mencionou-se o nome de Stan Grof, sendo-me sugerido diversas vezes que eu deveria me encontrar cóm esse homem, que era uma figura importante no Movimento do Potencial Humano e que nutria idéias sobre a ciência e a espiritualidade muito semelhantes às minhas. Atendo-me ao meu estilo *wu wei* de esperar pelo momento oportuno, não tomei nenhuma iniciativa para entrar em contato com ele, mas fiquei muito contente quando, em fevereiro de 1977, recebi um convite para um pequeno encontro em sua homenagem, que ocorreria em San Francisco.

Tive uma grande surpresa ao conhecer Grof nessa recepção. As pessoas sempre haviam se referido a ele como "Stan", e jamais me ocorrera que seu nome completo fosse Stanislav. Eu esperava conhecer um psicólogo da Califórnia, mas quando nos cumprimentamos percebi, perplexo, que ele não só era europeu como tinha uma formação cultural muito semelhante à minha. Nascera em Praga, a pouco mais de cento e cinqüenta quilômetros da minha Viena — e nossos dois países têm uma longa história em comum, em que as duas culturas se misturaram consideravelmente. Conhecer Grof foi, portanto, algo como conhecer um primo distante, e isso estabeleceu entre nós um elo imediato, que mais tarde se transformaria numa forte amizade.

Minha sensação de familiaridade e bem-estar só foi reforçada pelo caráter de Grof. Ele é uma pessoa muito calorosa e acessível que nos inspira confiança. Fala lenta e pausadamente, com grande concentração, e consegue impressionar uma platéia não só pela natureza extraordinária de suas idéias, mas também pela grande profundidade de seu envolvimento pessoal. Nas suas palestras e seminários ele é capaz — como muitas vezes acontece — de falar durante horas sem buscar apoio em nenhuma anotação. Nessas ocasiões Grof permanece centrado em si por completo, e seu olhar adquire um brilho radiante, que mantém o público enlevado.

Na recepção, Grof apresentou um breve resumo de suas pesquisas com drogas psicodélicas, que para mim foi algo absolutamente fascinante e surpreendente. Eu sabia que era uma autoridade nesse campo, porém não fazia idéia da amplitude de suas pesquisas. Durante os anos 60, eu lera diversos livros sobre LSD e outros agentes psicodélicos, ficara bastante comovido com *As portas da percepção,* de Aldous Huxley, e com *The joyous cosmology,* de Alan Watts, e eu mesmo experimentara algumas substâncias de expansão da mente. A experiência clínica de Grof com o uso de LSD na psicoterapia e na exploração psicológica era, de longe, mais ampla que a acumulada por qualquer outro indivíduo. Ele iniciara seu trabalho clínico em 1956, no Instituto Psiquiátrico de Praga, dando continuidade a seus estudos nos Estados Unidos no Centro de Pesquisa Psiquiátrica de Maryland, entre 1967 e 1973. Nesses dezessete anos, ele orientou pessoalmente mais de três mil sessões lisérgicas e teve acesso a relatórios de outras duas mil sessões realizadas por seus colegas na Tchecoslováquia e nos Estados Unidos. Em 1973 passou a integrar a equipe de estudiosos residentes do Instituto Esalen, onde, há mais de uma década, vem se dedicando à avaliação e expansão de suas pesquisas. Quando nos conhecemos naquela recepção em 1977 Grof escrevera dois livros sobre suas descobertas e planejava elaborar outros dois, o que realmente fez.

Quando soube da vasta amplitude e tremenda profundidade de suas pesquisas, eu naturalmente lhe fiz a pergunta que fascinara toda uma geração nos anos 60: "O que é o LSD, e qual é seu efeito essencial sobre a mente e o corpo humano?"

"Essa é uma pergunta-chave, que me fiz durante muitos anos", respondeu Grof. "Tentar descobrir quais seriam os efeitos farmacológicos típicos e obrigatórios do LSD foi um aspecto importante no início de meu trabalho analítico com as informações disponíveis sobre essa droga. E o resultado dessa pesquisa, que durou vários anos, foi surpreendente. Depois de analisar mais de três mil relatos de sessões com LSD, não encontrei um único sintoma que eu pudesse dizer que fosse um componente absolutamente obrigatório e invariável da experiência lisérgica. A ausência de qualquer efeito distintivo e específico da droga e a enorme variação de fenômenos que ocorrem durante tais sessões convenceram-me de que podemos conceber melhor o LSD ao considerá-lo como um poderoso amplificador, ou catalisador, dos processos mentais, capaz de facilitar o surgimento de materiais inconscientes vindos de diversos níveis da psique humana. A riqueza e a enorme variabilidade da experiência com o LSD podem, então, ser explicadas pelo fato de que toda a personalidade do indivíduo e toda a estrutura de seu inconsciente desempenham um papel decisivo.

"Essa conclusão modificou drasticamente minha perspectiva", prosseguiu ele. "Fiquei bastante excitado ao me dar conta de que, em vez de estudar os efeitos específicos de uma droga psicoativa sobre o cérebro, eu poderia usar o LSD como um poderoso instrumento de pesquisa para explorar a mente humana. A capacidade dessa substância e de outros agentes psicodélicos para expor fenômenos e processos que de outra forma permaneceriam invisíveis à investigação científica lhes confere um potencial único e singular. Não me parece exagerado comparar seu significado para a psiquiatria e a psicologia ao do microscópio para a medicina ou do telescópio para a astronomia."

Grof então resumiu sua interpretação dos dados disponíveis sobre o LSD. Ressaltando a magnitude dessa tarefa, disse simplesmente: "Envolvia nada menos que traçar os primeiros mapas de regiões desconhecidas e inexploradas da mente humana". O resultado foi uma nova cartografia psicológica, que ele publicou em seu primeiro livro, *Realms of the human unconscious*.

Fiquei profundamente impressionado com o breve resumo que Grof fez de suas pesquisas, mas a maior surpresa da noite ainda estava por vir. Quando alguém lhe perguntou sobre o efeito de seu trabalho na psicologia e na psicoterapia contemporâneas, Grof explicou como suas observações poderiam ajudar a levar um pouco de claridade à "selva de sistemas concorrentes de psicoterapia".

"Basta olharmos de relance para a psicologia ocidental", começou ele, "para que sejam reveladas controvérsias de enormes proporções em torno da dinâmica da mente humana, da natureza das desordens emocionais e dos princípios básicos da psicoterapia. Em muitos casos, pesquisadores que partiram dos mesmos pressupostos básicos discordam em questões bastante fundamentais." Para ilustrar esse ponto, Grof esboçou rapidamente as diferenças entre as teorias de Freud e de alguns de seus discípulos originais — Adler, Rank, Jung e Reich.

"Ao observarmos mudanças sistemáticas no conteúdo das sessões psicodélicas fica mais fácil eliminarmos algumas das contradições mais notáveis entre essas escolas", continuou Grof. "Quando comparamos o material de sessões lisérgicas consecutivas de uma mesma pessoa, torna-se evidente que há uma continuidade bem definida, um desdobramento sucessivo de níveis cada vez mais profundos do inconsciente. Nessa viagem ao seu interior, o indivíduo talvez atravesse primeiro uma fase freudiana, para em seguida passar por uma experiência de morte e renascimento que poderia ser vagamente denominada rankiana, enquanto que as sessões mais avançadas dessa mesma pessoa podem vir a adquirir uma qualidade mitológica e religiosa melhor descrita em termos junguianos. Portanto, todos esses sistemas de psicoterapia podem ser úteis para determinados estágios do processo lisérgico.

"Boa parte da confusão existente na psicoterapia contemporânea", concluiu Grof, "provém do fato de cada pesquisador ter concentrado a atenção basicamente num determinado nível do inconsciente e depois ter tentado generalizar as próprias descobertas para a mente humana em sua totalidade. Muitas das controvérsias entre as diferentes escolas podem ser conciliadas graças a essa simples constatação. Todos os sistemas envolvidos talvez representem descrições mais ou menos precisas do aspecto ou do nível do inconsciente que estão tentando descrever. O que precisamos agora é de uma 'Psicologia *bootstrap*' que integre os diversos sistemas numa coleção de mapas capazes de cobrir toda a gama da consciência humana."

Fiquei estupefato. Eu fora à recepção somente para conhecer um psiquiatra famoso e aprender mais sobre a psique humana — ainda que no fundo de minha mente houvesse também a esperança de Stan Grof vir a ser meu consultor de psicologia. Durante toda a noite, o relato fascinante que ele fez de suas pesquisas ultrapassou em muito minhas expectativas. E agora eu o ouvia delinear claramente uma importante parte da tarefa em que eu também estava envolvido — a integração de diferentes escolas de pensamento num novo arcaçoubo conceitual —, propondo exatamente a mesma filosofia, a abordagem *bootstrap* de Chew, que se tornara um aspecto essencial de meu próprio trabalho. Senti, claro, que Grof seria um assessor ideal, e fiquei muito ansioso para conhecê-lo melhor. Ao final da noite, contou-me que *O tao da física* representara para ele uma importante descoberta, e convidou-me muito amavelmente a ir visitá-lo em sua casa em Big Sur, perto de Esalen, para termos uma longa discussão e troca de idéias. Saí de lá num elevadíssimo estado de ânimo, sentindo que dera um importante passo no sentido de ampliar meu entendimento da psicologia e de concluir o meu projeto.

Uma cartografia da consciência

Algumas semanas depois, mas antes de visitá-lo em Big Sur, encontrei Grof novamente no Canadá. Ambos fôramos convidados para falar numa conferência, patrocinada pela Universidade de Toronto, sobre novos modelos da realidade e suas aplicações na medicina. Nesse ínterim, eu lera seu *Realms of the human unconscious* com grande entusiasmo, e sua palestra proporcionou-me novos *insights* sobre sua obra.

A descoberta de Grof — a de que as substâncias psicodélicas agem como poderosos catalisadores dos processos mentais — é confirmada pelo fato de os fenômenos por ele observados em sessões de LSD não estarem de modo algum restritos à experimentação psicodélica. Muitos deles são observados na prática da meditação, em estados de transe, nas cerimônias xamanísticas de cura, em situações de proximidade da morte e em outras emergências biológicas e em vários outros estados incomuns de consciência. Embora Grof tenha elaborado sua "cartografia do inconsciente" com base em pesquisas clínicas com LSD, suas descobertas foram a partir daí por ele corroboradas com muitos anos de estudos meticulosos sobre outros estados incomuns de consciência — estados que podem ocorrer de maneira espontânea ou ser induzidos por técnicas especiais sem o uso de drogas.

A cartografia de Grof abrange três domínios principais: o domínio das experiências "psicodinâmicas", que envolvem uma complexa revitalização das memórias emocionalmente relevantes de vários períodos da vida de uma pessoa; o domínio das experiências "perinatais" relacionadas aos fenômenos biológicos envolvidos no processo de nascimento; e todo um espectro de experiências que vão além dos limites individuais e transcendem as limitações do tempo e do espaço, para as quais Grof cunhou o termo "transpessoais".

O nível psicodinâmico tem uma origem claramente autobiográfica e pode ser, em grande parte, entendido nos termos dos princípios psicanalíticos básicos. "Se as sessões psicodinâmicas fossem o único tipo de experiência lisérgica", escreveu Grof, "as observações da psicoterapia com LSD poderiam ser consideradas provas laboratoriais das premissas freudianas básicas. A dinâmica psicossexual e os conflitos fundamentais da psique humana descritos por Freud manifestam-se com clareza e intensidade inusitadas."

O domínio das experiências perinatais talvez seja a parte mais fascinante e mais original da cartografia de Grof. Esse domínio exibe uma rica e complexa variedade de padrões de experiências ligados aos problemas do nascimento biológico. O indivíduo revive de maneira extremamente realista e autêntica diversas etapas de seu próprio processo de nascimento — a serena beatitude de sua existência no útero, numa união primordial com a mãe; a situação "sem saída" do primeiro estágio do parto, quando o colo do útero ainda está fechado ao mesmo tempo em que as contrações uterinas começam a pressionar o feto, criando uma situação claustrofóbica acompanhada de intenso desconforto físico; a propulsão pelo canal vaginal, envolvendo uma tremenda batalha pela sobrevivência sob pressões esmagadoras; e por fim o súbito alívio e relaxamento, a primeira respiração e o corte do cordão umbilical, completando a separação física da mãe.

Nas experiências perinatais, as sensações e os sentimentos associados ao processo de nascimento podem ser revividos de maneira direta e realista, ou surgir sob a forma de vivências simbólicas e visionárias. Por exemplo, as enormes tensões experimentadas no canal vaginal durante o nascimento são freqüentemente acompanhadas por visões de lutas titânicas, desastres naturais e diversas imagens de destruição e autodestruição. Para facilitar o entendimento da grande complexidade dos sintomas físicos, do imaginário e dos padrões experienciais, Grof agrupou-os em quatro blocos ou acervos — as matrizes perinatais — que correspondem aos estágios consecutivos do processo de nascimento. Estudos detalhados das inter-relações entre os vários elementos dessas matrizes levaram-no a perceber distintamente várias condições psicológicas e os mais diversos tipos de experiência humana. Lembro-me de haver certa vez perguntado a Gregory Bateson, depois de ambos termos assistido a um dos seminários de Grof, o que ele achava do trabalho de Stanislav sobre o impacto psicológico da experiência do nascimento. Bateson, como lhe era característico, respondeu com uma frase curta e abrupta: "De calibre Nobel".

O último grande domínio da cartografia do inconsciente de Grof é o das experiências transpessoais, que parecem ajudar a esclarecer a fundo a natureza e a relevância da dimensão espiritual da consciência. As experiências transpessoais envolvem uma expansão da consciência além das fronteiras convencionais do organismo e, em conseqüência disso, uma ampliação do sentido de identidade. Podem envolver ainda percepções do meio ambiente que transcendem os limites usuais da percepção sensorial e que muitas vezes se aproximam da experiência mística direta da realidade. Como o modo transpessoal da consciência em geral transcende o raciocínio lógico e a análise intelectual, é extremamente difícil, se não impossível, descrevê-lo em linguagem concreta. Na realidade, Grof constatou que a linguagem da mitologia, por ser muito menos restrita pela lógica e pelo senso comum, via de regra parece mais apropriada para descrever as experiências no domínio transpessoal.

Depois de explorar meticulosamente os domínios perinatal e transpessoal, ele ficou convencido de que a teoria freudiana teria de ser consideravelmente expandida para acomodar os novos conceitos que ele elaborara. Essa conclusão coincidiu com sua mudança para os Estados Unidos, em 1967, onde encontrou um movimento bastante vital na psicologia norte-americana conhecido como "psicologia humanista", um movimento que já conseguira ampliar a disciplina para muito além do âmbito freudiano. Sob a liderança de Abraham Maslow, os psicólogos humanistas empenhavam-se em estudar indivíduos saudáveis como organismos integrais. Preocupavam-se sobretudo com o crescimento pessoal e a "auto-realização", reconhecendo o potencial inerente em todos os seres humanos. Os psicólogos humanistas concentravam a atenção na experiência e não na análise intelectual. Dessa forma, foram desenvolvidas muitas novas psicoterapias e escolas de "trabalho corporal", conhecidas coletivamente como o "Movimento do Potencial Humano".

Embora a obra de Grof tenha sido recebida com entusiasmo pelo Movimento do Potencial Humano, ele logo descobriu que até mesmo o âmbito da psicologia humanista lhe era demasiado estreito e confinante. Assim, em 1968 fundou, junto com Maslow e vários outros, a escola da psicologia transpessoal, preocupada especificamente em reconhecer, entender e consumar estados transpessoais de consciência.

Visita a Grof em Big Sur

Em março de 1977, num dia quente e belíssimo, peguei o carro e, seguindo para o sul pela estrada que acompanha o litoral cintilante do Pacífico, fui visitar Stan Grof em sua casa. Nos anos 60, eu estivera muitas vezes nos arredores de Big Sur, andando de carro ou pegando carona. E agora, voltando a passar por ali naquela estrada cheia de curvas e pedras — à minha direita, o oceano de um azul profundo; à minha esquerda, colinas suaves e sensuais, cobertas de grama verdejante que logo se tornaria dourada —, lembrei-me vividamente da magia daqueles dias. Junto com as *flower children* da contracultura, eu empreendera longas caminhadas no calor seco dos montes de Big Sur, subindo pelas ravinas estreitas e sombreadas com seus muitos córregos e riachos, nadando nu nas lagoas e tomando banho nas cachoeiras. Passara muitas noites em meu saco de dormir, em praias semidesertas, e muitos dias solitários em meditação no alto das colinas, com *Os ensinamentos de Don Juan* de Castañeda ou *O lobo da estepe* de Hesse como companheiros.

Desde aqueles tempos, Big Sur exerce um fascínio especial sobre mim. Vislumbrando as estonteantes paisagens dessa costa recortada, que se ofereciam aos meus olhos para logo desaparecerem em tons cinzentos no horizonte, meu corpo relaxou e minha mente expandiu-se. Senti-me inspirado e excitado por essas memórias, e ainda mais excitado pela perspectiva de expandir minha consciência — algo que eu sabia que essa viagem me reservava.

Quando cheguei à casa de Grof, ele me recebeu calorosamente e apresentou-me à sua mulher Christina, mostrando-me o lugar em seguida. Sua casa é um dos locais mais belos e inspiradores que já vi: trata-se de uma simples estrutura de sequóia, com uma vista espetacular do oceano Pacífico, empoleirada na borda de um penhasco a uns poucos quilômetros de Esalen. As paredes externas da sala de estar são quase inteiramente de vidro, com portas que se abrem para uma varanda de madeira acima das ondas que arrebentam nas pedras logo abaixo. Uma das paredes é dominada por uma enorme pintura fantástica em cores brilhantes, que retrata pessoas e animais em busca de uma visão sagrada. Num dos cantos há uma grande lareira, feita de pedras rústicas; no outro, um confortável sofá rodeado por livros de arte e enciclopédias; e, espalhados pela sala, vêem-se objetos de arte religiosa, cachimbos, tambores e outros implementos de rituais xamanísticos, que Grof colecionou em suas viagens pelo mundo afora. A casa toda espelha sua personalidade — altamente artística, serena, tranqüila e, no entanto, instigante e inspiradora. Desde essa minha primeira visita passei muitos dias nessa casa, com os Grof e também sozinho, dias que estarão sempre entre os momentos mais felizes de minha vida.

Depois de me mostrar a casa e me contar vários casos pitorescos relacionados à sua coleção de arte, Stan ofereceu-me um copo de vinho na varanda, e sentamo-nos nesse lugar magnífico para nossa primeira conversa. Ele começou dizendo novamente que *O tao da física* fora um livro muito importante para ele. Disse também que vinha encontrando tremenda resistência por parte de seus colegas sempre que mencionava a terapia psicodélica. Além de haver uma enorme confusão, provocada pelos abusos com LSD e pelas restrições legais decorrentes, toda a estrutura que ele desenvolvera diferia radicalmente daquela da psiquiatria convencional, a ponto de ser considerada incompatível com as concepções científicas que seus colegas tinham sobre a realidade — que em decorrência a tornavam como não-científica. Em *O tao da física* deparara-se pela primeira vez com a descrição detalhada de um arcabouço conceitual onde pôde reconhecer muitas similaridades com a própria estrutura por ele elaborada e que, além disso, se baseava em descobertas da física, a mais respeitada das ciências. "Creio", concluiu ele, "que no futuro haverá um enorme apoio dado às pesquisas sobre a consciência humana, se conseguirmos encontrar pontes bem alicerçadas entre o material proveniente dos estudos sobre estados alterados de consciência e o das especulações teóricas dos físicos modernos."

Grof prosseguiu esboçando as semelhanças entre as percepções de realidade que observava nas experiências psicodélicas e aquelas provenientes da física moderna. Mencionou os três domínios de sua cartografia do inconsciente e, para explicar as experiências do primeiro, o domínio psicodinâmico, apresentou-me um resumo lúcido e conciso da teoria psicanalítica de Freud.

Aproveitei a oportunidade para fazer-lhe algumas perguntas sobre os aspectos "newtonianos" da psicanálise, de que eu me tornara cônscio apenas há pouco tempo — por exemplo, a noção de "objetos" internos, localizados num espaço psicológico, e de forças psicológicas com direções e sentidos definidos, movendo os "mecanismos e maquinarias" da mente. Esses aspectos haviam sido apontados por Stephen Salenger, psicanalista de Los Angeles com quem eu mantivera várias discussões enriquecedoras e que me convidara para dar uma palestra na Sociedade Psicanalítica da cidade.

Grof confirmou minhas suspeitas de que a psicanálise, assim como a maioria das teorias científicas do século XIX e do início do século XX, moldara-se na física newtoniana. Na realidade, ele me mostrou que as quatro perspectivas básicas sob as quais os psicanalistas tradicionalmente abordaram e analisaram a vida mental — as chamadas perspectivas topográfica, dinâmica, econômica e genética — correspondem, uma a uma, aos quatro conjuntos de conceitos que constituem a base da mecânica newtoniana. Entretanto, Grof também ressaltou que o fato de reconhecer as limitações da abordagem psicanalítica em nada diminuía o gênio de seu fundador. "A contribuição de Freud foi de fato extraordinária", disse com admiração. "Quase sozinho, ele descobriu o inconsciente e sua dinâmica, e também a interpretação dos sonhos. Criou uma maneira dinâmica de abordar a psiquiatria, estudando as forças que levam aos desarranjos psicológicos. Destacou a importância das experiências infantis no desenvolvimento subseqüente do indivíduo. Identificou o impulso sexual como uma das principais forças psicológicas. Introduziu a noção de sexualidade infantil e esboçou os principais estágios de nosso desenvolvimento psicossexual. Qualquer uma dessas descobertas por si só já seria impressionante como produto de toda uma vida."

Voltando ao domínio psicodinâmico da experiência lisérgica, perguntei a Grof se nesse nível ocorriam mudanças na visão de mundo.

"Nesse nível", explicou, "a conseqüência mais importante parece ser a de que as pessoas passam a considerar pouco autênticos certos aspectos de suas percepções acerca de quem são, do que é o mundo e a sociedade. Elas começam a considerar essas percepções como decorrências diretas de experiências da infância, como comentários sobre suas histórias pessoais. E, à medida que são capazes de reviver suas experiências passadas, suas opiniões e seus pontos de vista tornam-se mais abertos e mais flexíveis, em vez de permanecerem rigidamente categorizados."

"Mas desse modo não haveria mudanças de fato profundas em suas visões de mundo nesse nível?"

"Não, as mudanças realmente fundamentais começam no nível perinatal. Um dos aspectos mais marcantes do domínio perinatal é a íntima relação entre as experiências de nascer e de morrer. O encontro com o sofrimento, a luta e o esforço, e o aniquilamento de todos os pontos de referência anteriores durante o processo de nascimento, são tão próximos da experiência de morte que todo o processo pode ser visto como uma experiência de morte e renascimento. O nível perinatal é aquele tanto do nascimento como da morte. É o domínio de experiências existenciais que exercem uma influência crucial sobre a vida mental e emocional e a visão de mundo de um indivíduo.

"Quando as pessoas se defrontam vivencialmente com a morte e com a impermanência de tudo", prosseguiu Grof, "não raro começam a ver *todas* as suas atuais estratégias de vida como falsas e errôneas, passando a acreditar que a totalidade de suas percepções é algum tipo de ilusão básica. O encontro vivencial com a morte muitas vezes representa uma verdadeira crise existencial, que força as pessoas a reexaminar o significado de sua vida e os valores pelos quais vivem. Ambições mundanas, motivações competitivas, busca de *status*, poder e bens materiais tendem a se desvanecer quando são vistas dentro do contexto da morte potencialmente iminente."

"E o que acontece então?"

"Bem, desse processo de morte e renascimento surge a sensação de que a vida é mudança constante, um processo, e que não tem sentido apegar-se a quaisquer metas ou conceitos específicos. As pessoas começam a sentir que a única coisa sensata a fazer é concentrarem-se na própria mudança, que é o único aspecto constante da existência."

"Pois essa é exatamente a base do budismo. Ao ouvi-lo descrever tais experiências, fico com a sensação de que há nelas uma qualidade espiritual."

"Tem razão. O processo completo de morte e renascimento sempre representa uma abertura espiritual. As pessoas que passam por essa experiência invariavelmente são levadas a apreciar a dimensão espiritual da existência como algo demasiado importante, e até mesmo fundamental. Ao mesmo tempo, sua imagem do universo físico muda. Elas perdem o sentimento de que as coisas são separadas; deixam de conceber a matéria como sólida e começam a pensar em padrões de energia."

Esse comentário foi uma das pontes entre as pesquisas sobre a consciência humana e a física moderna que Grof mencionara no início de nossa conversa, e passamos um bom tempo discutindo detalhadamente as concepções de realidade física que surgem das duas disciplinas.

Essa discussão levou-me a perguntar-lhe se as mudanças de percepção que ocorrem em sessões com LSD incluem mudanças na percepção do espaço e do tempo. Eu notara que até então Grof não mencionara os conceitos de espaço e de tempo, conceitos que haviam sofrido modificações tão radicais na física moderna.

"Não no nível perinatal", respondeu ele. "Embora o mundo seja vivenciado como padrões de energia quando a dimensão espiritual é incluída na experiência, ainda continua presente um espaço objetivo e absoluto, onde tudo acontece e o tempo ainda é linear. No entanto, isso muda fundamentalmente quando se começa a vivenciar o nível seguinte, o domínio transpessoal. Nesse nível, as imagens de um espaço tridimensional e de um tempo linear são despedaçadas por completo. As pessoas comprovam de maneira experimental que essas noções não são referências obrigatórias e que podem, em certas circunstâncias, ser transcendidas de diversas maneiras. Em outras palavras, existem alternativas não só ao pensamento conceitual sobre o mundo, como também ao próprio modo de experimentar efetivamente o mundo."

"Quais seriam essas alternativas?"

"Bem, é possível vivenciar um número qualquer de espaços numa sessão psicodélica. Você pode estar sentado aqui em Big Sur e de súbito haver uma intrusão do espaço de seu quarto em Berkeley, ou de um espaço de sua infância, ou do passado longínquo da história da humanidade. Você poderá vivenciar um sem-número de transformações, e até mesmo experiências simultâneas de diferentes arranjos espaciais. Poderá igualmente vivenciar modos temporais diferentes — tempo circular, tempo retrocedendo, 'túneis' de tempo — e com isso tornar-se ciente de que há alternativas ao modo causal de ver as coisas."

De fato, eu podia reconhecer muitos paralelos com a física moderna. Porém de qualquer maneira estava menos interessado em explorá-los do que em abordar a questão que é tema central das tradições espirituais — a natureza da consciência e sua relação com a matéria.

"Essa questão sempre surge nas sessões psicodélicas que atingem o nível transpessoal", explicou Grof, "e o modo como se percebe as coisas muda de maneira fundamental. A pergunta que a ciência convencional do Ocidente se faz — 'Onde está o momento em que a consciência tem origem? Quando a matéria se torna consciente de si?' — é virada pelo avesso. Ela se transforma em: 'Como a consciência produz a ilusão da matéria?' Veja bem, a consciência é vista como algo primordial, que não pode ser explicado com base em nada mais; é algo que simplesmente existe e que é, em última instância, a única realidade; algo que é manifesto em você e é manifesto em mim, e em tudo à nossa volta."

Grof fez uma pausa, e permaneci em silêncio com ele. Havíamos conversado por muito tempo, e o sol estava quase se pondo, enviando um facho dourado pelo oceano ao aproximar-se do horizonte. Era uma cena de extrema beleza e serenidade, entremeada pelo respirar lento e rítmico do Pacífico — onda após onda vagando num murmúrio tranqüilo e quebrando-se nas rochas abaixo de nós.

As observações de Grof sobre a natureza da consciência não eram novas para mim. Eu as lera muitas vezes, em diversas variantes, nos textos clássicos do misticismo oriental. No entanto, em sua descrição da experiência psicodélica elas me pareceram mais diretas e vívidas. E, deixando meu olhar vagar pelo oceano, meu reconhecimento da unidade de todas as coisas tornou-se algo muito real, de um apelo irresistível.

Grof acompanhou meu olhar e, de algum modo, deve ter seguido meus pensamentos. "Uma das metáforas mais freqüentes que podemos encontrar nos relatos psicodélicos", prosseguiu, "é a da circulação da água na natureza. A consciência universal é comparada a um oceano — uma massa fluida, não-diferenciada —, e o primeiro estágio da criação assemelha-se à formação das ondas. Uma onda pode ser vista como uma entidade distinta e, no entanto, é óbvio que uma onda é o oceano e o oceano, uma onda. Não há nenhuma separação definitiva."

Novamente era uma imagem familiar, uma imagem que eu mesmo incluíra em *O tao da física* ao descrever como os budistas e os físicos quânticos usavam a analogia das ondas na água para ilustrar a ilusão de existirem entidades separadas. Grof, no entanto, foi ainda mais além, refinando a metáfora de um modo insólito e muito impressionante para mim.

"O estágio seguinte da criação seria o de uma onda quebrando nas pedras e espirrando gotículas de água no ar, gotículas que existirão como entidades distintas por um pequeno tempo, antes de serem tragadas de novo pelo oceano. Desse modo, temos aqui alguns momentos efêmeros de existência separada.

"O próximo estágio nesse raciocínio metafórico", continuou Grof, "seria o de uma onda que bate numa praia rochosa e volta para o mar, mas deixa uma pequena poça d'água. Talvez leve muito tempo até vir a próxima onda e retomar a água deixada ali. Durante esse tempo, a poça d'água é uma entidade separada — sendo, no entanto, também uma extensão do oceano que, eventualmente, irá levá-la de volta às suas origens."

Olhei para baixo e vi pequenas poças d'água nas fendas das rochas ali embaixo. Fiquei apreciando as muitas variações lúdicas que eram possíveis com a metáfora de Grof. "E a evaporação?", perguntei.

"É o estágio seguinte. Imagine a água evaporando-se e formando uma nuvem. A unidade original fica agora obscurecida, oculta por uma efetiva transformação. É preciso um certo conhecimento de física para se dar conta de que a nuvem é o oceano e o oceano é a nuvem. Todavia, a água na nuvem irá eventualmente unir-se ao oceano sob a forma de chuva.

"A separação final", concluiu Grof, "em que o elo com a fonte original parece ter sido de todo esquecido, é muitas vezes ilustrada por meio de um floco de neve que se cristalizou a partir da água numa nuvem, que em sua origem se havia evaporado do oceano. Temos aqui uma entidade distinta altamente estruturada, altamente individualizada, que parece não ter semelhança alguma com suas origens. Precisamos aqui de um conhecimento profundo para reconhecermos que o floco de neve é o oceano e o oceano é o floco de neve. E para que o floco de neve possa unir-se mais uma vez ao oceano, terá de abandonar sua estrutura e sua individualidade; terá, por assim dizer, de sofrer a morte de seu ego para retornar à sua fonte."

Novamente ficamos ambos em silêncio, enquanto eu refletia sobre os múltiplos significados da bela metáfora de Grof. O sol se pusera, nesse ínterim; as mechas de nuvens no horizonte haviam passado de dourado para vermelho-escuro; e eu, contemplando o oceano e pensando em suas inúmeras manifestações, nos infindáveis ciclos da circulação da água, de súbito me dei conta de algo. Mas demorei até romper nosso silêncio.

"Sabe, Stan, acabo de perceber uma profunda ligação entre ecologia e espiritualidade. A consciência ecológica, em seu nível mais profundo, é o reconhecimento intuitivo da unicidade de toda a vida, da interdependência de suas múltiplas manifestações e de seus ciclos de mudança e transformação. E a descrição que você acabou de fazer das experiências transpessoais de repente me esclareceu sobre o fato de que esse reconhecimento também pode ser chamado de consciência espiritual.

"Na verdade", continuei com grande excitação, "a espiritualidade — ou o espírito humano — poderia ser definida como o modo de consciência em que nos sentimos unidos ao cosmos como um todo. Isso torna evidente que a consciência ecológica é espiritual em sua essência mais profunda. E portanto não é de causar surpresa que a nova visão de realidade que vem surgindo com a física moderna, uma visão holística e ecológica, esteja em harmonia com as concepções das tradições espirituais."

Grof assentiu lentamente com a cabeça, sem dizer nada. Não eram necessárias outras palavras, e permanecemos sentados em silêncio por muito tempo, até que já estivesse quase escuro e o ar tão frio que decidimos entrar.

Dormi naquela noite no quarto de hóspedes dos Grof, e passei o dia seguinte com eles, trocando histórias e conhecendo-os mais intimamente. Stan convidou-me para apresentar com ele um seminário em Esalen ainda naquele ano e, antes de eu partir, foi até sua biblioteca. Para minha grande surpresa, ele tirou da estante uma edição alemã, lindamente encadernada e ilustrada, da *Saga de Fritjof*, célebre lenda sueca que inspirara minha mãe a me batizar com esse nome. Grof ofereceu-me o livro como símbolo de nossa nova amizade — um presente generoso de um homem extraordinário.

A vivência de R. D. Laing

Meu encontro inicial com R. D. Laing foi em maio de 1977, quando voltei para Londres em minha primeira visita desde que passara a morar na Califórnia após completar *O tao da física*. Deixara Londres e meu grande círculo de amigos em dezembro de 1974, com o manuscrito completo em minha mochila e muita esperança de me estabelecer na Califórnia como físico e escritor. Dois anos e meio depois, eu alcançara quase tudo o que tinha almejado. *O tao da física* fora publicado na Inglaterra e nos Estados Unidos, com recepção muito boa nos dois países, e estava sendo traduzido para várias outras línguas. Eu era membro da equipe de pesquisas de Geoffrey Chew, em Berkeley, e trabalhava de perto com um dos mais profundos pensadores científicos de nosso tempo. Minhas dificuldades financeiras finalmente haviam acabado, e eu iniciara um novo e empolgante projeto — explorar a mudança de paradigmas nas ciências e na sociedade —, o que me fez entrar em contato com muitas pessoas extraordinárias.

Assim, quando voltei para Londres tinha naturalmente um excelente estado de espírito. Passei três semanas comemorando com meus amigos, que me receberam com grande afeto e alegria; dei duas palestras sobre *O tao da física* na Architectural Association, uma escola de arquitetura que servia como foro da vanguarda artística e intelectual nos anos 60 e 70; preparei um curta-metragem para a BBC sobre o meu livro, em que meu velho amigo Phiroz Mehta lia textos hindus; e fui visitar vários estudiosos notáveis para discutir com eles minhas idéias e meus futuros projetos. Durante três semanas me diverti imensamente.

Um dos estudiosos que visitei foi o físico David Bohm, com quem discuti os novos avanços da física *bootstrap* e as relações que eu via entre suas teorias e as de Chew. Outra visita memorável foi a que fiz a Joseph Needham, em Cambridge. Needham é um biólogo que se tornou um dos principais historiadores da ciência e da tecnologia chinesas. Sua obra monumental, *Science and civilisation in China,* influenciou profundamente meu pensamento enquanto escrevia *O tao da física,* mas eu jamais ousara visitá-lo. Agora, no entanto, me sentia seguro o suficiente para procurá-lo. Muito amável, convidou-me para jantar com ele no Gonville and Caius College, e tivemos uma noite bastante inspiradora e agradável.

Essas duas visitas foram muito emocionantes; de certa forma, porém, duas outras mais diretamente ligadas ao meu novo projeto as ofuscaram: uma, a E. F. Schumacher (que será recontada no capítulo 6), o autor de *O negócio é ser pequeno,* e a outra, a R. D. Laing. Visitar Laing era um de meus grandes propósitos ao desembarcar em Londres. Uma boa amiga minha, Jill Purce, que é escritora e editora com muitos contatos nos círculos artísticos, literários e espirituais de Londres, conhecera Laing por intermédio do antropólogo Francis Huxley, que eu também conhecia. Assim, enviei a Laing, por meio de Jill e Francis, um artigo onde resumi *O tao da física,* juntamente com a mensagem de que ficaria muito emocionado e honrado em conhecê-lo, já que no momento estava ampliando minhas pesquisas a novas áreas e tinha algumas dúvidas referentes à psicologia e à psicoterapia, que gostaria de esclarecer. Teria ele a bondade de me conceder um pouco de seu tempo para discutirmos esses assuntos? Além disso, queria perguntar-lhe o que achava do trabalho de Grof, e cheguei até a nutrir a idéia de pedir-lhe para ser um de meus conselheiros.

Laing respondeu que poderia me receber, e disse-me para encontrá-lo num certo dia às onze da manhã em sua casa em Hampstead, perto de onde eu morara antes de deixar Londres. Desse modo, no dia marcado, um belo dia de primavera, límpido e quente — um daqueles raros dias londrinos em que a luz é cintilante, mostrando-se particularmente regeneradores após o longo inverno inglês —, toquei a campainha na casa de R. D. Laing. Estava bem ciente de sua reputação de pessoa excêntrica, imprevisível e muitas vezes difícil de lidar. Por isso, estava um pouco nervoso com o encontro. No entanto, já conversara muitas vezes com pessoas bastante incomuns antes, estava seriamente interessado em ouvir suas idéias, sabia o que eu queria lhe perguntar e tinha confiança na minha capacidade de envolver as pessoas em discussões intelectuais estimulantes. Assim, apesar de certo nervosismo, eu também estava bem seguro de mim.

O próprio Laing abriu a porta, perscrutando-me com olhos curiosos e semicerrados, a cabeça curvada e ligeiramente inclinada, os ombros arqueados. Usava um cachecol em torno do pescoço e parecia descarnado e frágil. Ao me reconhecer pediu, com um sorriso algo zombeteiro e uma mesura um tanto exagerada mas amigável, que eu entrasse. Ele me fascinou desde o primeiro momento. Perguntou se eu já tomara o desjejum e, quando respondi que sim, se me incomodaria de acompanhá-lo até um restaurante próximo com um belo jardim, onde *ele* poderia fazer sua refeição matinal e eu, acompanhá-lo bebendo uma xícara de café ou uma taça de vinho.

Em nossa caminhada até o restaurante, disse a Laing que estava muito grato por esse encontro e perguntei-lhe se tivera a oportunidade de dar uma olhada em meu livro ou de ler o artigo que eu lhe enviara. Respondeu que não pudera ler nenhum dos dois, que apenas relanceara o artigo. Contei-lhe então que meu livro tratava dos paralelos entre os conceitos da física moderna e as idéias básicas das tradições místicas do Oriente, e perguntei-lhe se ele próprio já pensara sobre tais paralelos. Eu sabia que Laing passara um certo tempo na Índia, mas não sabia se ele tinha algum conhecimento de física quântica.

"Esses paralelos não me surpreendem", começou ele num tom um tanto impaciente. "Quando pensamos no destaque que Heisenberg dá ao observador. . . " E deslanchou num resumo vigoroso e conciso dos conceitos da física moderna num daqueles longos monólogos que lhe são muito característicos, como eu mais tarde viria a descobrir. Sua sinopse da filosofia da mecânica quântica e da teoria da relatividade coincidia de perto com o modo como eu apresentara a questão em *O tao da física,* tornando os paralelos com o misticismo oriental bastante óbvios. Fiquei absolutamente deslumbrado por esse resumo brilhante, pela capacidade de Laing compreender os aspectos essenciais de um campo que lhe deveria ser bastante estranho e pelo resumo conciso que fez dos pontos principais.

Quando chegamos ao restaurante, Laing pediu uma omelete e perguntou se eu gostaria de acompanhá-lo num vinho. Assenti com a cabeça, e ele pediu uma garrafa de vinho tinto, que recomendou como sendo a especialidade da casa. Sentados naquele lindo jardim numa bela manhã de sol, acabamos por entrar numa animada conversa sobre os mais variados assuntos, e que duraria mais de duas horas. Para mim, essa conversa não foi apenas intelectualmente estimuladora, mas também uma experiência fascinante sempre mantida pela maneira demasiado expressiva de Laing falar. Ele sempre se exprime com paixão, e, enquanto fala, o rosto e o corpo exibem uma riquíssima variedade de emoções — aversão, desprezo, sarcasmo, charme, ternura, sensibilidade, prazer estético e muito mais. Talvez a sua fala possa ser melhor comparada a uma peça musical. O tom geral é de encantamento, com o ritmo sempre marcado, as sentenças longas e inquiridoras, como variações sobre um tema musical, a ênfase e a intensidade variando sempre. Laing gosta de usar as palavras para *retratar* as coisas, e não para descrevê-las, misturando livremente um linguajar coloquial com citações sofisticadas de textos literários, filosóficos e religiosos. Revela assim a extraordinária amplitude e profundidade de sua formação. Tem amplos conhecimentos de grego e latim, estudou a fundo filosofia e teologia, para não falar de seu longo treinamento em psiquiatria, é um consumado pianista, escreve poemas, dedicou um tempo considerável ao estudo das tradições místicas do Oriente e do Ocidente, e aguçou sua percepção e cognição com a ioga e a meditação budista. Em nossa longa primeira conversa, a riqueza dos conhecimentos e da experiência de Laing foi-se desvelando e me encantando. Durante toda a nossa discussão, foi muito gentil. Ainda que muitas vezes falasse intensamente, em nenhum momento foi agressivo ou sarcástico comigo, mas sempre delicado e amigável.

Começou a conversa falando da Índia, elaborando algumas das idéias que expressara em nossa caminhada até o restaurante. Na época, eu ainda não estivera naquele país, e Laing me disse que ficava enojado ao ver tantos falsos e autoproclamados gurus explorando os anseios românticos de seus ingênuos discípulos ocidentais. Falou desses pseudogurus com grande desprezo; porém, não me contou que durante sua estada na Índia ele fora profundamente inspirado por verdadeiros mestres espirituais. Apenas vários anos depois é que vim a saber quanto ele fora afetado pela espiritualidade indiana, sobretudo pelo budismo. Falamos ainda sobre Jung, e mais uma vez Laing foi crítico. Disse que achava que ele assumira uma postura muito patriarcal em alguns de seus prefácios a livros sobre o misticismo oriental, projetando sua perspectiva psiquiátrica suíça nas tradições do Oriente. Isso era "absolutamente insuportável" para Laing, embora tivesse grande respeito por Jung como psicoterapeuta.

A essa altura mencionei o tema básico de meu novo livro, começando pela idéia de que as ciências naturais, e também as ciências humanas e os estudos clássicos, tinham se moldado na física newtoniana, e que um número cada vez maior de cientistas estava então percebendo as limitações da visão de mundo mecanicista e newtoniana, afirmando que eles teriam de modificar radicalmente suas filosofias subjacentes se quisessem participar da transformação cultural contemporânea. Expus em particular os paralelos entre a física newtoniana e a psicanálise que eu discutira com Grof.

Laing concordou com minha tese básica, confirmando também a idéia do arcabouço newtoniano da psicanálise. Chegou a dizer que a crítica ao raciocínio mecanicista de Freud era ainda mais pertinente quando se tratava das relações interpessoais. "Freud nada elaborou a respeito de qualquer sistema que consista em mais de uma pessoa", explicou Laing. "Ele possuía seu aparato mental, suas estruturas psíquicas, seus objetos internos, suas forças — mas não tinha a menor idéia de como dois desses aparatos mentais, cada um com sua própria constelação de objetos internos, poderiam se relacionar. Para Freud, eles interagiam de maneira meramente mecânica, como duas bolas de bilhar. Ele não concebia a experiência partilhada pelos seres humanos."

Laing partiu então para uma crítica mais ampla da psiquiatria, ressaltando sobretudo sua convicção de que nenhuma droga psicoativa deveria ser forçada a um paciente. "Que direito temos de interferir na confusão alheia?", perguntou ele. E afirmou que precisávamos de uma maneira muito mais discreta de abordar as drogas. Aceitava que um paciente fosse acalmado com drogas, mas acreditava que, além disso, era necessário seguir um tipo de "abordagem homeopática" da doença mental, "dançando com o corpo" e só "cutucando ligeiramente o cérebro". Contou-me ainda que o significado original da palavra "terapeuta", em sua forma grega *therapeutes*, é "servidor" ou "assistente". Portanto, sustentou Laing, um terapeuta deveria ser um especialista em prestar atenção e em ter consciência de uma situação.

93

À medida que nossa conversa se desenrolava, eu ficava mais e mais satisfeito pelo modo como ele confirmava minha tese e concordava com minha abordagem. Ao mesmo tempo, percebi que sua personalidade e seu estilo eram tão diferentes dos meus que decerto não trabalharíamos bem juntos. Além disso, eu virtualmente já decidira convidar Stan Grof para ser meu assessor de psicologia, de modo que lhe perguntei o que achava de seu trabalho. Laing falou muito bem de Grof, dizendo que seu trabalho terapêutico com LSD e, em particular, suas idéias sobre como a experiência do nascimento influenciava a psique humana eram algo em que ele próprio estava muito interessado e pelo que tinha o maior respeito. Mais tarde, nessa mesma conversa, quando mencionei meu plano de reunir um grupo de conselheiros, ele disse simplesmente: "Se você tem Grof, não achará ninguém melhor".

Sentindo-me animado pelos comentários e sugestões congeniais de Laing e pela sua concordância geral com minhas idéias, acabei por fazer-lhe a pergunta sobre a qual tinha a maior curiosidade: "Qual é a essência da psicoterapia? Como ela funciona?" Contei-lhe que em minhas últimas discussões com psicoterapeutas eu sempre fizera essa pergunta, e mencionei em particular uma conversa com analistas junguianos em Chicago — entre os quais estava Werner Engel e June Singer — que me deixara a vaga idéia de que deveria haver algum tipo de "ressonância" entre terapeuta e paciente para o tratamento ter início. Para minha grande surpresa e alegria, Laing disse-me que ele concebia algo semelhante como a própria essência da psicoterapia. "Essencialmente", disse ele, "a psicoterapia é um encontro autêntico entre seres humanos." E, para ilustrar o significado dessa bela definição, falou-me sobre uma de suas sessões de terapia: um homem fora procurá-lo e contou-lhe alguns problemas relativos ao seu emprego e à sua situação familiar. Parecia tratar-se de um caso sem nada de característico — o homem era casado, tinha dois filhos e trabalhava num escritório; não havia nada fora do comum em sua vida, nenhum drama, nenhuma interação complexa de circunstâncias especiais. "Fiquei ouvindo-o falar", disse Laing; "fiz-lhe algumas perguntas; no final o homem caiu em prantos e me disse: 'Pela primeira vez me sinto como um ser humano'. Despedimo-nos com um aperto de mão, e foi o fim da história."

Esse caso me pareceu muito misterioso. Não entendi realmente o que Laing quisera dizer com ele, e foram precisos vários anos até que chegasse a compreender. Enquanto eu pensava sobre o significado dessa história, ele notou que esvaziáramos nossa garrafa e perguntou se eu gostaria de beber mais vinho. Disse-me que na verdade o restaurante tinha um vinho ainda melhor, que ele enfaticamente recomendava. Eu tomara um café muito simples de manhã e bebera metade de nossa primeira garrafa com o estômago quase vazio, mas não fiz nenhuma objeção a sua proposta de encomendar outra. Estava disposto a ficar embriagado para não correr o risco de interromper o fluxo de nossa conversa.

Quando chegou a segunda garrafa, Laing provou-a ritualisticamente e, após um rápido brinde — o vinho era de fato excelente —, mergulhou numa série de histórias sobre encontros terapêuticos e jornadas de curas de psicóticos.

As histórias foram se tornando cada vez mais sinuosas e bizarras, e culminaram no caso de uma mulher que fora curada transformando-se espontaneamente em fera, e de novo em mulher, num episódio dramático que durou três dias, de uma Sexta-Feira Santa até a segunda-feira — da morte à ressurreição —, quando estava sozinha numa enorme e remota casa de campo.[1]

Desde o início, tive certa dificuldade para compreender Laing, devido ao fato de não estar acostumado com seu sotaque escocês. Agora que eu estava ficando sob a influência do vinho, sua pronúncia parecia tornar-se mais exótica, sua fala, mais cativante, e tudo — a realidade do restaurante num jardim e a realidade de suas histórias incomuns — foi-se tornando enevoado. O resultado consistiu numa experiência bastante estranha em que me senti um pouco como Alice no País das Maravilhas, viajando por um mundo estranho e fantástico, e tendo R. D. Laing como guia.

O que de fato aconteceu foi que ele, nesse primeiro encontro, levou-me a um estado alterado de consciência a fim de discorrer sobre estados alterados de consciência, misturando habilmente nossas discussões sobre essas experiências com a sua própria. Com isso, ajudou-me a compreender que minha pergunta "Qual é a essência da psicoterapia?" não tinha a resposta clara que eu esperava. Por meio de suas histórias fantásticas, transmitiu-me uma mensagem que ele condensara numa única sentença em *The politics of experience*: "Os momentos realmente decisivos em psicoterapia, como qualquer paciente ou terapeuta que já os vivenciou sabe, são imprevisíveis, únicos, singulares, nunca repetitíveis, inolvidáveis e com freqüência indescritíveis".

A mudança de paradigma em psicologia

Meus primeiros encontros com Stan Grof e R. D. Laing proporcionaramme o esboço de uma estrutura básica para estudar a mudança de paradigma na psicologia. Meu ponto de partida havia sido a idéia de que a psicologia "clássica", assim como a física clássica, fora talhada pelo modelo newtoniano de realidade. Eu mesmo pude ver isso claramente no caso do behaviorismo, e tanto Grof quanto Laing confirmaram minha tese com relação à psicanálise.[2]

Ao mesmo tempo, a abordagem psicológica *bootstrap* de Grof mostroume como diferentes escolas da psicologia podem ser integradas num sistema coerente se compreendermos que estão lidando com níveis e dimensões diferentes da consciência. De acordo com sua cartografia do inconsciente, a psicanálise é o modelo apropriado para o domínio psicodinâmico; as teorias dos discípulos "renegados" de Freud — Adler, Reich e Rank — podem ser associadas aos diferentes aspectos das matrizes perinatais de Grof; diversas escolas de psicologia humanista e existencial podem ser relacionadas à crise existen-

---

[1] *Vários anos depois, Laing publicou essa história extraordinária em seu livro* The voice of experience.

[2] *Mais tarde, fiquei sabendo que o estruturalismo, a terceira grande corrente do pensamento psicanalítico "clássico", também incorporara conceitos newtonianos em seu arcabouço teórico.*

cial e à abertura espiritual do nível perinatal; e por fim a psicologia analítica de Jung está claramente associada ao nível transpessoal. Esse nível também constitui um importante elo com a espiritualidade e as concepções orientais de espiritualidade. Além disso, minhas conversas com Grof haviam revelado uma ligação essencial entre espiritualidade e ecologia.

Durante minha visita a Big Sur, Grof mostrou-me também um artigo de Ken Wilber, psicólogo transpessoal que elaborara uma "psicologia espectral" muito abrangente, unificando diversas abordagens, ocidentais e orientais, num espectro de teorias e modelos psicológicos que refletem toda a gama da consciência humana. O sistema de Wilber é inteiramente consistente com o de Grof e abrange diversos grandes domínios da consciência em essência, os três níveis de Grof, que Wilber denominou nível do ego, nível existencial e nível transpessoal, mais um quarto, o "biossocial", que reflete aspectos do ambiente social do indivíduo. Fiquei muito impressionado pela clareza e alcance do sistema de Wilber quando li seu artigo, "Psychologia perennis: the spectrum of consciousness" (que ele mais tarde ampliou e transformou num livro, *The spectrum of consciousness*), e compreendi de imediato que o trabalho de Laing era uma importante abordagem do domínio biossocial.

Em nossa primeira conversa, Laing não só esclarecera diversas questões ligadas à psicologia, como também apontara uma maneira de abordar a psicoterapia e a terapia em geral, que ia além da concepção mecanicista de saúde. A noção de que o terapeuta é um servidor ou assistente parece implicar o reconhecimento de algum tipo de potencial natural para a autocura inerente no organismo humano, e senti que essa era uma idéia importante, em que eu deveria me aprofundar mais. Parecia também estar ligada a outra idéia que Laing e eu discutimos, a de uma certa "ressonância" entre o terapeuta e o paciente, que seria um fator decisivo na psicoterapia. Na verdade, quando voltei para a Califórnia depois de minha viagem a Londres, planejei visitar Grof especificamente para discutir a natureza da psicoterapia.

Conversas em Esalen

Durante o verão e o outono de 1977, encontrei-me freqüentemente com Stan Grof. Apresentamos diversos seminários conjuntos, passamos muito tempo um na companhia do outro, em sua casa em Big Sur, e acabamos nos conhecendo muito bem. Nesse tempo, também aprendi a apreciar a graça e a cordialidade de sua mulher, Christina, que o ajuda em seus *workshops* e cujo vivaz senso de humor costumava alegrar nossas conversas. Em julho, Stan e eu participamos da conferência anual da Associação de Psicologia Transpessoal em Asilomar, perto de Monterey, e concebemos nesse encontro um seminário conjunto denominado "Viagens para além do espaço e do tempo". Nesse seminário, queríamos falar de uma viagem exterior aos domínios da matéria subatômica e de uma viagem interior aos domínios do inconsciente, comparando em seguida as visões de mundo que surgem dessas duas aventuras. Stan disse-me ainda que tentaria transmitir empiricamente os resultados de suas pesquisas com o LSD por meio de um audiovisual, mostrando uma profusão de imagens das artes visuais realçadas por uma música vigorosa e evocativa, que levaria o público a uma experiência simulada do processo de morte e renascimento e à abertura espiritual subseqüente. Estávamos ambos muito excitados com esse projeto conjunto e pretendíamos apresentar o seminário a princípio em Esalen e depois, se desse certo, nas universidades.

O seminário em Esalen foi um sucesso. Exploramos os paralelos entre a física moderna e as pesquisas sobre a consciência com um grupo de cerca de trinta participantes, no decorrer de um longo dia de apresentações e discussões intensas. O audiovisual de Grof era impressionante — um vigoroso contraponto emocional à nossa exploração intelectual. Vários meses depois repetimos duas vezes nosso seminário, uma em Santa Cruz e outra em Santa Barbara. Os dois eventos foram patrocinados por "extensões universitárias", isto é, institutos para educação de adultos ligados às universidades. Ao contrário das próprias universidades, essas "extensões" sempre mostraram grande interesse por novas idéias e têm patrocinado muitos cursos e seminários interdisciplinares.

A história de minha amizade com Stan Grof é também a história de minha associação com o Instituto Esalen, que me tem sido um lugar de apoio e inspiração há uma década. Esalen foi fundado por Michael Murphy e Richard Price numa magnífica propriedade pertencente à família Murphy. Uma enorme mesa ao longo da costa, limitada de todos os lados por escarpas abruptas, forma várias plataformas arborizadas, separadas por um córrego onde os índios *esalens* enterravam seus mortos e efetuavam seus ritos sagrados. Há ainda fontes de águas quentes brotando das rochas de um penhasco à beira do oceano. O avô de Murphy comprou esse encantador pedaço de terra em 1910 e nele construiu uma grande casa, hoje afetuosamente conhecida como "Big House", na comunidade Esalen. No início dos anos 60, Murphy assumiu a propriedade da família e, junto com Price, fundou um centro onde pessoas de diversas disciplinas pudessem se encontrar e trocar idéias. Com Abraham Maslow, Rollo May, Fritz Perls, Carl Rogers e muitos outros pioneiros da psicologia humanista organizando *workshops,* Esalen logo se tornou um centro influente no Movimento do Potencial Humano, e continua sendo um foro onde pessoas de mente aberta podem trocar idéias num ambiente informal e extremamente belo.

Lembro-me muito bem de minha primeira visita mais demorada a Esalen, em agosto de 1976. Eu estava voltando para Berkeley, vindo do Instituto Naropa em Boulder, em meu velho Volvo. Passara pelos escaldantes e empoeirados desertos do Arizona e do sul da Califórnia, e vinha subindo a costa, apreciando a primeira brisa fresca em vários dias e as belas paisagens cobertas de verde, quando de súbito lembrei que o Instituto Esalen ficava perto dali. Na época, não conhecia ninguém do local, e só estivera uma vez no instituto, nos anos 60, junto com mais outras mil pessoas num concerto de *rock.* Entretanto, a idéia de caminhar descalço pelos exuberantes gramados, respirar o re-

97

vigorante ar marítimo e banhar-me nas águas minerais foi tão tentadora após a longa e quente viagem que não pude resistir, e fui com o carro até o portão de entrada.

Dei meu nome ao guarda e disse-lhe que estava voltando do Colorado, onde dera um curso sobre *O tao da física*. Eles me deixariam passar algumas horas descansando e aproveitando o balneário? O guarda encaminhou meu pedido a Dick Price, que logo mandou dizer que eu era bem-vindo e poderia permanecer quanto tempo quisesse, e que também estava ansioso para me conhecer.

Desde esse dia até sua morte, em 1985, num trágico acidente nas montanhas de Big Sur, Dick sempre foi bondoso e generoso ao extremo comigo, oferecendo-me de coração sua hospitalidade diversas vezes. Igualmente generosa tem sido toda a comunidade de Esalen, uma tribo flutuante de algumas dúzias de pessoas de todas as idades, que sempre me receberam com genuína amizade e afeição.

Nos últimos dez anos, Esalen foi sempre um lugar ideal para eu relaxar e recuperar as energias após longas viagens e trabalhos exaustivos. Entretanto, tem sido muito mais que isso para mim — um lugar onde conheci um grande número de homens e mulheres incomuns e fascinantes e tive a oportunidade única de testar novas idéias em círculos pequenos e informais de pessoas altamente instruídas e experientes. A maioria dessas oportunidades foram-me proporcionadas por Stan e Christina Grof, que com regularidade oferecem um tipo singular de seminário de quatro semanas, bastante conhecido simplesmente como "o mês de Grof".

Durante essas quatro semanas, um grupo de duas dúzias de participantes ficam morando juntos na Big House — e interagem com uma série de conferencistas excepcionais, cada um deles convidado para se apresentar por dois ou três dias, sendo que a estada de um freqüentemente coincide com a de outros, e há interação entre eles. O seminário é organizado em torno de um tema centralizador: o surgimento de uma nova visão da realidade e a correspondente expansão da consciência. Uma característica singular dos "meses de Grof" é que Stan e Christina proporcionam aos participantes não só um enriquecimento intelectual graças a discussões vivas e provocantes, como também, ao mesmo tempo, um contato vivencial com as idéias discutidas por meio de obras de arte, práticas de meditação, rituais e outros modos não-racionais de cognição. Desde que conheci os Grof, participei de seus seminários sempre que pude, o que me foi de grande auxílio para formular e testar minhas idéias.

Depois de apresentarmos nosso seminário sobre "Viagens para além do espaço e do tempo", no outono de 1977, permaneci em Esalen por mais alguns dias, sobretudo para conversar mais demoradamente com Stan sobre a natureza da doença mental e da psicoterapia.

Quando perguntei a Grof o que suas pesquisas sobre o LSD lhe haviam ensinado sobre a natureza da doença mental, ele me contou o caso de uma palestra que dera em Harvard, no final dos anos 60, pouco depois de desembarcar nos Estados Unidos. No decorrer dessa palestra, ele descreveu como os pacientes de um hospital psiquiátrico de Praga haviam melhorado depois de se submeterem a uma terapia com LSD, e como alguns deles modificaram radicalmente a própria visão de mundo em decorrência da terapia, passando a se interessar bastante pela ioga, pela meditação e pelo domínio dos mitos e das imagens arquetípicas. No meio da discussão, um psiquiatra de Harvard comentou: "Parece-me que você ajudou os pacientes com seus problemas neuróticos, mas você os transformou em psicóticos".

"Esse comentário", explicou Grof, "é típico de um engano muito difundido e problemático que impera na psiquiatria. Os critérios usados para definir saúde mental — senso de identidade, reconhecimento do tempo e do espaço, capacidade de perceber o meio ambiente, e outros — exigem que as percepções e concepções do indivíduo estejam de acordo com o arcabouço cartesiano-newtoniano. A visão de mundo cartesiana não é apenas o mais importante referencial; ela é considerada a única descrição válida da realidade. Todo o resto é considerado psicótico pelos psiquiatras convencionais."

Entretanto, o que suas observações das experiências transpessoais lhe haviam mostrado, prossegue Grof, é que a consciência humana parece ser capaz de dois modos complementares de percepção e cognição. No modo cartesiano-newtoniano, percebemos a realidade cotidiana em termos de objetos separados, espaço tridimensional e tempo linear. No modo transpessoal, as limitações naturais da percepção sensorial e do raciocínio lógico são transcendidas, e passamos a perceber não mais objetos sólidos, mas padrões energéticos fluidos. Grof ressaltou que, ao descrever os dois modos de consciência, ele usara o termo "complementaridade" deliberadamente — pois, numa analogia com a física quântica, um dos modos de percepção pode ser concebido em termos de *partículas,* e o outro, de *ondas.*

Esse comentário me fascinou, pois de repente vi na história das ciências um circuito fechado de influências. Mencionei a Grof que Niels Bohr inspirara-se na psicologia quando escolheu o termo "complementaridade" para descrever a relação entre os dois aspectos da matéria subatômica, o de partícula e o de onda. Ele ficara particularmente impressionado pela descrição que William James havia feito dos modos complementares de consciência em indivíduos esquizofrênicos. E eis que agora Grof estava trazendo o conceito de volta para a psicologia, enriquecendo ainda mais a analogia desta com a física quântica.

Como James se referira aos esquizofrênicos quando usou o termo "complementaridade", naturalmente fiquei curioso para ouvir o que Grof tinha a dizer sobre a natureza da esquizofrenia e das doenças mentais em geral.

"Parece haver uma tensão dinâmica fundamental entre os dois modos de consciência", explicou ele. "Perceber a realidade apenas do modo transpessoal é algo incompatível com nosso funcionamento normal no mundo cotidiano, e vivenciar o choque e o conflito dos dois modos sem conseguir integrá-los é psicótico. Veja então que os sintomas da doença mental podem ser encarados como manifestações de um ruído na interface entre os dois modos de consciência, como interferências na fronteira comum entre esses dois modos."

Refletindo sobre as observações de Grof, perguntei a mim mesmo como caracterizaríamos uma pessoa que funcionasse exclusivamente no modo cartesiano, e dei-me conta de que isso também seria loucura. Como diria Laing, seria a loucura de nossa cultura dominante.

Grof concordou: "Uma pessoa que funcionasse apenas no modo cartesiano poderia não apresentar sintomas manifestos, mas também não poderia ser considerada mentalmente sadia. Tais indivíduos costumam levar uma vida competitiva, centrada no ego e orientada por metas e objetivos. Tendem a ser incapazes de obter satisfação com as atividades comuns do dia-a-dia e tornam-se alienados de seu mundo interior. Para aqueles cuja vida é dominada por esse modo de experiência, não há riqueza, nem poder, nem fama que possa darlhes uma satisfação genuína. Infunde-se neles uma falta de sentido, um senso de futilidade, de inutilidade, ou mesmo de absurdo, que nenhuma medida de sucesso externo pode dissipar.

"Um erro freqüente na prática psiquiátrica contemporânea", concluiu Grof, "é o de diagnosticar alguém como psicótico com base no conteúdo de suas experiências. Minhas observações convenceram-me de que a idéia do que é normal e do que é patológico não deve se basear no conteúdo ou na natureza das experiências pessoais incomuns, mas sim na maneira como o indivíduo consegue lidar com elas e no grau em que é capaz de integrar tais experiências em sua vida. A integração harmoniosa das experiências transpessoais é decisiva para a saúde mental; nesse processo, a assistência e o apoio solidários são de importância crítica para uma terapia bem-sucedida."

Com essa observação, ele chegou à psicoterapia, e eu lhe falei da idéia de uma ressonância entre terapeuta e paciente, que surgira nas minhas conversas com Laing e outros psicoterapeutas. Grof concordou que tal fenômeno de "ressonância" é muitas vezes um elemento crucial, mas acrescentou que há também outros "catalisadores" do processo de cura. "Eu próprio acredito que o LSD é o mais poderoso catalisador desse tipo", disse ele; "porém, outras técnicas foram desenvolvidas para estimular o organismo, ou para energizá-lo de alguma maneira especial, a fim de que o seu potencial para a cura se ative.

"Uma vez iniciado o processo terapêutico", prosseguiu, "o papel do terapeuta é o de facilitar as experiências que forem surgindo e ajudar o paciente a superar as resistências. Repare que a idéia aqui é a de que os sintomas da doença mental representam elementos 'congelados' de um padrão de vivências que precisa ser completado e integrado plenamente para que esses sintomas desapareçam. Em vez de suprimir os sintomas com drogas psicoativas, esse tipo de terapia irá ativá-los e intensificá-los para que possam ser vivenciados, integrados e resolvidos por completo."

"E essa integração pode incluir as experiências transpessoais que você mencionou há pouco?"

"Certamente, é o que em geral acontece. Na realidade, o pleno desabrochar do padrão de vivências pode ser demasiado dramático e conturbado para paciente e terapeuta, mas creio que devemos incentivar e apoiar o processo terapêutico independentemente da forma e da intensidade que possa assumir.

Para tanto, terapeuta e paciente devem suspender ao máximo seus arcabouços conceituais e suas expectativas enquanto essas experiências são vivenciadas — sendo que muitas vezes esse processo assume a forma de algum tipo de 'viagem de cura'. Minha experiência mostrou-me que se o terapeuta estiver disposto a incentivar e a apoiar essa viagem em territórios desconhecidos, e se o paciente estiver aberto a tal aventura, decerto ambos serão recompensados com extraordinários resultados terapêuticos."

Grof contou-me então que muitas novas técnicas terapêuticas haviam sido desenvolvidas nos anos 60 e 70 para mobilizar a energia bloqueada e transformar os sintomas em experiências. Ao contrário das abordagens tradicionais, cuja maioria se restringe a um intercâmbio verbal, as novas terapias vivenciais, como são chamadas, incentivam a expressão não-verbal e destacam as experiências diretas que envolvem o organismo como um todo. Esalen foi um dos principais centros de experimentação dessas novas terapias vivenciais, e nos anos seguintes eu mesmo viria a experimentar várias delas em minha busca de uma abordagem holística da saúde e do processo de cura.

Na verdade, nos anos que se seguiram a nossa conversa, o próprio Stan, junto com Christina Grof, integraram a hiperoxigenação, a música evocativa e o trabalho corporal num método terapêutico capaz de induzir experiências de uma intensidade surpreendente após um período relativamente curto de respiração rápida e profunda. Depois de experimentarem durante vários anos esse método — que passou a ser conhecido como "Respiração Grof" — Stan e Christina convenceram-se de que ele representa uma das maneiras mais promissoras de abordar a psicoterapia e a auto-exploração.

Discussões com June Singer

Minhas explorações sobre a mudança de paradigma na psicologia foram dominadas e decisivamente moldadas pelas constantes conversas que tive com Stan Grof e R. D. Laing. Entre essas conversas, porém, discuti com vários outros psiquiatras, psicólogos e psicoterapeutas. Um dos intercâmbios mais estimulantes foi uma série de discussões com June Singer, analista junguiana que conheci em Chicago, em abril de 1977. Singer acabara de publicar um livro, *Androgyny,* sobre manifestações psicossexuais da interação masculino/feminino e suas numerosas representações mitológicas. Como eu vinha me interessando há tempos pelos conceitos chineses de *yin* e *yang,* os dois pólos arquetípicos complementares, que Singer usara extensamente em seu livro, tínhamos muito terreno em comum e muitas idéias para discutir. Contudo, nossas conversas logo se desviaram para a psicologia junguiana e para os paralelos desta com a física moderna.

Naquela época, eu já travara conhecimento com o arcabouço cartesiano-newtoniano da psicanálise graças à minha primeira conversa com Stan Grof, mas sabia muito pouco sobre a psicologia junguiana. O que surgiu de minhas conversas com June Singer foi uma notável constatação: a de que muitas das diferenças entre Freud e Jung têm equivalência nas diferenças entre a física clássica e a moderna. Singer contou-me que o próprio Jung, que mantivera contato próximo com os principais físicos de seu tempo, estava bastante ciente desses paralelos.

Se Freud nunca abandonou a orientação basicamente cartesiana de sua teoria e tentou descrever a dinâmica dos processos psicológicos em termos de mecanismos específicos, Jung procurou entender a psique humana em sua totalidade, estando interessado sobretudo nas relações dessa psique com o ambiente mais amplo do indivíduo. Seu conceito de inconsciente coletivo, em especial, implica um elo entre o indivíduo e a humanidade como um todo que não pode ser compreendido no contexto de um âmbito mecanicista. Jung também empregou conceitos de surpreendente similaridade com os usados na física quântica. Ele concebeu o inconsciente como um processo que envolve "padrões dinâmicos coletivamente presentes", a que chamou "arquétipos". Esses arquétipos, de acordo com ele, estão imersos numa rede ou teia de relações, em que cada um, em última instância, envolve todos os outros.

É claro que fiquei fascinado por essas similaridades, e Singer e eu decidimos explorá-las mais a fundo num seminário conjunto que ela organizou na Universidade Noroeste, no final do outono. Verifiquei que a maneira de conhecer as idéias alheias por meio de seminários conjuntos é extremamente estimulante, e tive a felicidade de poder participar muitas vezes desses colóquios, no decorrer de minha jornada intelectual.

O seminário com June Singer foi em novembro, ou seja, depois de minhas longas conversas e das palestras conjuntas com Stan Grof. Tinha já adquirido, portanto, uma compreensão muito melhor das idéias inovadoras na psicologia e na psicoterapia contemporâneas, e nossas discussões sobre os paralelos entre a física e a psicologia junguiana foram bastante animadas e produtivas. O seminário prosseguiu noite adentro, com um grupo de analistas junguianos que tinham sessões regulares de treinamento com Singer. Nossas conversas logo passaram a focalizar a noção junguiana de energia psíquica. Eu estava muito curioso para saber se Jung tinha em mente o mesmo conceito de energia que o utilizado nas ciências naturais (isto é, energia como medida quantitativa de atividade) quando empregou o termo. No entanto, não consegui obter uma resposta clara desse grupo de junguianos, mesmo após prolongadas discussões. Porém, só fui reconhecer qual fora o problema alguns anos depois, quando li um ensaio de Jung intitulado "Sobre a energia psíquica". Em retrospecto, vejo que esse reconhecimento representou um passo importante na elaboração de minhas próprias idéias.

Jung empregou o termo "energia psíquica" no seu sentido científico quantitativo. No intuito de estabelecer um elo com as ciências naturais, porém, ele propôs em seu artigo diversas analogias com a física, as quais, em seu todo, são inadequadas à descrição de organismos vivos — o que torna sua teoria da energia psíquica um tanto confusa. Na época de minhas discussões com Singer, em Chicago, eu ainda via a nova física como um modelo ideal para novos conceitos em outras disciplinas e, portanto, não fui capaz de precisar qual era exatamente o problema na teoria de Jung e em nossas discussões. Apenas vários anos depois, graças à influência de Gregory Bateson e outros teóricos da concepção sistêmica, é que meu pensamento se modificou de maneira significativa. Quando coloquei a concepção sistêmica da vida como o cerne de minha síntese do novo paradigma, tornou-se relativamente fácil reconhecer que a teoria junguiana da energia psíquica poderia ser reformulada numa linguagem sistêmica moderna e, desse modo, tornar-se coerente com os avanços mais importantes das ciências da vida.

As raízes da esquizofrenia

Em abril de 1978, viajei novamente para a Inglaterra, onde daria diversas palestras, e mais uma vez me encontrei com R. D. Laing. Passara-se cerca de um ano desde nosso primeiro encontro, e eu não só tivera muitas discussões com Stan Grof e outros psicólogos e psicoterapeutas, como também ficara muito interessado em estudar a estrutura conceitual da medicina. (Eu proferira até mesmo algumas conferências comparando as mudanças de paradigma na física e na medicina.) Enviei a Laing diversos artigos que escrevera sobre esses assuntos, e perguntei-lhe se poderíamos ter outra conversa durante minha visita a Londres. Eu queria especificamente discutir com ele a natureza da doença mental, sobretudo da esquizofrenia, e organizara uma agenda bastante precisa para a nossa discussão.

Dessa vez, vi Laing primeiro numa festa dada por minha amiga Jill Purce. Ele permaneceu a maior parte da noite sentado no chão, sendo o centro das atenções, com cerca de uma dúzia de pessoas ao seu redor. Nos anos subseqüentes, eu veria Laing muitas vezes nessa postura. Ele adora ter uma platéia, e nessas situações de corte ele, com freqüência, revela seu brilho, humor, sagacidade e expressividade teatral. Na festa de Jill, meus encontros com ele foram breves e um tanto desagradáveis para mim. Eu estava ansioso para saber o que achara do material que lhe enviara; porém Laing recusou-se a entrar em qualquer discussão séria comigo. Pelo contrário, ficou me provocando, caçoando de mim e fazendo todos os tipos de brincadeiras. "Bem, bem, dr. Capra", diria ele, sarcástico, "temos aqui um enigma para você. Como explicaria isso?" Senti-me extremamente pouco à vontade durante a festa inteira, que só terminou a altas horas. Laing foi um dos últimos a partir, e ao sair olhou-me com um sorriso maroto e disse: "OK, quinta-feira, uma da tarde" — o encontro que havíamos marcado. Pensei: "Meu Deus, como vai ser desagradável! O que posso fazer?"

Dois dias depois, encontrei-me com Laing à uma hora em sua casa e, para minha grande surpresa, vi que assumira um comportamento totalmente diverso do que tivera na festa. Como acontecera em nosso primeiro encontro, foi muito amável e gentil. E mostrou-se muito mais aberto que da outra vez.

Fomos a um restaurante grego das redondezas para almoçar, e no caminho ele contou-me: "Li o material que você me enviou, e concordo com tudo o que diz. Assim, podemos partir daí". Fiquei muito satisfeito. Laing, uma grande autoridade no campo médico e, em particular, no campo das doenças mentais, mais uma vez confirmava meus primeiros passos incertos, encorajando-me imensamente.

Durante toda a refeição, Laing mostrou-se muito prestativo e cooperador. Nossa conversa, ao contrário da anterior, foi bastante concentrada e sistemática. Minha meta era a de continuar explorando a natureza da doença mental. Eu aprendera com Stan Grof que os sintomas dela podem ser vistos como elementos "congelados" de um padrão de vivência, e que esse padrão precisa ser completado para haver cura. Laing concordou integralmente com essa visão. Disse-me que hoje a maioria dos psiquiatras nunca vê a história natural de seus pacientes por ela estar congelada com tranqüilizantes. Nesse estado, a personalidade do paciente está fadada a parecer quebrada, e o seu comportamento, ininteligível.

"A loucura não precisa ser apenas um colapso", disse Laing; "ela também pode ser uma ruptura."[1] Ele ressaltou que uma perspectiva sistêmica e vivencial é necessária para reconhecermos que o comportamento de um paciente psicótico não é, de modo algum, irracional; que, pelo contrário, é bastante sensato quando visto da perspectiva existencial do paciente. De tal perspectiva, explicou Laing, mesmo o comportamento psicótico mais complexo pode ser visto como uma estratégia perfeitamente sensata de sobrevivência.

Quando pedi a Laing que me desse um exemplo dessas estratégias psicóticas, ele me apresentou a teoria do "vínculo duplo" *(double bind)* da esquizofrenia, formulada por Gregory Bateson — que muito influenciara seu próprio pensamento, segundo me revelou. De acordo com Bateson, a situação de "vínculo duplo" é a característica central do modo como as famílias de esquizofrênicos diagnosticados se comunicam. O comportamento rotulado como esquizofrênico, explicou Laing, é a estratégia do indivíduo para viver naquilo que experimentou como uma situação insuportável, "uma situação em que nada há que ele possa fazer, ou não fazer, sem que se sinta puxado e empurrado, seja por si mesmo ou pelas pessoas ao seu redor; é uma situação em que ele não pode vencer, não importa o que faça". Por exemplo, mensagens verbais e não-verbais contraditórias, de um ou de ambos os pais, podem provocar na criança uma situação de vínculo duplo, pois os dois tipos de mensagem implicam punição ou ameaça à sua segurança emocional. Quando situações como essa ocorrem freqüentemente, explicou Laing, a estrutura de vínculo duplo pode tornar-se uma expectativa comum na vida mental da criança, gerando experiências e comportamentos esquizofrênicos.

O modo como Laing descreve as raízes da esquizofrenia deixou-me bem claro por que ele acredita que a doença mental só poderá ser compreendida

---

[1] No original há um jogo de palavras: "breakdown" ("colapso"), significa literalmente "quebrar para baixo", e "breakthrough" ("ruptura"), "romper através de". (N. do T.)

estudando-se o sistema social em que o paciente está imerso. "O comportamento do paciente diagnosticado", insistiu ele, "é parte de uma rede muito mais ampla de comportamentos perturbados, de padrões perturbados e perturbadores da comunicação. Não existe uma pessoa esquizofrênica; existe apenas um sistema esquizofrênico."

Embora nossa conversa acabasse entrando muitas vezes em detalhes técnicos, ela foi muito além de uma mera discussão erudita. Laing sabe criar situações dramáticas e experiências incomuns; e, como ocorrera em nosso primeiro encontro, fez o mesmo comigo também dessa vez. Quando me explicava algo, procurava, além de transmitir a informação, criar ao mesmo tempo a experiência do que dizia. A experiência, eu viria a saber mais tarde, é um tema que tem exercido enorme fascínio sobre Laing, e ele sustenta que é algo que não se pode descrever. Portanto, tenta *gerar* experiências, e para isso ilustra suas palavras com paixão, vigor e apurado instinto teatral.

Por exemplo, quando me descreveu o vínculo duplo, ele ilustrou-o com o exemplo de uma criança que recebe mensagens conflitantes do pai ou da mãe: "Imagine uma criança num estado mental em que ela nunca sabe, ao ver a mãe aproximar-se com os braços estendidos, se ela irá acariciá-la ou esbofeteá-la". Enquanto falava, Laing ficou olhando fixo para mim e, lentamente, foi erguendo a mão, até que ela ficou bem na frente do meu rosto. Por alguns segundos, como de fato eu não sabia o que iria acontecer em seguida, senti-me inundado de angústia, e, com ela, de uma sensação de extrema incerteza e confusão. Esse era o efeito que Laing queria produzir e, é claro, não chegou a me acariciar ou esbofetear, relaxando após alguns segundos e tomando um gole de seu vinho. Porém, ilustrara a questão com perfeita intensidade e noção de tempo.

Pouco depois, Laing mostrou-me como padrões psicológicos podem se manifestar sob a forma de sintomas físicos. Explicou-me como alguém que vive contendo suas emoções também tende a reter a respiração, e acaba desenvolvendo uma condição asmática. Demonstrou com gestos muito expressivos como isso poderia acontecer, e finalizou imitando um ataque de asma com tanto realismo e impetuosidade, que as pessoas no restaurante começaram a se virar para vê-lo, achando que de fato havia algo de errado. Tudo isso me fez sentir pouquíssimo à vontade, mas o fato é que novamente ele criara uma vigorosa experiência para ilustrar sua tese.

Da natureza da doença mental a nossa conversa passou para o processo terapêutico. Laing fez questão absoluta de frisar que a melhor atitude terapêutica em geral consistia em propiciar um ambiente favorável onde as experiências do paciente pudessem se desenrolar. Para tanto, disse ele, faz-se necessária a ajuda de pessoas amigas que tenham experiência nessas jornadas assustadoras pela psique. "Em vez de hospitais psiquiátricos", insistiu, "precisamos é de cerimônias de iniciação onde as pessoas sejam guiadas em seu espaço interior por outras que já tenham estado lá e voltado."

A observação de Laing sobre uma jornada de cura pelo espaço interior lembrou-me da conversa bastante parecida que eu tivera com Stan Grof; fiquei vivamente interessado em ouvir sua opinião sobre as similaridades entre as viagens dos esquizofrênicos e as dos místicos. Disse-lhe que Grof mostrara que as pessoas psicóticas costumam vivenciar a realidade em estados transpessoais de consciência notavelmente semelhantes aos dos místicos. Entretanto, é evidente que os místicos não são insanos. De acordo com Grof, nossas noções de normal e patológico não devem se basear no conteúdo e na natureza da nossa experiência, e sim no grau em que somos capazes de integrar essas experiências incomuns em nossa vida. Laing concordou plenamente com essa concepção e confirmou que as experiências dos esquizofrênicos, em particular, são muitas vezes indistingüíveis das dos místicos. "Os místicos e os esquizofrênicos estão no mesmo oceano", disse solenemente, "mas os místicos nadam, ao passo que os esquizofrênicos se afogam."

Trabalho e meditação em Big Sur

Meu segundo encontro com Laing em Londres marcou o término de meus estudos sobre a mudança de paradigma na psicologia. Durante o restante de 1978 me voltei para outros campos — medicina e saúde de um lado, economia e ecologia de outro. Minha amizade com Stan Grof, contudo, continuou desempenhando um papel importante nessas novas atividades. No verão de 1978, passei várias semanas sozinho em sua casa, trabalhando em meu manuscrito, enquanto ele e Christina viajavam dando palestras e conferências.

Essas semanas foram a mais perfeita união de trabalho e meditação que jamais vivenciei. Eu dormia no sofá da sala de estar dos Grof, embalado pelo ritmo lento e reconfortante do oceano. Levantava-me bem antes de o sol surgir por trás das montanhas, fazia meus exercícios de *tai chi* frente à imensidão cinzenta do Pacífico, tomava meu café da manhã ao ar livre no terraço, junto com os primeiros raios de sol que chegavam ali. Começava então a trabalhar num dos cantos da sala, agasalhado com roupas quentes e confortáveis enquanto uma fresca brisa matinal entrava pelas portas abertas da varanda. À medida que o sol ia subindo, deslocava minha mesinha pela sala, para que permanecesse à sombra, tirando minhas roupas uma a uma enquanto a casa ia se aquecendo, até terminar de *shorts* e camiseta, suando com o causticante sol da tarde. Continuava a trabalhar com grande concentração durante o entardecer, quando o ar começava a refrescar, refazendo meus movimentos pela sala e, pouco a pouco, pondo minhas roupas de volta até que, inteiramente vestido, terminava onde começara, apreciando as primeiras refrescantes brisas do anoitecer. Ao pôr-do-sol, fazia longas pausas contemplativas, e à noite acendia a lareira, indo deitar no sofá com alguns livros da grande biblioteca de Stan.

Trabalhei continuamente assim, às vezes jejuando por vários dias, às vezes interrompendo meu trabalho para ir conversar com Gregory Bateson em Esalen. Construí um relógio de sol para acompanhar o passar das horas, e mergulhei por completo nos ritmos cíclicos que moldavam minhas atividades — a recorrente sucessão de noites e dias, o fluxo e o refluxo das brisas marítimas e do escaldante sol de verão, tendo ao fundo o infindável bater das ondas contra as rochas, que me acordava de manhã e me punha para dormir à noite.

A conferência de Saragoça

Dois anos depois, em setembro de 1980, tive meu terceiro, mais demorado e mais intenso encontro com R. D. Laing, durante uma conferência na Espanha sobre "A Psicoterapia do Futuro", patrocinada pela Associação Européia de Psicologia Humanista. Eu já escrevera uma parcela considerável de *O ponto de mutação* e decidira delimitar rigorosamente meu material, não aceitando mais nenhuma informação nova para o manuscrito. Entretanto meu encontro com Laing foi tão perturbador e instigante que voltei atrás e decidi incorporar ao texto alguns aspectos essenciais de nossa conversa.

A conferência foi realizada perto de Saragoça, no Mosteiro de Piedra, um belíssimo mosteiro do século XII convertido em hotel. A lista de participantes impressionava. Além de Laing, estavam presentes Stan Grof, Jean Houston e Rollo May, e o grupo teria incluído Gregory Bateson se ele não houvesse falecido dois meses antes. A conferência toda durou três semanas, mas permaneci apenas uma, já que estava em meio à redação final de meu manuscrito e queria interromper o mínimo possível meu trabalho. Entretanto, durante essa semana, vivenciei uma deliciosa sensação de comunidade e aventura, graças ao extraordinário grupo de participantes e ao magnificente cenário da conferência. As palestras eram dadas no que fora o refeitório do mosteiro, muitas vezes à luz de velas. Alguns seminários eram dados no claustro e no jardim, e discussões informais se desenrolavam na grande sacada até altas horas da madrugada.

Laing foi o espírito que animou toda a conferência. A maioria das discussões e eventos giraram em torno de suas idéias e das muitas facetas de sua personalidade. Ele fora à conferência com uma grande comitiva de familiares, amigos, ex-pacientes e discípulos, incluindo uma pequena equipe de filmagem. Estava em atividade de dia e de noite, e nunca parecia se cansar, dando palestras e seminários e organizando diálogos filmados com outros participantes. Passou várias noites em intensas discussões com pequenos grupos de pessoas — discussões que geralmente terminavam em monólogos quando todos os outros já estavam cansados demais para continuar a conversa. E Laing costumava acabar no piano, bem depois da meia-noite, gratificando aqueles que houvessem permanecido acordados com interpretações magistrais de Cole Porter e Gershwin.

Durante essa semana fiquei conhecendo Laing de fato. Até então, nosso relacionamento fora cordial, e nossas discussões, muito inspiradoras; porém, na verdade, apenas na conferência de Saragoça me aproximei pessoalmente de Laing. Quando cheguei ao mosteiro, encontrei-o logo de início no claustro. Fazia dois anos que não o via, e ele me recebeu com um abraço caloroso e cheio de afeto. Surpreendi-me e me comovi com essa expressão espontânea de afeição. Naquela mesma noite, após o jantar, Laing convidou-me para um copo de conhaque e uma sessão de conversas e discussões com ele e um grupo de amigos. Sentamo-nos todos na sacada, embalados por brisas de fragrância suave numa belíssima noite mediterrânea de verão, Laing e eu lado a lado, recostados numa parede branca de estuque diante de um círculo bastante grande de pessoas.

Laing, que eu passara a chamar de Ronnie a exemplo de seus amigos, perguntou-me o que eu andara fazendo nos últimos dois anos, e eu lhe disse que estivera trabalhando em meu livro e que, nos últimos tempos, ficara muito interessado na natureza da mente e da consciência. Então, súbita e inesperadamente, Laing começou a me atacar com brutal violência. "Como você, um cientista, ousa se indagar acerca da natureza da consciência?", bradou ele indignado. "Você não tem o menor direito de fazer essa pergunta, nem sequer de usar palavras como 'consciência' ou 'experiência mística'. É um absurdo e uma cretinice a sua petulância de mencionar ciência e budismo no mesmo fôlego!" Esse não era um ataque de brincadeira como naquela festa em Londres; era o começo de uma investida séria, vigorosa e sem tréguas à minha posição de cientista, expressa num tom agressivo, furioso e acusador.

Fiquei em estado de choque. Eu não estava nem de longe preparado para tal explosão. Pensei que Laing estivesse do meu lado! E ele de fato estivera; fiquei estupefato particularmente por ele investir contra mim no mesmo dia em que eu chegara e apenas algumas horas após sua calorosa recepção. Ao mesmo tempo, respondi ao seu desafio intelectual, e meu choque e confusão logo cederam lugar a uma intensa atividade mental enquanto eu tentava entender a posição de Laing, comparando-a com a minha própria, para retrucar à altura. Ao ver Laing seguindo adiante com sua apaixonada diatribe contra a ciência, de que eu seria um representante, fui ficando cada vez mais excitado. Sempre gostei de desafios intelectuais, e esse era o desafio mais dramático que eu jamais enfrentara. Além disso, mais uma vez Laing ambientara nosso diálogo num cenário espetacular. Eu não só estava recostado contra a parede da sacada, diante de todo o bando de seus amigos e discípulos, como também me sentia metaforicamente forçado contra a parede por seu ataque implacável. Porém, não me incomodei. No meu estado de excitação, todos os vestígios de embaraço e desconforto haviam desaparecido.

O ponto principal do ataque de Laing era que a ciência, tal qual é praticada hoje, não tem como lidar com a consciência, nem com a experiência, nem com valores, ética e tudo o que se refira à qualidade. "Essa situação provém de algo que ocorreu na consciência européia na época de Galileu e Giordano Bruno", começou Laing a sua argumentação. "Esses dois homens são epítomes de dois paradigmas — Bruno, torturado e queimado na fogueira por afirmar que havia um número infinito de mundos; e Galileu, dizendo que o método científico consistia em estudar este mundo como se nele não houvesse consciência ou criaturas vivas. Galileu chegou a afirmar que somente os fenômenos quantificáveis eram admitidos no domínio da ciência. Ele disse: 'Aquilo que não pode ser medido e quantificado não é científico'; e na ciência pós-galilaica isso passou a significar: 'O que não pode ser quantificado não é real'. Esse foi o mais profundo corrompimento da concepção grega da natureza como *physis,* que é algo vivo, sempre em transformação e não divorciado de nós. O programa de Galileu nos oferece um mundo morto, desvinculado da visão, da audição, do paladar, do tato e do olfato — e junto com isso se relegou a sensibilidade ética e a estética, os valores, a qualidade, a alma, a consciência, o espírito. A experiência em si foi lançada para fora do âmbito do discurso científico. É certo que nada modificou tanto o nosso mundo nos últimos quatrocentos anos quanto o audacioso programa de Galileu. Tivemos de destruir o mundo em teoria antes que pudéssemos destruí-lo na prática."

A crítica de Laing foi arrasadora. No entanto, ao fazer uma pausa para tomar um gole de conhaque, e antes que eu pudesse fazer qualquer réplica, ele se inclinou em minha direção e sussurrou de modo que ninguém mais ouvisse: "Você não se importa de eu tê-lo colocado nessa situação, não é?" Com esse aparte ele criou no mesmo instante um clima conspiratório, transformando por completo o contexto de seu ataque. Só tive tempo de responder: "Nem um pouco!", antes de ser obrigado a me concentrar integralmente na minha refutação.

Defendi-me o melhor que pude, depois de haver sido colocado na berlinda sem tempo para reflexão. Disse que concordava com a análise que Laing fizera do papel de Galileu na história da ciência, ao mesmo tempo em que percebia que eu me concentrara muito mais em Descartes, não apreciando suficientemente a importância da ênfase dada por Galileu à quantificação. Também concordei com Laing que não havia espaço para a experiência, os valores e a ética na ciência contemporânea. Entretanto parti daí para dizer que meu próprio esforço consistia justamente em ajudar a mudar essa ciência de hoje, de tal modo que essas considerações pudessem ser incorporadas ao arcabouço científico do futuro. Para isso, ressaltei, o primeiro passo teria de ser o de passarmos da abordagem mecanicista e fragmentada da ciência clássica para um paradigma holístico, no qual as relações e não as entidades separadas é que seriam principalmente destacadas. Com isso seria possível introduzir na ciência contexto e significação. E concluí dizendo que apenas quando tivéssemos esse arcabouço holístico é que poderíamos dar outros passos em resposta às preocupações de Laing.

Ele não ficou logo satisfeito com minha resposta. Queria uma posição mais radical, uma abordagem que fosse totalmente além do intelecto: "O universo era ontem uma vasta máquina", disse com sarcasmo, "e hoje é um holograma. Quem sabe qual será a lengalenga intelectual que estaremos ouvindo amanhã?" Assim foram e voltaram os argumentos por um certo tempo, até que Laing se inclinou de novo em minha direção e disse brandamente, num tom confidencial: "Você percebe que as perguntas que estou lhe fazendo são todas as que faço a mim mesmo. Não estou apenas atacando-o, nem atacando outros cientistas. Também estou metido nisso até o pescoço. Não poderia estar tão interessado nessa questão se ela não fosse também um embate pessoal".

A discussão prosseguiu noite adentro. Quando finalmente fui me deitar, fiquei um bom tempo sem conseguir dormir. Laing me colocara ante um tremendo desafio. Eu dedicara os dois últimos anos a estudar e a integrar diversas tentativas de expandir o arcabouço da ciência — tentativas que incluíam as próprias abordagens de Laing, além das de Grof, Jung, Bateson, Prigogine, Chew e muitos outros. Após longos meses de meticulosa organização de uma infinidade de notas e apontamentos, eu conseguira esboçar o perfil de um arcabouço conceitual radicalmente novo, e começara de maneira incipiente a moldar todo esse trabalho no texto do livro. Nesse momento crítico, Laing me desafiava a expandir ainda mais meu arcabouço — mais do que eu jamais tentara —, a fim de incorporar qualidade, valores, experiência, consciência. Será que eu deveria aceitar o desafio? Seria eu capaz de enfrentá-lo? E, se não fosse, como lidar com a contestação de Laing? O impacto daquela primeira noite em Saragoça foi forte demais para que eu pudesse simplesmente ignorar a questão toda. De algum modo, eu *tinha* de levar em consideração seus argumentos, tanto em meu livro como em minha mente. Mas como?

Passei a maior parte do dia seguinte pensando sobre o problema. E, ao anoitecer, achei que estava pronto para ver Laing outra vez. "Pensei muito sobre o que você disse na noite passada, Ronnie", comentei com ele durante o jantar, "e gostaria de responder à sua crítica de um modo mais completo e sistemático hoje à noite, se estiver disposto a sentar-se comigo para outro copo de conhaque." Laing concordou, e nos acomodamos novamente na sacada após o jantar, no mesmo cenário da noite anterior.

"Gostaria", comecei, "de apresentar-lhe hoje à noite, da maneira mais completa e sistemática que puder, a concepção de mente e consciência que vejo começando a surgir do arcabouço conceitual que estou desenvolvendo e que irei apresentar em meu livro. Não é um arcabouço em que suas críticas possam ser inteiramente satisfeitas; acredito, porém, como disse ontem à noite, que é um primeiro passo necessário nesse sentido. Partindo de meu novo arcabouço, creio que com efeito seremos capazes de ver como a experiência, os valores e a consciência poderão vir a ser incorporados no futuro."

Laing apenas meneou a cabeça e prosseguiu ouvindo com atenção, intensamente concentrado. Fui então desfiando minhas idéias de maneira concisa mas abrangente. Comecei falando da concepção dos organismos vivos como sistemas auto-organizadores, expus a noção de estruturas dissipativas de Prigogine, dando destaque especial à idéia de que as formas biológicas são manifestações de processo a elas subjacentes. Introduzi em seguida o conceito de mente de Bateson como sendo a dinâmica da auto-organização e associei esse conceito à noção junguiana de inconsciente coletivo. Por fim, depois de haver preparado cuidadosamente o terreno, abordei a questão da consciência, especificando antes que o que eu queria dizer com "consciência" era a propriedade da mente caracterizada pela percepção e cognição de si própria. E argumentei: "A capacidade perceptiva e cognitiva em geral é uma propriedade da mente em todos os níveis de complexidade; já a percepção e cognição de si mesma, pelo que sabemos, só se manifesta nos animais superiores, e desabrocha plenamente apenas na mente humana; é a essa propriedade da mente que me refiro quando falo em consciência.

"Pois bem", prossegui, "se analisarmos as diversas teorias da consciência, veremos que, em sua maioria, elas são variações de duas concepções aparentemente contrárias. Uma delas chamarei de visão científica ocidental, para a qual a matéria é primordial, e a consciência, uma propriedade de padrões materiais complexos que surgem num determinado nível da evolução biológica. A maioria dos neurocientistas atuais concordaria com essa visão."

Fiz uma pausa. Contudo, vendo que Laing não pretendia fazer nenhum aparte, fui adiante: "A outra visão de consciência pode ser chamada de visão mística, pois geralmente surge nas tradições místicas. Ela considera a consciência como a realidade primordial, como a essência do universo, como o fundamento de todo ser; tudo mais — todas as formas de matéria e todos os seres vivos — são manifestações dessa consciência pura. A visão mística da consciência baseia-se numa apreensão da realidade por modos incomuns de percepção e cognição; diz-se que tal experiência mística é indescritível. Ela é..."

"Qualquer experiência!", gritou Laing, interrompendo-me à força. E quando viu minha perplexidade, repetiu: "Qualquer experiência da realidade é indescritível! Olhe ao seu redor por um instante e veja, ouça, cheire e sinta onde você está".

Fiz como ele pediu, tornando-me ciente da noite amena de verão; das paredes brancas da sacada realçadas pelo perfil das árvores no parque; do som dos grilos; da meia-lua pairando no céu; da longínqua melodia de um violão à distância; da proximidade e da atenção do grupo de pessoas ao nosso redor. Experimentei, em suma, toda uma sinfonia de nuances, sons, cheiros e sensações, enquanto Laing prosseguia: "Sua consciência pode partilhar de tudo isso num único instante, mas você jamais conseguirá descrever tal experiência. Não são apenas as experiências místicas; *qualquer* experiência é indescritível". Eu sabia que Laing estava certo, e compreendi que o ponto levantado por ele precisava ser muito mais pensado e discutido, embora não afetasse diretamente minha argumentação, que eu estava prestes a concluir.

"Está bem, Ronnie, *qualquer* uma", concordei. "Entretanto, como a visão mística da consciência baseia-se na experiência direta, não podemos esperar que a ciência, em seu estágio atual, possa confirmá-la ou negá-la. Não obstante, sinto que a concepção sistêmica de mente parece muito sólida com ambas as visões e, portanto, poderá constituir o arcabouço ideal para a unificação de ambas."

Fiz outra pausa rápida para organizar meus pensamentos. Como Laing permaneceu em silêncio, prossegui para concluir a argumentação: "A visão sistêmica está de acordo com a concepção científica convencional, que considera a consciência uma propriedade das estruturas materiais complexas. Para ser mais preciso, ela é uma propriedade dos sistemas vivos de uma determinada complexidade. Por outro lado, as estruturas biológicas desses sistemas são manifestações de processos subjacentes a elas. Quais? Bem, os processos de auto-organização, que identificamos como sendo processos mentais. Nesse sentido, as estruturas biológicas são manifestações da mente. Ora, se estendermos essa maneira de pensar para o universo como um todo, não seria muito exagerado supor que *todas* as suas estruturas — das partículas subatômicas às galáxias, das bactérias aos seres humanos — são manifestações da dinâmica universal de auto-organização, o que vale dizer, da mente cósmica. E essa é, mais ou menos, a visão mística. Estou ciente de que há várias lacunas nesse argumento; mesmo assim, sinto que a visão sistêmica da vida nos oferece um arcabouço útil e significativo para unificarmos as respostas tradicionais às perguntas perenes sobre a natureza da vida, da mente e da consciência".

Calei-me. Meu longo monólogo fora tremendamente desgastante. Pela primeira vez eu expusera, da maneira mais clara e concisa de que fora capaz, todo o arcabouço que havia concebido para me aprofundar nas questões da vida, da mente e da consciência. Eu o apresentara para o mais sagaz e impiedoso crítico que conhecia — e me sentira mais inspirado, espontâneo e alerta que nunca. Foi a minha resposta ao desafio lançado por Laing na noite anterior. Depois de um tempo, perguntei-lhe: "Como isso lhe soa, Ronnie? O que você acha?"

Laing acendeu um cigarro, tomou um gole de conhaque e, finalmente, fez o comentário mais encorajador que eu poderia esperar. Disse apenas: "Terei de pensar sobre isso. Não é algo sobre o qual eu possa me manifestar de imediato. Você me apresentou um bom número de novas idéias, e terei de pensar a respeito delas".

Com essa observação, dissipou-se a tensão que persistira durante toda a última hora, e passamos o resto da noite numa conversa muito relaxada e calorosa a que se uniram várias outras pessoas de nosso grupo. Novamente o papo foi até altas horas, com Laing citando fartamente Tomás de Aquino, Sartre, Nietzsche, Bateson e muitos outros. Mas, à medida que o tempo ia passando, fui ficando cansado, enquanto Laing continuava desfiando longos monólogos, que iam se tornando cada vez mais sinuosos e obscuros. Ele acabou por reparar no meu cansaço e falta de concentração, e voltou-se para mim com um sorriso afetuoso: "Fritjof, a principal diferença entre nós é que você é um pensador apolíneo, e eu, dionisíaco".

Nos dois dias seguintes, passei a maior parte de meu tempo com Ronnie e seus amigos numa atmosfera descontraída e alegre, sem jamais mencionar nossa discussão. Entretanto, Laing me emprestara uma versão inicial do manuscrito de seu livro *The voice of experience,* onde pude ler a acusação vigorosa contra a ciência pós-galilaica que ele me atirara na primeira noite. Fiquei tão impressionado com essa passagem energética que a copiei para poder citá-la em *O ponto de mutação.* Lembro-me de que um ano depois, quando já terminara de escrever o livro, Laing me mostrou a versão final de seu manuscrito, e, para meu grande desapontamento, notei que a passagem fora excluída. Mencionei a Laing minha decepção, ele sorriu: "Fritjof, se você citou aquela passagem, vou colocá-la de volta".[1]

---

[1] *Na verdade ele acabou não a colocando. A passagem citada em* O *ponto de mutação* foi, *portanto, tirada da primeira versão do manuscrito de Laing.*

Fiquei no mosteiro durante mais dois dias, descansando e pensando sobre tudo o que acontecera, e acabei descobrindo um modo pelo qual a qualidade e a experiência poderiam possivelmente ser incorporadas numa ciência futura. No dia seguinte, depois do almoço, convidei Laing para um café num bar perto do hotel. Sentamo-nos, e perguntei o que ele gostaria de tomar: "Se não se incomodar, quero um café preto, uma cerveja e um conhaque". Quando o garçom trouxe essa estranha combinação, Laing tomou a cerveja e depois o café, mas deixou o conhaque intato.

Comecei a desenvolver o que eu lhe apresentara naquela última noite, revendo a metodologia da ciência convencional, que faz uso da observação e da mensuração para coletar dados e informações que serão interligados com a ajuda de modelos conceituais — que, sempre que possível, serão expressos em linguagem matemática. Ressaltei que a quantificação de todas as afirmações sempre fora um critério crucial da abordagem científica, e concordei com Laing em que essa ciência era inadequada e insuficiente para compreender a natureza da consciência, e que ela não seria capaz de lidar com nenhuma qualidade ou valor.

Laing acendeu um cigarro e tomou nas mãos o conhaque; girando o copo, sorveu o aroma da bebida. Porém deixou o líquido intato.

"Uma verdadeira ciência da consciência", prossegui, "teria de ser uma nova espécie de ciência, que lidasse com qualidades e não com quantidades, e que se baseasse em experiências partilhadas e não em mensurações verificáveis. Os dados e informações dessa ciência seriam padrões de experiência não-quantificáveis e não-analisáveis. Por outro lado, os modelos conceituais que interligassem os dados teriam de ser logicamente consistentes, como qualquer modelo científico, e talvez pudessem incluir até mesmo elementos quantitativos. A nova ciência quantificaria suas afirmações sempre que esse método fosse apropriado, mas também seria capaz de lidar com qualidades e valores baseados na experiência humana."

"Eu acrescentaria", replicou Laing, com o copo intocado de conhaque ainda nas mãos, "que a nova ciência, a nova epistemologia, terá de partir de uma mudança, de uma completa reviravolta em nossas idéias e sentimentos. Ela deverá passar da intenção de dominar e controlar a natureza para a idéia de, por exemplo, Francisco de Assis, para quem a criação toda é nossa companheira, e possivelmente nossa mãe. Isto é parte de seu ponto de mutação. Apenas então poderemos nos voltar para as percepções alternativas que haverão de surgir."

Laing passou então a especular sobre o novo tipo de linguagem que seria apropriado à nova ciência. Mostrou que a linguagem científica convencional é descritiva, ao passo que uma linguagem que permita o compartilhar da experiência teria de ser retratadora. Teria de ser uma linguagem mais semelhante à poesia, ou mesmo à música, uma linguagem que retratasse uma experiência diretamente, transmitindo de algum modo seu caráter qualitativo. "Tenho duvidado cada vez mais da linguagem como um paradigma necessário ao pen-

113

samento", ponderou. "Se pensarmos em termos de música, seria isso uma linguagem?"

Enquanto eu refletia sobre essas observações, vários de nossos amigos entraram no bar, e Laing perguntou se eu me incomodaria se eles se sentassem conosco. É claro que eu não me importava, e Ronnie os convidou para se juntarem a nós. "Deixe-me contar para essas pessoas o que você e eu estávamos conversando. Se não tiver objeções, quero reiterar o que você estava dizendo." E passou então a um resumo brilhante do que eu dissera três noites antes e durante a última hora. Ele resumiu todo o arcabouço conceitual em suas próprias palavras, com seu estilo altamente idiossincrático, com toda a intensidade e toda a paixão que lhe são características. Depois desse discurso, que foi o equivalente a uma exortação, eu não tinha mais dúvida quanto ao fato de que Laing aceitava ou não minhas idéias. Senti com todo o meu ser que, de fato, nós dois estávamos, segundo sua metáfora, nadando no mesmo oceano.

Já estávamos naquele bar há umas duas horas quando ele subitamente lembrou que tinha de dar uma conferência naquela tarde. De modo que todos nós fomos ao refeitório do mosteiro, onde Laing proferiu uma inspirada palestra sobre seu novo livro, *The voice of experience*. Ele falou por mais de uma hora sem apontamento algum, muito tranqüilo, enfatizando suas palavras com gestos eloqüentes, o copo intato de conhaque — o mais elegante acessório que um contra-regra poderia imaginar — ainda em suas mãos. Passei o resto da noite em companhia de Laing, e não o vi tomar um único gole da bebida.

Minha estada em Saragoça estava chegando ao fim, e teve um belo desfecho. Nos meus últimos dois dias, ao término da segunda semana da conferência, Stan e Christina Grof chegaram ao mosteiro. Eu apresentara uma breve introdução ao trabalho deles alguns dias antes, baseada em minhas discussões com Stan e em minha própria experiência com a "respiração Grof". Aguardavase ansiosamente a chegada de ambos. Era a primeira vez que eu me via num mesmo lugar com ambos meus mentores, Grof e Laing, e não resisti à tentação de organizar uma conversa a três. Sugeri uma discussão pública sobre a pergunta: "Qual a natureza da consciência?" O colóquio, que contou ainda com a participação de outro psiquiatra, Roland Fischer, aconteceu certa tarde no refeitório, com Laing exercendo o papel de mestre-de-cerimônias.

Foi uma excelente oportunidade para eu rever, testar e solidificar o que aprendera durante minhas longas conversas com Laing naquela semana e, ao mesmo tempo, ver como ele e Grof reagiriam às idéias do outro. Para dar início ao colóquio, Laing pediu que nós três tecêssemos algumas rápidas considerações de abertura. Grof e Fischer esboçaram as concepções mística e científica de consciência, mais ou menos como eu fizera em minha conversa com Laing alguns dias antes. Em seguida, acrescentei um breve resumo da concepção sistêmica de mente, explicitando com cuidado minha terminologia. Ressaltei, em particular, que eu via a percepção e a cognição como propriedades da mente em todos os níveis de vida, e a autopercepção e a autocognição como as características cruciais daquele nível em que a consciência se manifesta.

Após um momento de reflexão, Laing voltou-se para mim: "Você foi muito cuidadoso ao expor esses termos — 'mente', 'consciência', 'percepção' e 'auto-percepção', 'cognição' e 'autocognição'. Será que poderia acrescentar uma definição de matéria?"

Imediatamente compreendi que Laing tocara numa questão dificílima. Respondi estabelecendo um contraste entre a concepção newtoniana — em que a matéria seria constituída por "blocos de construção" fundamentais, todos eles formados da mesma substância material — e a einsteiniana, em que a massa é uma forma de energia e em que a matéria consiste de padrões de energia que se transformam continuamente em outros. Contudo, tive também de admitir que, embora saibamos que toda energia é uma medida da atividade, os físicos ainda não têm uma resposta para a pergunta: "O que está em atividade?"

Laing, dirigindo-se a Grof, perguntou-lhe se ele aceitava minhas definições. "Eu me formei com a visão científica, que me foi ensinada na faculdade de medicina", começou Stan. "Entretanto, quando comecei com minhas pesquisas com LSD, vi que essa visão ia se tornando cada vez mais insustentável, e minhas observações clínicas também apresentariam muitos problemas para as definições de Fritjof. Por exemplo, parece haver nas sessões psicodélicas uma linha contínua que parte da consciência humana, passando por experiências perfeitamente autênticas de consciência animal, experiências de consciência vegetal, e chega à consciência de fenômenos inorgânicos — por exemplo, a consciência do oceano, de um tufão ou até mesmo de uma pedra. Em qualquer um desses níveis, as pessoas podem ter acesso a informações que estão com efeito além de qualquer coisa que elas poderiam normalmente conhecer."

Laing voltou-se mais uma vez para mim: "Como você pode acomodar experiências desse tipo, experiências que também são relatadas por pessoas em meditação profunda, no xamanismo, e assim por diante? Aceita essas experiências em seus próprios termos, ou acredita que alguma outra forma de explicá-las teria de ser empregada? Como integra esse tipo de coisa em sua visão de mundo?"

Concordei que, do ponto de vista científico, eu certamente teria grandes dificuldades com a noção de uma pedra consciente. Porém, acrescentei que eu também acreditava na possibilidade de uma futura síntese entre as concepções mística e científica da consciência, e tornei a esboçar meu arcabouço em que tal síntese seria possível. "No que se refere a uma pedra", concluí, "não consigo atribuir a ela qualquer consciência a partir da perspectiva de enxergá-la como uma entidade distinta. Entretanto, com base na perspectiva de vê-la como parte de um sistema maior, o universo, que tem uma mente e uma consciência, eu diria que a pedra, como tudo, participa dessa consciência maior. Os místicos e as pessoas com experiências transpessoais colocam-se, tipicamente, nessa perspectiva mais ampla."

Grof concordou: "Quando as pessoas vivenciam a consciência de uma planta ou de uma pedra, elas não estão vendo um mundo cheio de objetos e depois acrescentando uma consciência a esse universo cartesiano. Elas partem de um tecido de estados conscientes fora do qual a realidade cartesiana, de alguma forma, se organiza".

Nesse momento, Roland Fischer introduziu uma terceira perspectiva, lembrando-nos de que aquilo que percebemos é, em grande parte, criado por meio de processos interativos. "Exemplificando", continuou, "a doçura que saboreamos num torrão de açúcar não é propriedade nem do açúcar nem de nós mesmos. Estamos produzindo a experiência da doçura no processo de interagirmos com o açúcar."

"Foi precisamente esse tipo de observação que Heisenberg fez acerca dos fenômenos atômicos — que para a física clássica teriam propriedades independentes e objetivas", interpus. "Heisenberg mostrou que um elétron, por exemplo, pode surgir como uma partícula ou como uma onda, dependendo de como o observamos. Se fizermos ao elétron uma pergunta no plano das partículas, ele nos dará uma resposta no plano das partículas; se lhe perguntarmos algo no plano das ondas, ele nos responderá no plano das ondas. 'A ciência natural', escreveu Heisenberg, 'não descreve nem explica simplesmente a natureza; ela é parte da mútua interação entre nós e a natureza.' "

"Se o universo inteiro for como a doçura do açúcar", retrucou Laing, "que não está no observador nem na coisa observada, e sim na relação entre ambos, como vocês podem falar do universo como se fosse um objeto observado? Vocês parecem falar como se houvesse um universo que, de algum modo, evolui."

"É muito difícil falar sobre a evolução do universo inteiro", admiti, "porque o conceito de evolução implica uma noção de tempo e, quando falamos do universo como um todo, temos de ir além da noção convencional de tempo linear. Pelo mesmo motivo, não faz muito sentido afirmar que 'primeiro houve matéria e depois a consciência', ou 'primeiro a consciência e depois a matéria', pois essas afirmações também implicam um conceito linear de tempo, que, em nível cósmico, é inadequado."

Laing voltou-se em seguida para Grof com uma pergunta arrebatadora: "Stan, todos nós sabemos que você passou a maior parte da vida estudando os diferentes estados de consciência: estados incomuns, estados alterados, e também estados usuais da mente. Qual o seu testemunho? O que seus estudos sobre a experiência e o que suas próprias experiências têm a nos dizer que não saberíamos de outra forma?"

Grof começou a responder devagar, após um momento de reflexão: "Muitos anos atrás, analisei milhares de relatos de sessões de LSD a fim de estudar especificamente aqueles que se referissem a questões ontológicas e cosmológicas fundamentais — 'Qual é a natureza do universo?' 'Qual é a origem e a finalidade da vida?' 'Como a consciência se relaciona com a matéria?' 'Quem sou eu, e qual é meu lugar no esquema geral das coisas?' Ao estudar esses relatos, fiquei surpreso ao descobrir que as experiências lisérgicas aparentemente desconexas dessas pessoas podiam ser integradas e organizadas num sistema metafísico extensivo e abrangente, um sistema que chamei de 'cosmologia e ontologia psicodélicas'.

"O âmbito desse sistema é radicalmente diferente do âmbito comum de nossa vida cotidiana", prosseguiu Grof. "Baseia-se no conceito de Mente Universal, ou Consciência Cósmica, que é a força criadora por trás do plano cósmico. Todos os fenômenos que vivenciamos podem ser compreendidos como experimentos com a consciência realizados pela Mente Universal num jogo criador infinitamente engenhoso. Os problemas e os paradoxos enigmáticos associados à existência humana são vistos como ilusões ou engodos de intricada concepção, inventados pela Mente Universal e incorporados ao jogo cósmico. O significado último da existência humana consistiria em experimentar plenamente todos os estados de mente associados a essa fascinante aventura da consciência, em sermos atores e parceiros inteligentes no grande jogo cósmico. Nesse âmbito, a consciência não pode decorrer de (ou ser explicada em termos de) qualquer outra coisa. Ela é um fato primordial da existência, e dela emerge tudo o que existe. Esse, de modo muito resumido, seria o meu credo. É um arcabouço em que consigo, efetivamente, integrar todas as minhas observações e experiências."

Fez-se um demorado silêncio após o inspirado resumo que Grof apresentara dos aspectos mais profundos da pesquisa psicodélica, e foi Laing quem finalmente o quebrou com uma vigorosa observação poética: "A vida, como um domo de vidro multicolorido, macula a branca radiância da eternidade". (Eu não sabia então que ele estava citando Shelley.) Depois de outra pausa, Laing dirigiu-se novamente a Grof: "Essa branca radiância da eternidade, vinda de dentro de si mesma, é o que você quer dizer com 'pura consciência'? É claro que estamos nos arriscando ao usarmos palavras para nos referirmos a esses mistérios. Não há realmente muito que possa ser dito sobre aquilo que é inefável".

Grof concordou: "Quando as pessoas se encontram nesses estados especiais, sua experiência é sempre inefável; não há como descrevê-la. E, no entanto, elas sempre expressam um sentimento de terem finalmente chegado, impressão de que todas as perguntas foram respondidas. Elas não sentem necessidade de perguntar mais nada, nem há mais nada para ser explicado".

Laing pausou mais uma vez, e em seguida mudou ligeiramente o assunto: "Permita-me expor-lhe o ponto de vista do cético", disse ele a Grof. "Você afirmou há pouco que as pessoas sob o efeito do LSD talvez tenham acesso a conhecimentos que normalmente não possuiriam; por exemplo, um conhecimento da vida embrionária obtido por meio de sua memória e visões. Entretanto, essas visões neognósticas parecem não ter contribuído em nada para a embriologia científica. Da mesma forma, experiências psicodélicas de mergulhar numa flor, de se tornar uma flor, parecem não ter contribuído em nada para a botânica. Você não acha que elas deveriam ter feito alguma contribuição se fossem algo mais que ilusões sutis e demasiado atraentes?"

"Não necessariamente. De acordo com minhas observações, vivenciar a experiência de ser um embrião pode ampliar bastante nosso conhecimento do estado embrionário. Tenho visto repetidas vezes serem comunicadas informações sobre a fisiologia, a anatomia e a bioquímica do embrião que estavam muito além dos conhecimentos das pessoas que as adquiriam. No entanto, para que possam realmente contribuir para a embriologia, aqueles que vivenciam tais experiências teriam de ser embriologistas."

"Bem, com certeza houve muitos médicos que tomaram LSD", insistiu Laing. "Não sei se houve algum embriologista ilustre. Seja como for, porém, quando esses indivíduos profissionalmente treinados, incluindo eu mesmo, voltaram de suas experiências psicodélicas, não lhes pareceu possível traduzi-las em termos objetivos e científicos que pudessem aparecer num artigo técnico sobre embriologia."

"Embora eu acredite que isso seja possível."

"Bem, o padrão de correspondência existente entre os modos de transformação nas visões gnósticas e os modos de transformação na vida embrionária é, de fato, muito, muito notável. Até mesmo as seqüências são, muitas vezes, as mesmas. Os órficos, por exemplo, sabiam que a cabeça de Orfeu flutuava rio abaixo até o oceano; aparentemente, porém, eles nem sequer sonhavam que todos nós, enquanto embriões no útero de nossas mães, flutuamos canal uterino abaixo, até o oceano do útero. Essa ligação nunca foi feita. O curioso é que as descrições de estados embrionários propriamente ditos — como, por exemplo, as dadas nos textos tibetanos de embriologia — são muito menos fidedignas que as descrições provenientes de visões místicas. Quando surgiu o microscópio, pudemos enxergar efetivamente a correspondência entre as formas embrionárias e essas visões cósmicas. Antes de termos o microscópio e antes de reconhecermos de fato essa correspondência, quando ainda olhávamos de fora *para* ela, a equiparação com as visões internas nunca pôde ser feita."

"O mesmo poderia ser dito sobre os modelos cosmológicos tântricos", acrescentou Grof. "Esses modelos são muitas vezes extremamente próximos aos dos astrofísicos modernos. Na realidade, só nas últimas décadas é que os astrofísicos chegaram a conceber conceitos semelhantes."

"De certa maneira", ponderou Laing, "não chega a nos surpreender o fato de que as estruturas mais profundas de nossa consciência correspondam às estruturas do universo externo. Por que não? Xamãs talvez tenham estado na Lua, mas nunca trouxeram de volta pedras selênicas. De qualquer maneira, não conhecemos os limites das possibilidades de nossa própria consciência. Parecemos incapazes de dizer quais são as maiores altitudes e profundezas de nossa mente. Estranho, não?"

"Ronnie", prosseguiu Grof, "você mencionou que, antes de aparecerem os instrumentos apropriados, as visões interiores não podiam ser correlacionadas com os fatos externos, científicos. Você concorda com o fato de que, agora que temos esses instrumentos, devemos de alguma forma ser capazes de combinar as informações provenientes dos estados internos com os conhecimentos adquiridos graças à ciência objetiva e à tecnologia numa visão totalmente nova da realidade?"

"Sim", concordou Laing. "Penso. . . que essa conjunção é a mais empolgante aventura da mente contemporânea. Embora tudo esteja aí desde o princípio, e aí estará no fim, há também um processo de evolução, e a evolução de nossa época é exatamente essa possibilidade de sintetizarmos o que vemos olhando as coisas de fora com o que podemos saber olhando-as de dentro."

Compreendendo Laing

Quando deixei Saragoça no dia seguinte, a fim de voltar aos Estados Unidos, não consegui deixar Ronnie Laing para trás. Sua voz continuava soando em meus ouvidos, e durante várias semanas lembrei cada palavra de nossas conversas, como se estivesse sob encantamento. A experiência de nossos encontros foi tão intensa que só muitas semanas depois me senti sem Laing dentro de mim. Meus encontros com Bateson, Grof e muitas outras pessoas notáveis foram empolgantes, inspiradores e esclarecedores. Meus encontros com Laing foram tudo isso, mas sobretudo dramáticos. Ele me sacudiu, me atacou e contestou meu pensamento até o âmago; a seguir, porém, me aceitou e abraçou muitas de minhas idéias ainda conjeturais. Por fim, estabelecemos uma relação calorosa e pessoal, com um forte senso de camaradagem, que permanece até hoje.

Depois de nossas conversas em Saragoça, visitei Ronnie várias outras vezes em Londres, e também nos encontramos em outras conferências, seminários conjuntos e colóquios. Essas conversas continuaram enriquecendo-me e inspirando-me, além de aprofundarem meu entendimento da personalidade de Laing, de suas idéias e de seu trabalho profissional. A questão de como incluir a experiência no novo arcabouço científico foi o tema central de nossas discussões em Saragoça, e nos anos subseqüentes passei a ver a experiência como uma chave para compreender Laing. Penso que toda a sua vida pode ser vista como uma exploração apaixonada do "domo multicolorido" da experiência humana — por intermédio da filosofia, da religião, da música e da poesia; da meditação e das drogas que alteram a mente; graças a seus escritos, a seus íntimos contatos com esquizofrênicos, e a seus embates com as patologias de nossa sociedade. É por meio da experiência, insiste Laing, que nos revelamos uns aos outros, e é a experiência que dá sentido à nossa vida. "A experiência tece significado e realidade numa única túnica inconsútil", argumentou ele numa de nossas conversas em Saragoça; e o livro que estava escrevendo na época intitula-se, caracteristicamente, *The voice of experience.*

Creio que a experiência é também a chave para compreendermos o trabalho terapêutico de Laing. O caso que ele me contou em nosso primeiro encontro em Londres — o do paciente que caiu em lágrimas após uma conversa aparentemente comum: "Pela primeira vez me sinto como um ser humano" — permaneceu em minha mente durante muitos anos. Quando ele e eu apresentamos um seminário conjunto em San Francisco, em janeiro de 1982, finalmente vim a entender que esse caso é uma ilustração perfeita do modo como Laing trabalha. Sua terapia é fundamentalmente não-verbal, indo muito além de uma mera técnica e precisando, em última análise, ser vivenciada ou experimentada para ser compreendida.

"A psicoterapia", explicou Laing no seminário, "é uma questão de comunicar experiência, e não de transmitir informações objetivas." E daí passou a ilustrar sua tese retratando uma situação que parecia sintetizar a própria essência de sua abordagem: "Quando alguém entra em minha sala e fica lá parado, em pé, sem fazer nenhum movimento, sem dizer palavra alguma, não penso que esse indivíduo é um esquizofrênico catatônico e mudo. Pergunto a mim mesmo: 'Por que ele não se move? Por que não fala comigo?' Não preciso entrar em explicações especulativas da sua psicodinâmica. Posso ver imediatamente que tenho à minha frente uma pessoa paralisada de medo! Uma pessoa que está com tanto medo que seu terror a petrificou. E por que ela está petrificada de terror? Bem, não sei; assim, tenho de deixar bem claro, pela maneira de me conduzir, que ela não precisa ter medo de mim".

Quando lhe perguntaram como ele transmitiria essa mensagem, Laing respondeu que poderia fazer uma série de coisas. "Posso dar uma volta pela sala; posso adormecer; posso ler um livro. Para ser um bom terapeuta, e fazer com que essa pessoa 'descongele', por assim dizer, tenho de mostrar que *eu* não tenho medo *dela*. Esse é um ponto importantíssimo. Se você tem medo de seus pacientes, não deveria nem tentar ser terapeuta."

Enquanto Laing falava, eu podia imaginá-lo dormindo diante de um paciente esquizofrênico e compreendia que ele decerto é o único psiquiatra do mundo que realmente faria uma coisa dessas. Ele não tem medo dos psicóticos, pois a experiência deles não lhe é estranha. Já esteve nos recessos mais longínquos da mente, já vivenciou seus êxtases e seus terrores, e é capaz de reagir de maneira autêntica, baseada em sua própria experiência, a virtualmente tudo o que um paciente possa lhe mostrar. Sua reação seria não-verbal em essência, e sua conversa com o paciente poderia parecer bastante comum para um observador. Ele comentou que, de fato, seria difícil reconhecer seus diálogos com esquizofrênicos como diferentes de uma conversa normal entre duas pessoas. "Uma vez iniciada a conversa", explicou, "aquilo que fora chamado de esquizofrenia evapora-se por completo."

Portanto, em sua prática terapêutica, Laing faz uso de seu rico acervo de experiências, de sua grande intuição e de sua capacidade de dedicar integralmente a atenção às pessoas, para permitir que o paciente psicótico possa respirar de modo mais livre e sentir-se à vontade em sua presença. Paradoxalmente, o mesmo Ronnie Laing costuma deixar as pessoas "normais" muito pouco à vontade. Pensei sobre esse paradoxo durante muito tempo, sem chegar a compreendê-lo. Se deixa os psicóticos à vontade, mostrando que não tem medo deles, será que deixa as pessoas ditas normais incomodadas porque elas o assustam? As pessoas "normais", segundo Laing, formam a nossa sociedade insana, e ele parece recorrer à mesma intuição e à mesma atenção para perturbá-las e sacudi-las.

As duas escolas zen

Minhas intensas conversas com Stanislav Grof e R. D. Laing ocorreram há mais de cinco anos. Lembrando-me delas, sou tentado a comparar a influência em meu pensamento desses dois homens extraordinários às duas escolas zen que coexistiram na tradição do budismo japonês com métodos radicalmente diferentes de ensino. A escola Rinzai, ou "súbita", exige longos períodos de concentração intensa e tensão constante, que levam a repentinos *insights* — às vezes provocados por atitudes inesperadamente dramáticas do mestre, como um golpe de vara ou um grande berro. A escola Soto, ou "gradual", evita os métodos de choque da escola Rinzai, visando o amadurecimento gradual do estudante por meio da prática tranqüila de meditar sentado.

Durante vários anos, tive a felicidade de receber ambos os tipos de instrução em diálogos alternados com dois mestres modernos da ciência da mente. Meus encontros dramáticos com Laing e minhas conversas tranqüilas com Grof proporcionaram-me profundos *insights* sobre as manifestações do novo paradigma na psicologia, além de provocarem um tremendo impacto sobre meu próprio desenvolvimento pessoal. Os ensinamentos que recebi de ambos são bem descritos pela clássica súmula do zen-budismo: "Uma transmissão especial, fora das escrituras, que aponta diretamente para a mente humana".

5
A busca de equilíbrio

Carl Simonton

Quando planejei explorar a mudança de paradigmas em vários outros campos além da física, pensei inicialmente na medicina. Foi para mim uma escolha natural, pois eu me interessava pelos paralelos entre as mudanças de paradigma na física e na medicina muito antes de planejar escrever *O ponto de mutação*. Na verdade, a primeira vez que notei o surgimento de um novo paradigma na medicina foi uma época em que ainda nem acabara de escrever *O tao da física*. Minha introdução às novas concepções holísticas de saúde e de cura deu-se em maio de 1974, numa das conferências mais notáveis a que jamais compareci: as chamadas "Palestras de Maio", um retiro residencial de uma semana patrocinado por diversas organizações norte-americanas e britânicas ligadas ao Movimento Potencial Humano e realizado na Inglaterra, na Universidade Brunel, perto de Londres. O tema da conferência era "Novas abordagens da saúde e da cura: individuais e sociais". Além do programa dos participantes residentes — cerca de cinqüenta convidados da Europa e da América do Norte —, palestras públicas eram dadas à noite, em Londres, por alguns desses participantes.

Nas Palestras de Maio, fiquei conhecendo Carl Simonton, que se tornaria um de meus principais conselheiros para *O ponto de mutação* alguns anos depois. Foi lá também que conversei pela primeira vez com vários outros líderes do incipiente movimento holístico, e com quem permaneceria em contato durante muito tempo. Além de Carl Simonton e sua mulher Stephanie, que apresentaram sua revolucionária abordagem psicossomática à terapia do câncer, os participantes incluíam Rick Carlson, jovem advogado que acabara de escrever *The end of medicine,* uma análise radical da crise na assistência à saúde; Moshe Feldenkrais, um dos mestres mais influentes das chamadas terapias de "trabalho corporal"; Elmer e Alyce Green, os pioneiros na pesquisa sobre o *biofeedback;* Emil Zmenak, um quiroprático — canadense que demonstrou sua grande intimidade com o sistema muscular e nervoso do ser humano por meio de algumas técnicas impressionantes para testar os músculos; Norman Shealy, que mais tarde fundou a Associação Norte-Americana de Medicina Holística; e um número relativamente grande de pesquisadores em parapsicologia e de praticantes das chamadas "curas psíquicas" — refletindo o forte interesse do Movimento do Potencial Humano pelos chamados fenômenos paranormais.

Uma característica proeminente desse encontro foi a tremenda empolgação de todos os participantes, pois estávamos coletivamente cientes da iminência de uma profunda mudança científica e filosófica ocidental, uma mudança que, fatalmente, há de levar a uma nova medicina, baseada em maneiras diferentes de perceber a natureza humana na saúde e na doença. Os pesquisadores, praticantes de cura e profissionais de saúde ali reunidos estavam todos desencantados com a assistência médica convencional. Haviam elaborado e testado novas idéias, desenvolvendo abordagens terapêuticas pioneiras. Entretanto, em sua maior parte, não se conheciam uns aos outros. Além disso, muitos deles tinham sido rejeitados ou atacados pelo sistema médico vigente e estavam descobrindo pela primeira vez um grande círculo de colegas não só intelectualmente estimulantes, mas também capazes de lhes dar apoio moral e emocional. Os seminários, discussões, demonstrações e reuniões informais, que em geral entravam noite adentro, eram cheios de um cativante senso de aventura, expansão cognitiva e camaradagem, que deixou uma impressão profunda e duradoura em todos nós.

O arcabouço conceitual cujo esboço emergiu ao final da conferência, após uma semana de discussões intensas, continha muitos elementos do arcabouço que eu iria investigar, desenvolver e sintetizar em *O ponto de mutação* vários anos depois. Os participantes concordaram em que a mudança de paradigma na ciência significava a passagem de uma visão mecanicista e reducionista da natureza humana para uma concepção holística e ecológica. Ficou claro que a abordagem mecanicista da medicina convencional, arraigada na imagem cartesiana do corpo humano como uma máquina, era a principal fonte da crise contemporânea no campo da saúde. Os participantes criticaram severamente nosso sistema de assistência médica baseado em hospitais e em drogas, e muitos deles chegaram a afirmar que a medicina científica moderna atingira seu limite e já não era mais capaz de melhorar, ou sequer manter, a saúde pública.

As discussões deixaram claro que no futuro a assistência à saúde terá de ir muito além da medicina convencional, passando a lidar com toda a enorme rede de fenômenos que influenciam a saúde. Não terá de abandonar o estudo dos aspectos biológicos das doenças, em que a ciência médica se sobressai, mas será necessário relacionar esses aspectos às condições físicas e psicológicas gerais dos seres humanos em seu ambiente natural e social.

Dessas discussões surgiu um conjunto de novos conceitos que formariam a base de um futuro sistema holístico de saúde. Um dos novos conceitos básicos é o reconhecimento da complexa interdependência entre a mente e o corpo na saúde e na doença, sugerindo uma abordagem "psicossomática" para qualquer tipo de terapêutica. O outro é a constatação do elo fundamental que há entre os seres humanos e o seu ambiente (decorrendo disso um aumento da importância dos aspectos sociais e ambientais da saúde). Ambos os tipos de interligação — entre a mente e o corpo, e entre o organismo e o seu ambiente — foram muitas vezes discutidos em termos de noções ainda conjeturais de padrões de energia. O conceito indiano de *prana* e o conceito chinês de *chi* foram mencionados como exemplos de termos tradicionais que se referem a essas "energias vitais" ou "sutis". Nessas disciplinas tradicionais, a doença é vista como resultado de mudanças nos padrões de energia, e as técnicas terapêuticas foram desenvolvidas no sentido de influírem no sistema energético do corpo. A nossa exploração desses conceitos levou a uma longa e fascinante discussão sobre a ioga, os fenômenos psíquicos e outros temas esotéricos, que dominaram, em sua maior parte, a conferência.

A experiência mais instigante e mais comovente que tive nas Palestras de Maio foi a de conhecer Carl e Stephanie Simonton. Lembro-me de haver almoçado com eles na mesma mesa no primeiro dia, sem saber quem eram, e de haver me esforçado ao máximo para iniciar uma conversa com esse jovem casal do Texas, de aparência tão discreta e convencional, que me parecia tão afastada de meu mundo dos anos 60 quanto me era possível imaginar. Porém, a impressão que tive deles sofreu uma drástica mudança quando começaram a falar sobre seu trabalho. Percebi que eles não haviam tido contato com a contracultura pelo fato de terem dedicado a vida integralmente ao desenvolvimento pioneiro de uma nova terapia contra o câncer, e que não tinham tempo para nada mais. Seu trabalho exigia extensas e profundas pesquisas de toda a literatura médica e psicológica, e o constante teste e aperfeiçoamento de novas idéias e técnicas, além de envolver uma batalha frustrante para obter o reconhecimento da comunidade médica e, sobretudo, um contato íntimo e ininterrupto com um pequeno grupo de pacientes altamente motivados — todos eles declarados incuráveis.

No decorrer de seu estudo-piloto, os Simontons criaram fortes laços emocionais com seus pacientes, passando incontáveis noites ao seu lado, rindo e chorando com eles, lutando para que recuperassem a saúde, exultando com seus sucessos e oferecendo-lhes todo o apoio e afeto possível quando começavam a morrer. Senti que o arcabouço conceitual dos Simontons, ainda que bastante incompleto naquela época, era extraordinariamente promissor para a medicina, e eles falavam de seus pacientes com tamanha dedicação e sentimentos tão sinceros que me comovi até as lágrimas.

Na palestra que proferiu, Carl Simonton apresentou as principais descobertas de suas pesquisas como oncologista especializado em terapia por radiação. "Meu tema é controvertido", começou a dizer; "vou falar do papel que a mente desempenha na causa e na cura do câncer." Disse-nos haver uma abundância de provas na literatura médica que indicava o papel do estresse emocional no início e no desenvolvimento do câncer, e apresentou vários casos dramáticos, tirados de sua prática médica, para sustentar essa tese. "A questão não é se *há* uma relação entre estresse emocional e câncer", concluiu, "e sim descobrir qual é o elo preciso entre ambos."

Em seguida, descreveu alguns padrões significativos na vida e nas reações emocionais dos pacientes cancerosos. Esses padrões lhe sugeriram a noção de uma "personalidade cancerosa", isto é, da existência de certos padrões de comportamento presentes no estresse que contribuem substancialmente para o aparecimento do câncer, da mesma forma como se sabe que outros tipos de comportamento contribuem de maneira significativa para as doenças do coração. "Tenho constatado a existência desses fatores de personalidade em minhas pesquisas", anunciou ele, "e tais constatações são mais do que corroboradas pela minha experiência pessoal: tive câncer aos dezessete anos, e hoje posso ver como minha personalidade se enquadrava perfeitamente na descrição clássica."

No tratamento do câncer proposto por Simonton, o grande esforço consiste em modificar o sistema de crenças que o paciente tem sobre o câncer. Ele descreveu a imagem popular da doença, segundo a qual um agente externo invade e ataca o corpo, pondo em movimento um processo sobre o qual o paciente tem pouco ou nenhum controle. Ao contrário dessa imagem tão divulgada, a experiência de Simonton convenceu-o de que os sistemas de crenças do paciente e do médico são cruciais para o êxito da terapêutica, e podem ser usados com grande eficácia no sentido de incrementar o potencial do paciente para se autocurar.

"Os instrumentos pouco convencionais que utilizo no tratamento do câncer, além da radiação, são o relaxamento e as imagens mentais", explicou. E descreveu como oferecia aos pacientes informações completas e detalhadas sobre seu câncer e sobre o tratamento, pedindo-lhes então que imaginassem o processo inteiro, em sessões regulares, da maneira que lhes parecesse mais apropriada. Mediante essa técnica de visualização orientada, os pacientes começam a ficar mais motivados a melhorar, além de desenvolverem uma atitude positiva que é crucial no processo de cura.

Stephanie Matthews-Simonton, psicoterapeuta por formação, complementou a palestra de seu marido com relatos detalhados do aconselhamento psicológico e das sessões de terapia em grupo que haviam desenvolvido juntos para ajudar seus pacientes a identificar e resolver os problemas emocionais que estão na raiz de suas enfermidades. Assim como seu marido, Matthews-Simonton foi sistemática e concisa em sua apresentação, e radiante ao falar de seu forte comprometimento pessoal.

Ao final da conferência, senti-me tão grato aos Simontons pelo que estavam fazendo que me ofereci para mostrar-lhes Londres, como um pequeno símbolo de meu apreço. Eles aceitaram com alegria minha oferta, e passamos um dia extremamente agradável juntos, passeando, fazendo compras e descansando das intensas discussões da semana.

Margaret Lock

As Palestras de Maio introduziram-me no novo e fascinante campo da medicina holística, na época em que seus criadores estavam apenas começando a unir-se para formarem o que seria mais tarde conhecido como Movimento da Saúde Holística. As discussões daquela semana também evidenciaram de maneira bem clara que a mudança na visão de mundo que eu estava descrevendo em *O tao da física* era parte de uma transformação cultural muito mais ampla, de modo que, no fim da semana, eu me sentia bastante excitado ao constatar que iria participar ativamente dessa transformação por muitos anos.

Por ora, contudo, eu estava ocupado em terminar meu livro, e só pensei em explorar o contexto mais amplo da mudança de paradigma dois anos depois, quando comecei a proferir palestras nos Estados Unidos sobre os paralelos entre a física moderna e o misticismo oriental. Nessas palestras, fiquei conhecendo pessoas ligadas a diversos campos de estudo; elas me apontaram que, à semelhança do que ocorria na física moderna, o abandono dos conceitos mecanicistas e a adoção de conceitos holísticos também ia se processando em seus campos. A maioria desses profissionais vinha da área da saúde, de modo que minha atenção voltou a ser dirigida para a medicina e a saúde.

Meu primeiro impulso para estudar sistematicamente os paralelos entre as mudanças de paradigma na física e na medicina veio de Margaret Lock, antropóloga médica que conheci em Berkeley quando lecionava num curso de extensão da Universidade da Califórnia sobre *O tao da física*. Após uma preleção sobre a física *bootstrap* de Chew, uma mulher com forte sotaque inglês, que participava assiduamente das discussões em classe, fez um comentário bastante surpreendente. "Esses diagramas de interações entre partículas, que você desenhou no quadro-negro", disse ela com um sorriso irônico, "bem, eles me lembraram muito os diagramas da acupuntura. Estava pensando se não haveria entre eles mais do que uma similaridade superficial." Fiquei intrigado com essa observação. Quando inquiri sobre seus conhecimentos de acupuntura, disse-me que o tema de sua tese em antropologia médica fora o emprego da medicina chinesa clássica no Japão moderno, e que durante meu curso sobre *O tao da física* ela se lembrara muitas vezes da filosofia subjacente ao sistema médico chinês.

Seus comentários abriram-me uma perspectiva muito instigante. Eu aprendera nas Palestras de Maio que a mudança de paradigma na física tinha algumas implicações importantes para a medicina; sabia também que a visão de mundo da nova física é, sob diversos aspectos, similar à da filosofia clássica da China; e, por fim, estava ciente de que na cultura chinesa, como em muitas culturas tradicionais, o conhecimento da mente e do corpo do ser humano e a prática da cura eram partes integrantes da filosofia natural e da disciplina espiritual. O mestre de *tai chi* que me instruíra nessa antiga arte marcial chinesa — que é, mais do que tudo, uma forma de meditação — era também um herborista e acupunturista consumado, e sempre destacava a conexão entre os princípios do *tai chi* e os da saúde física e mental. Pareceu-me que Lock estava apresentando agora um importante elo desse encadeamento de idéias ao apontar paralelos entre a filosofia da física moderna e a da medicina chinesa. Naturalmente fiquei muito ansioso para explorar mais a fundo essas idéias, e convidei-a para um chá e um longo bate-papo.

Gostei de Margaret Lock desde o início e, quando ela me visitou, verifiquei que tínhamos muito em comum. Éramos da mesma geração, ambos havíamos sido bastante influenciados pelos movimentos sociais dos anos 60, e partilhávamos um vivo interesse pela cultura oriental. Senti-me imediatamente muito à vontade com ela, não só porque me lembrava algumas boas amizades na Inglaterra, mas também porque nossa mente parecia funcionar de maneira bastante similar. Como eu, Lock pensa de modo holístico e sistêmico, sintetizando idéias e buscando ao mesmo tempo o rigor intelectual e a clareza de expressão.

Sua área profissional, a antropologia médica, era bastante nova quando a conheci, e ela tornou-se desde essa época uma das principais estudiosas nesse campo. Suas pesquisas sobre a prática da medicina tradicional do leste asiático no Japão moderno foram uma contribuição única e inigualável. Ela passou dois anos em Quioto, com seu marido e dois filhos pequenos, entrevistando dúzias de médicos, pacientes e suas famílias (ela fala fluentemente o japonês) e visitando clínicas, farmácias de ervas, escolas tradicionais de medicina e cerimônias de cura em templos e santuários antigos, a fim de observar e vivenciar a gama completa do sistema médico tradicional do leste asiático. Seu trabalho atraiu muita atenção nos Estados Unidos, não só dos antropólogos, mas também do crescente número de praticantes da medicina holística, que reconheceram em seus lúcidos e meticulosos estudos das interações entre a medicina tradicional do leste asiático e a medicina ocidental moderna no Japão contemporâneo uma fonte rica e valiosa de informações.

Em nossa primeira conversa, eu estava interessado sobretudo em saber mais sobre os paralelos entre a visão de natureza proveniente da física moderna — em especial da física *bootstrap,* meu campo de pesquisa — e a concepção clássica chinesa da natureza humana e da saúde.

"A idéia chinesa de corpo sempre foi predominantemente funcional", começou Lock. "Os chineses não se preocupavam tanto com a exatidão anatômica quanto com o inter-relacionamento de todas as partes." Ela explicou que o conceito chinês de órgão corpóreo refere-se a todo um sistema funcional, que tem de ser considerado em sua totalidade. Por exemplo, a idéia de pulmão inclui, além dos pulmões em si, todo o aparelho respiratório, o nariz, a pele e as secreções associadas a esses órgãos.

Lembrei-me dos livros de Joseph Needham, para quem a filosofia chinesa como um todo estava mais interessada no inter-relacionamento das coisas do que na redução dessas a elementos fundamentais. Lock concordou, acrescentando que a atitude chinesa que Needham denominara "raciocínio correlativo" também enfatizava o sincronismo de padrões e não as relações causais. De acordo com Needham, na concepção chinesa as coisas se comportam de determinada maneira porque suas posições no universo — que é um universo inter-relacionado — são tais que suas naturezas intrínsecas tornam esse comportamento inevitável.

Ficou evidente para mim que tal concepção de natureza se aproximava muito da visão da nova física, e vi que a semelhança era reforçada pelo fato de os chineses conceberem a rede de inter-relações que estudavam como intrinsecamente dinâmica. "O mesmo é verdade para a medicina chinesa", observou Lock. "Concebia-se que cada organismo, da mesma forma que o cosmos como um todo, encontrava-se num estado de contínua fluência e mudança. Além disso, os chineses acreditavam que todos os eventos na natureza — os do mundo físico e também os do domínio psicológico e social — apresentam padrões cíclicos."

"Que seriam as flutuações[1] entre *yin* e *yang*", observei.

"Precisamente. E é importante percebermos que para os chineses nada é apenas *yin* ou apenas *yang*. Todos os fenômenos naturais são oscilações contínuas entre os dois pólos, e todas as transições se processam gradualmente e numa progressão ininterrupta. A ordem natural é uma ordem de equilíbrio dinâmico entre *yin* e *yang*."

Entramos em seguida numa longa discussão sobre os significados desses antigos termos chineses, e Lock disse-me que as melhores interpretações que conhecia eram as que Manfred Porkert propusera em seus abrangentes estudos sobre a medicina chinesa. Ela insistiu que eu estudasse a obra de Porkert. Ao lado de Needham, explicou ela, ele é um dos pouquíssimos estudiosos ocidentais que realmente conseguem ler os clássicos chineses em sua forma original. Segundo Porkert, *yin* corresponde a tudo o que contrai, reage e conserva; *yang*, a tudo o que é expansivo, agressivo e exigente.

"Além do sistema *yin/yang*", continuou Lock, "os chineses usam um sistema chamado *Wu Hsing* para descrever a grande ordem dos padrões do cosmos. Essa expressão é normalmente traduzida como os 'cinco elementos', mas Porkert traduziu-a como 'cinco fases evolutivas', que transmite muito melhor a idéia chinesa de relações dinâmicas." Lock explicou que um intricado sistema de correspondências era derivado dessas cinco fases, que abrangiam todo o universo. Estações, influências atmosféricas, cores, sons, partes do corpo, estados emocionais, relações sociais e numerosos outros fenômenos foram todos classificados em cinco tipos, de acordo com as cinco fases. Quando a teoria das cinco fases fundiu-se aos ciclos *yin/yang*, o resultado foi um apurado sistema em que todos os aspectos do universo eram descritos como uma parcela bem definida de um todo constituído por padrões dinâmicos. Esse sistema, explicou Lock, formava o fundamento teórico do diagnóstico e do tratamento das doenças.

"O que é então a doença para os chineses?", perguntei.

"A doença é um desequilíbrio que ocorre quando não há uma circulação adequada de *chi*. *Chi*, como você sabe, é outro importante conceito da filosofia natural chinesa. O termo significa, literalmente, 'gás' ou 'éter', e era usado na China antiga para descrever o sopro vital, ou energia, que anima o cosmos. O fluxo e a flutuação de *chi* mantêm as pessoas vivas, e existem percursos definidos para o *chi*, os famosos meridianos, ao longo dos quais ficam os pontos de acupuntura." Lock disse-me que, do ponto de vista científico ocidental, há hoje uma considerável documentação que mostra possuírem esses pontos

---

[1] *A palavra "flutuação", neste capítulo, deve ser compreendida, basicamente, no sentido de "oscilação". O original "fluctuations" não possui nenhuma conotação de "flutuar" ("floating" em inglês). (N. do T.)*

uma resistência elétrica e uma termossensibilidade características, ao contrário de outras áreas da superfície do corpo; porém, acrescentou, nenhuma demonstração científica da existência dos meridianos fora apresentada.

"O conceito de equilíbrio é fundamental na concepção chinesa de saúde", continuou. "Os clássicos afirmam que as doenças se tornam manifestas quando o corpo sai do equilíbrio e o *chi* deixa de circular naturalmente."

"Eles, portanto, ao contrário de nós, não vêem a doença como uma entidade externa que invade o corpo?"

"Não. Embora reconheçam esse aspecto na causa das doenças, para eles toda enfermidade se deve a um conjunto de causas que levam à desarmonia e ao desequilíbrio. Contudo, afirmam também que a natureza de todas as coisas, inclusive do corpo humano, é a homeostase. Em outras palavras, há um esforço natural para tudo voltar ao equilíbrio. As frustrações entre equilíbrio e desequilíbrio são vistas como um processo natural que ocorre constantemente em todo o ciclo vital, e os textos tradicionais não traçam uma fronteira muito nítida entre saúde e doença. Ambas são vistas como naturais, e como partes de uma seqüência contínua; são aspectos de um mesmo processo de flutuação em que cada organismo se modifica de maneira contínua em relação ao meio ambiente inconstante."

Impressionou-me muito essa concepção de saúde e, como sempre aconteceu todas as vezes em que estudei a filosofia chinesa, fiquei profundamente comovido pela beleza de sua sabedoria ecológica. Margaret Lock concordou comigo quando comentei que a filosofia médica chinesa parecia inspirada por uma consciência ecológica.

"Sem dúvida", confirmou. "O organismo humano é sempre visto como parte da natureza e como constantemente sujeito às influências das forças naturais. Nos clássicos, as mudanças sazonais recebem atenção especial e suas influências sobre o corpo são descritas detalhadamente. Tanto os médicos como os leigos são demasiado sensíveis às mudanças climáticas, e empregam essa sensibilidade como uma espécie de medicina preventiva. Observei que no Japão até as crianças pequenas são ensinadas a prestar bastante atenção às mudanças de clima e de estação, e a observar as reações do corpo a essas mudanças."

O esboço geral dos princípios da medicina chinesa que Lock me apresentou deixou claro por que os chineses dão tanto destaque à prevenção das doenças — algo sobre a qual eu já ouvira falar muitas vezes antes. Um sistema de medicina que considera o equilíbrio e a harmonia com o meio ambiente como o fundamento da saúde irá naturalmente enfatizar as medidas preventivas.

"Com certeza", concordou Lock. "E é preciso acrescentar que, de acordo com os chineses, é nossa responsabilidade pessoal buscar a saúde cuidando de nosso corpo, respeitando as normas sociais e vivendo de acordo com as leis do universo. A doença é vista como um sinal de falta de cuidado da parte do indivíduo."

"Qual é então o papel do médico?"

"É bem diferente de seu papel no Ocidente. Na medicina ocidental, o médico de melhor reputação é o especialista, aquele que tem um conhecimento detalhado de uma parte específica do corpo. Na medicina chinesa, o médico ideal é um sábio que conhece a maneira como todos os padrões do universo trabalham juntos, que trata individualmente de cada paciente e que registra da forma mais completa possível o estado global da mente e do corpo e sua relação com o ambiente natural e social. No que se refere ao tratamento, espera-se que apenas uma pequena parte dele seja iniciada pelo médico e ocorra na sua presença. Uma técnica terapêutica é vista, pelos médicos e pelos pacientes, como uma espécie de catalisador do processo natural de cura."

A concepção chinesa de saúde e medicina, esboçada por Lock em nossa primeira conversa, pareceu-me inteiramente consistente com o novo paradigma que emergia da física moderna. E também pareceu-me estar em harmonia com muitas idéias que tinham sido discutidas nas Palestras de Maio. O fato de o arcabouço que Lock me apresentara vir de uma cultura diferente não me preocupou. Eu sabia que ela, sendo antropóloga e tendo estudado meticulosamente o emprego da medicina clássica chinesa em regiões urbanas do Japão moderno, seria capaz de me mostrar como os princípios básicos desse arcabouço poderiam ser aplicados a uma assistência holística à saúde em nossa cultura. Planejei explorar com ela essa questão em maiores detalhes em nossas conversas seguintes.

Explorando "chi" com Manfred Porkert

Dentre os conceitos chineses que Lock e eu discutimos em nossa primeira conversa, o de *chi* exerceu sobre mim uma fascinação especial. Já deparara esse conceito muitas vezes em meus estudos da filosofia chinesa, e estava familiarizado com seu uso também nas artes marciais. Sabia que era geralmente traduzido como "energia" ou "energia vital", mas pressentia que esses termos não transmitiam o conceito chinês de maneira adequada. Assim como ocorrera com o termo junguiano "energia psíquica", fiquei muito interessado em descobrir qual a relação entre *chi* e o conceito de energia física, que é uma medida quantitativa da atividade.

Seguindo os conselhos de Lock, estudei alguns dos escritos de Porkert, mas achei-os difíceis de penetrar devido à terminologia muito especial — a maior parte em latim — que ele criara para traduzir os termos médicos chineses. Somente vários anos depois, após meus estudos sobre teoria dos sistemas e minhas conversas com Bateson e Jantsch, é que comecei a compreender o conceito chinês de *chi*. Assim como a filosofia natural e a medicina da China, a moderna teoria sistêmica da vida concebe um organismo vivo em termos de múltiplas flutuações interdependentes, e pareceu-me que o conceito de *chi* é usado pelos chineses para descrever o conjunto total desses múltiplos processos de flutuação.

Quando finalmente escrevi o capítulo "Holismo e saúde" em *O ponto de mutação*, incluí uma interpretação de *chi* que refletia meu entendimento incipiente tanto da antiga ciência médica chinesa quanto da moderna concepção sistêmica de vida:

"*Chi* não é uma substância, nem possui o significado puramente quantitativo do nosso conceito científico de energia. É usado na medicina chinesa de maneira muito sutil, para descrever os diversos padrões de fluxo e flutuação no organismo humano, bem como as contínuas trocas entre o organismo e seu meio ambiente. *Chi* não se refere ao fluxo de alguma substância em particular, mas parece representar o princípio do fluxo como tal, que, na concepção chinesa, é sempre cíclico".

Três anos depois de escrever essa passagem, fui convidado para falar numa conferência patrocinada pela Fundação de Acupuntura Tradicional — onde, para minha grande alegria, Manfred Porkert também estava entre os oradores. Quando o conheci, fiquei surpreso ao constatar que era apenas alguns anos mais velho que eu; sua grande erudição e suas várias publicações levaram-me a supor que ele deveria estar no mínimo na casa dos setenta — um estudioso venerável como Joseph Needham. No entanto, em vez disso encontrei um homem jovial, dinâmico e encantador que de imediato travou comigo uma animada conversa.

Naturalmente fiquei muito ansioso para discutir com ele os conceitos fundamentais da medicina chinesa, sobretudo o conceito de *chi* que vinha me intrigando há vários anos. Manifestei a Porkert meu desejo e, fiel à abordagem ousada que já me fora tão proveitosa no passado, perguntei-lhe se ele aceitaria um debate público durante a conferência. Ele concordou imediatamente, e no dia seguinte os organizadores prepararam um diálogo entre nós dois sobre "a nova visão de realidade e a natureza de *chi*".

Ao me ver sentado face a face com Manfred Porkert, diante de uma platéia de várias centenas de pessoas, percebi a temeridade de ter-me colocado em tal situação. Afinal, meus conhecimentos da filosofia e da medicina chinesa eram muito limitados, e eu estaria ali, discutindo esses temas com um dos maiores especialistas do Ocidente. Além disso, a discussão não seria particular, mas diante de um grande grupo de acupunturistas profissionais. Porém não me deixei intimidar. Diferentemente das conversas que mantive com várias outras pessoas notáveis, e que constituem o material deste livro, a conversa com Porkert ocorreu dois anos depois de eu completar *O ponto de mutação*. Eu já assimilara a concepção sistêmica da vida, integrando-a plenamente em minha visão de mundo e transformando-a no cerne de minha apresentação do novo paradigma. Estava pronto e ansioso para usar esse novo arcabouço na exploração de uma ampla gama de conceitos. Haveria melhor oportunidade para aumentar o meu entendimento que sondar os extensos conhecimentos de Porkert?!

Para dar início à discussão, apresentei um breve resumo da concepção sistêmica da vida, ressaltando em particular o enfoque nos padrões de organização, a importância de se pensar em termos de processos e o papel fundamental das flutuações na dinâmica dos sistemas vivos. Porkert confirmou que na concepção chinesa de vida a flutuação também é vista como·o fenômeno dinâmico básico. Tendo preparado o terreno, fui diretamente ao âmago da questão — a natureza do *chi.*

"Parece, assim, que a flutuação é a dinâmica fundamental que os sábios chineses observaram na natureza. E eles, a fim de sistematizarem suas observações, usaram o conceito de *chi,* que é bastante complexo. O que é *chi?* Se não estou enganado, é uma palavra comum em chinês."

"De fato é", respondeu Porkert. "É uma palavra antiga."

"O que significa?"

"Significa uma expressão dirigida e estruturada de movimento; *não* é uma expressão aleatória ou fortuita de movimento."

A explicação de Porkert pareceu-me um tanto sofisticada, e tentei achar um significado mais simples e mais concreto do termo: "Existe algum contexto coloquial para o qual *'chi'* possa ser facilmente transposto?"

Porkert meneou a cabeça. "Não existe uma transposição direta. É por isso que evitamos traduzir o termo. Mesmo estudiosos que não se incomodam de usar equivalentes ocidentais não traduzem *'chi'.*"

"Você poderia ao menos circundar o assunto, e nos contar alguns dos significados possíveis?", insisti.

"É o máximo que posso fazer. *'Chi'* aproxima-se do que o nosso termo 'energia' transmite. Aproxima-se, mas não é equivalente. O termo *chi* sempre implica uma qualificação, e essa qualificação é a definição da direção. *Chi* implica direcionalidade, movimento numa direção determinada. Essa direção também pode ser explícita; por exemplo, quando os chineses dizem *'tsang chi',* eles estão se referindo a *chi* que se move em orbes funcionais, chamados *'tsang'.*"

Lembrei-me de que Porkert usa o termo "orbe funcional", em vez do termo mais convencional "órgão", para traduzir *"tsang",* a fim de transmitir a idéia de que *"tsang"* se refere a um conjunto de relações funcionais e não a uma parte física isolada do corpo. Sabia também que no sistema chinês esses orbes funcionais estão associados a um conjunto de vias condutoras, geralmente chamadas de "meridianos", para os quais Porkert escolheu o termo "sinartérias". Como eu ouvira falar muitas vezes que os meridianos são os percursos de *chi,* estava curioso para ouvir a sua opinião.

"Quando você fala de vias condutoras", perguntei, "parece dar a idéia de que algo flui por elas, e que esse algo é o *chi.*"

"Entre outras coisas."

"*Chi* é então algum tipo de substância que flui?"

"Não, *chi* certamente não é uma substância."

Até aqui Porkert não contradissera nenhuma de minhas idéias incipientes sobre *chi,* e agora eu estava pronto para apresentar-lhe a interpretação que eu tirara da teoria sistêmica moderna.

"Do ponto de vista sistêmico", comecei cautelosamente, "eu diria que um sistema vivo é caracterizado por múltiplas flutuações. Essas flutuações possuem certas intensidades relativas, e há também direções e muitos outros padrões que poderiam ser descritos. Parece-me que *chi* tem algo do nosso conceito científico de energia, no sentido de estar associado a processos. Porém não é algo quantitativo; parece ser uma descrição qualitativa de algum padrão dinâmico, de um padrão de processos."

"Exatamente. Na realidade, *chi* transmite padrões. Nos textos taoístas, que de certa maneira correm paralelamente à tradição médica — e que estudei bem no início de minhas pesquisas — o termo '*chi*' expressa essa transmissão e conservação de padrões."

"Pois bem, se *chi* é usado para descrever padrões dinâmicos, você diria que é um conceito teórico? Ou existe algo que efetivamente é *chi?*"

"Nesse sentido, é um conceito teórico", concordou Porkert. "É um conceito racional originado da medicina, da ciência e da filosofia chinesas. Porém, não da linguagem cotidiana, é evidente."

Fiquei emocionado ao ver que Porkert basicamente confirmava minha interpretação de *chi*. Verifiquei também que ele conferira a essa interpretação uma precisão maior ao acrescentar a noção de direcionalidade, algo completamente inédito para mim e sobre o qual pedi maiores esclarecimentos.

"Você mencionou antes que o aspecto qualitativo de *chi* está em sua direcionalidade", prossegui. "Esse me parece um uso bastante restrito da noção de qualidade, ao passo que em termos gerais qualidade pode significar qualquer tipo de coisa."

"Certo. Eu tenho usado o termo 'qualidade' há quase duas décadas num sentido restrito, como um complemento à quantidade. Qualidade, nesse sentido, corresponde a uma direcionalidade definida ou definível, isto é, à direção de um movimento. Veja, estamos lidando aqui com dois aspectos da realidade: massa, que é fixa e estática, que tem extensão e pode ser acumulada; e movimento, que é dinâmico e não tem extensão. Qualidade, para mim, refere-se a movimentos, a processos, a funções ou a mudanças — especialmente a mudanças vitais que são importantes na medicina."

"De modo que direção é um aspecto-chave da qualidade. É o único?"

"É, é o único."

A essa altura, em que a noção de *chi* ia se tornando menos nebulosa e mais nítida, pensei em outro conceito fundamental da filosofia chinesa, o do par de opostos polares *yin* e *yang*. Eu sabia que esse conceito é usado em toda a cultura chinesa para conferir à idéia de padrões cíclicos uma estrutura definida mediante a criação de dois pólos que estabelecem os limites de todos os ciclos de mudanças. As observações de Porkert sobre o aspecto qualitativo de *chi* fizeram-me perceber que a direcionalidade também parece ser crucial nas noções de *yin* e *yang*.

"Sem a menor dúvida", concordou Porkert. "A terminologia implica direcionalidade mesmo em seu sentido arcaico original. O significado original de *yin* e *yang* era o de dois aspectos de uma montanha, o lado de sombras e o lado ensolarado. Isso implica a direção de movimento do sol. É a mesma montanha, mas os aspectos mudam por causa do movimento do sol. E quando falamos de *yin* e *yang* na medicina, é sempre a mesma pessoa, o mesmo indivíduo, mas os aspectos funcionais mudam com a passagem do tempo."

"De modo que a qualidade de direção está implícita quando os termos '*yin*' e '*yang*' são usados para descrever movimentos cíclicos. Por outro lado, quando temos muitos movimentos que formam um sistema dinâmico inter-relacionado, temos um padrão dinâmico. Isso é *chi*?"

"Sim."

"Entretanto, quando descrevemos esse padrão dinâmico não basta especificarmos as direções; temos também de descrever as inter-relações para termos o padrão completo."

"Certamente que sim. Sem as inter-relações não haveria *chi*, pois *chi* não é espaço vazio. É o padrão estruturado de relações, que são definidas de uma maneira direcional."

Senti que isso era o mais próximo que nós conseguiríamos chegar de uma definição de *chi* em termos ocidentais, e Porkert concordou. Durante o resto de nossa conversa, mencionamos diversos outros paralelos entre a concepção sistêmica da vida e a teoria médica chinesa; nenhum deles, porém, tão instigante quanto nossa tentativa conjunta de esclarecer o conceito de *chi*. Fora um encontro intelectual de grande precisão e beleza; a dança mutuamente prazerosa de duas mentes em busca do entendimento.

Lições da medicina do leste asiático

Entre a primeira conversa que tive com Margaret Lock e essa minha discussão com Manfred Porkert passaram-se sete anos de intensas pesquisas. Com a ajuda de muitos amigos e colegas, fui gradualmente reunindo as diversas peças de um novo arcabouço conceitual — uma estrutura que permitisse uma abordagem holística da saúde e da cura. A necessidade de uma nova abordagem ficou evidente para mim nas Palestras de Maio, e depois de conhecer Lock já comecei a vislumbrar os contornos desse arcabouço, que iria surgir lentamente com o passar dos anos. Em sua formulação final, esse arcabouço representaria uma visão sistêmica da saúde correspondente à concepção sistêmica da vida; mas, naqueles dias de 1976, eu ainda estava longe de chegar a tal formulação.

A filosofia da medicina chinesa clássica pareceu-me bastante atraente por ser bem consistente com a visão de mundo que eu explorara em *O tao da física*. Evidentemente a grande questão era descobrir até que ponto o sistema chinês poderia ser adaptado à nossa cultura ocidental moderna. Eu estava muito ansioso para discutir isso com Lock e, algumas semanas depois de nossa conversa, combinei com ela outro chá para conversarmos mais especificamente sobre esse problema. Nesse ínterim, Margaret e eu ficamos nos conhecendo muito melhor, e convidei-a para dar uma conferência em meu seminário "Além da visão de mundo mecanicista na UC de Berkeley. Conheci seu marido e seus filhos, e passamos muitas horas ouvindo histórias maravilhosas e divertidas sobre a sua experiência com a cultura japonesa.

Lock advertiu-me desde o início sobre os perigos e ciladas de compararmos sistemas médicos de culturas diferentes. "Todo sistema médico", insistiu ela, "inclusive a medicina ocidental moderna, é produto de sua história e existe dentro de um certo contexto cultural e ambiental. Como esse contexto está sempre mudando, o sistema médico também mudará. Ele será modificado por novas influências econômicas, políticas e filosóficas. Portanto, todo sistema de saúde será sempre único e singular num determinado momento e num determinado contexto."

Dada essa situação, perguntei-lhe se seria proveitoso estudar os sistemas médicos de outras culturas.

"Questiono veementemente a utilidade de qualquer sistema médico como modelo para outra sociedade", respondeu Lock; "e, de fato, vimos a medicina ocidental bater a cabeça na parede repetidas vezes nos países em desenvolvimento."

"Talvez", propus, "a finalidade de uma comparação transcultural não seja a de usar outros sistemas como modelos para a nossa cultura, e sim como espelhos, para podermos reconhecer melhor as vantagens e deficiências de nossa própria abordagem."

"Isso certamente pode ser muito útil", concordou Lock. "Mas, em particular, você irá descobrir que nem todas as culturas tradicionais conceberam a saúde e a assistência médica de um modo holístico."

Fiquei intrigado com essa observação. "Mesmo que essas culturas tradicionais não tenham uma concepção holística da saúde, talvez suas abordagens fragmentadas ou reducionistas sejam diferentes das que predominam em nossa medicina científica atual. E constatar essa diferença pode ser muito instrutivo."

Lock concordou. E como ilustração contou-me a história de uma tradicional cerimônia africana para curar vítimas de feitiçaria. O curandeiro reúne toda a vila para um longo debate político, no qual a população é dividida em várias linhagens que apresentarão uma série de acusações e reclamações. Durante o tempo todo, o indivíduo doente permanece à margem, quase relegado. "O procedimento todo é antes de mais nada um evento social", observou Lock. "O paciente é apenas um símbolo do conflito dentro da sociedade e o processo de cura, nesse caso, certamente não é holístico."

Essa história levou-nos a uma longa e fascinante discussão sobre o xamanismo, um campo que Lock estudara com razoável detalhamento mas que me era totalmente estranho. "Um xamã é um homem ou uma mulher que pode, à vontade, entrar em contato com o mundo dos espíritos *em prol dos membros da sua comunidade*." Lock insistiu na importância crucial da última parte da definição, e ressaltou também o forte vínculo entre o ambiente sociocultural do paciente e as séries xamanísticas acerca da causação das doenças. Se a medicina científica ocidental enfoca os mecanismos biológicos e os processos fisiológicos que produzem os sinais da doença, no xamanismo a preocupação principal é com o contexto sociocultural onde a doença ocorre. O processo da doença é de todo ignorado ou relegado a segundo plano. "Quando perguntamos a um médico ocidental sobre as causas de uma doença, ele mencionará bactérias ou perturbações fisiológicas; já um xamã provavelmente mencionará a competição, a inveja e a ganância, os bruxos e feiticeiros, as transgressões de algum membro da família do paciente, ou alguma outra circunstância em que este ou alguém próximo a ele deixou de cumprir a ordem moral."

Esse comentário ficou na minha cabeça durante um longo tempo e, vários anos depois, foi muito útil para que eu compreendesse que o problema conceitual existente no próprio cerne de nossa assistência médica contemporânea é uma confusão entre os processos e as origens da doença. Em vez de perguntarem por que uma doença ocorre e tentarem modificar as condições que levaram a ela, os pesquisadores médicos concentram hoje sua atenção nos mecanismos pelos quais a doença opera, com o intuito de neles interferirem. Esses mecanismos, e não as verdadeiras origens, são muitas vezes vistos como as causas da doença pelo pensamento médico atual.

Enquanto discorria sobre o xamanismo, Lock referiu-se diversas vezes aos "modelos médicos" das culturas tradicionais, o mesmo termo que usara ao discutirmos a medicina chinesa clássica. Achei isso um tanto confuso, especialmente porque me recordava que os participantes das Palestras de Maio se referiam sempre à medicina científica como "o modelo médico". Pedi, por isso, que Lock esclarecesse sua terminologia.

Ela sugeriu que eu usasse o termo "modelo biomédico" para me referir aos fundamentos conceituais da medicina científica moderna, pois esse termo expressa a ênfase dada aos mecanismos biológicos — basicamente é isso que distingue a abordagem ocidental moderna dos modelos médicos de outras culturas e também outros modelos que coexistem em nossa própria cultura.

"A maioria das sociedades apresenta um pluralismo de sistemas e crenças médicos", explicou Lock. "Ainda hoje, o xamanismo é o sistema médico mais importante na maioria dos países predominantemente rurais. Além disso, continua bem vivo nas principais cidades do mundo, sobretudo naquelas com grandes populações de migrantes recentes." Lock disse também que preferia falar de uma medicina "cosmopolita" e não "ocidental" devido à amplitude global do sistema biomédico, e que preferia falar de uma "medicina do leste asiático" e não de uma medicina "chinesa clássica" por motivos semelhantes.

Chegamos com isso a um ponto em que pude fazer a Lock a pergunta que mais me aguçava a curiosidade: "Como podemos usar as lições que aprendemos ao estudar a medicina do leste da Ásia para desenvolvermos um sistema de saúde holístico em nossa cultura?"

"Na verdade, você está fazendo duas perguntas que precisam ser examinadas", respondeu ela. "Até que ponto o modelo do leste asiático é holístico, e quais de seus aspectos — se é que há algum — podem ser adaptados ao nosso contexto cultural?" Mais uma vez fiquei impressionado com o raciocínio claro e sistemático de Lock, e pedi-lhe que comentasse sobre o primeiro aspecto do problema — o holismo na medicina do leste da Ásia.

"Talvez devamos distinguir entre dois tipos de holismo", ponderou. "Num sentido mais restrito, 'holismo' significa considerar todos os aspectos do organismo humano como interligados e interdependentes. Num sentido mais amplo, significa reconhecer ainda que o organismo está em constante interação com seu ambiente natural e social.

"No primeiro sentido, mais restrito, o sistema médico do leste asiático é certamente holístico", prosseguiu Lock. "Aqueles que o praticam acreditam que seus tratamentos irão não apenas remover os principais sintomas da enfermidade do paciente como também afetar o seu organismo inteiro, que eles tratam como um todo dinâmico. No sentido mais amplo, contudo, o sistema chinês é holístico apenas em teoria. A interdependência entre o organismo e o meio ambiente é reconhecida no diagnóstico da doença e amplamente discutida nos textos médicos clássicos; porém, na terapêutica em si, em geral ela é negligenciada. Perceba que a maioria dos praticantes não leu os textos clássicos; esses textos são lidos principalmente por estudiosos que jamais exercem a medicina."

"De modo que os médicos do leste da Ásia seriam holistas, no sentido mais amplo e ambiental, em seus diagnósticos, mas não em suas terapias?"

"Exato. Quando diagnosticam, eles dedicam um tempo considerável conversando com os pacientes sobre sua situação no trabalho, sua família e seu estado emocional; porém, quando chega a hora do tratamento, concentram-se em conselhos dietéticos, em ervas medicinais e na acupuntura. Em outras palavras, restringem-se a técnicas que manipulam o interior do corpo. Observei isso repetidamente no Japão."

"Essa era também a atitude dos médicos chineses no passado?"

"Ao que tudo indica, sim. Na prática, o sistema chinês provavelmente nunca foi holístico no que se refere aos aspectos psicológicos e sociais da doença."

"Qual, a seu ver, seria o motivo disso?"

"Bem, em parte foi certamente a vigorosa influência do confucionismo em todos os aspectos da vida chinesa. O sistema confucionista, como você sabe, ocupava-se principalmente com a manutenção da ordem social. A doença, do ponto de vista confucionista, poderia surgir de uma inadaptação às regras e costumes da sociedade. Desse modo, a única maneira de uma pessoa melhorar era mudar, no sentido de encaixar-se numa determinada ordem social. Minhas observações no Japão mostraram-me que essa atitude ainda continua profundamente enraizada na cultura do leste asiático. E ela está por trás de todo tratamento médico na China e no Japão."

Vi claramente que essa seria uma grande diferença entre o sistema médico do leste da Ásia e a abordagem holística que estávamos tentando desenvolver no Ocidente. Nosso arcabouço decerto teria de incluir as terapias de orientação psicológica e o ativismo social como aspectos importantes, para ser de fato holístico. Margaret e eu, bastante motivados pela nossa experiência política nos anos 60, concordamos plenamente nesse ponto.

Durante todas as minhas conversas com Margaret Lock, tive o forte pres-

138

sentimento de que a filosofia subjacente à medicina do leste asiático concorda perfeitamente com o novo paradigma que começa a surgir a partir da ciência ocidental moderna. Além disso, ficou evidente para mim que muitos dos seus aspectos deveriam merecer igual destaque em nossa nova medicina holística — por exemplo, a concepção de saúde como um processo de equilíbrio dinâmico, a atenção dada à constante interação entre o organismo humano e seu meio ambiente natural e a importância da medicina preventiva. Mas por onde começar para incorporarmos essas características ao nosso sistema de saúde?

Percebi que o meticuloso estudo que Lock fizera da prática médica no Japão contemporâneo seria extremamente útil para responder a essa pergunta. Ela me dissera que os médicos japoneses modernos usam conceitos e métodos tradicionais para tratarem doenças que não são muito diferentes daquelas encontradas em nossa sociedade, e estava ansioso por ouvir o que suas observações haviam lhe ensinado.

"Os médicos japoneses modernos de fato combinam as medicinas ocidental e oriental?", perguntei-lhe.

"Nem todos. Os japoneses adotaram o sistema médico ocidental há cerca de cem anos, e a maioria dos médicos japoneses pratica hoje a medicina cosmopolita. Porém, assim como no Ocidente, tem aumentado a insatisfação com esse sistema. As críticas que você ouviu nas Palestras de Maio também têm sido expressas no Japão. E, em resposta a isso, os japoneses estão partindo cada vez mais para uma reavaliação de suas próprias práticas tradicionais. Eles acreditam que a medicina tradicional do leste asiático pode desempenhar muitas funções que estão além da capacidade do modelo biomédico. Os médicos que pertencem a esse movimento combinam as técnicas do Ocidente e as do Oriente. Aliás, eles são conhecidos como doutores *kampo*. *Kampo* significa, literalmente, 'o método chinês'."

Perguntei a Lock o que nós, ocidentais, poderíamos aprender com o modelo japonês.

"Creio que um fator é particularmente importante", disse ela após um momento de reflexão. "Na sociedade japonesa, como em todo o leste da Ásia, o conhecimento subjetivo é muito valorizado. E, apesar de a sua formação ressaltar uma abordagem científica da medicina, os médicos japoneses conseguem aceitar juízos subjetivos — seus e dos pacientes —, sem sentirem essa subjetividade como uma ameaça à sua clínica médica ou à integridade pessoal."

"Que tipo de juízos subjetivos seriam esses?"

"Por exemplo, um médico *kampo* não mede a temperatura de seus pacientes; em vez disso, ele nota seus sentimentos subjetivos sobre a febre. Um médico *kampo* também não estabelece a duração de um tratamento de acupuntura; ela é determinada simplesmente perguntando-se como o paciente está se sentindo.

"O valor do conhecimento subjetivo é certamente algo que poderíamos aprender com o Oriente", continuou Lock. "Nós nos tornamos tão obcecados pelo conhecimento racional, a objetividade e a quantificação que sentimos extrema insegurança ao lidarmos com a experiência e os valores humanos."

"E você acredita que a experiência humana é um aspecto importante da saúde?"

"Mas é claro! É o aspecto central. A própria saúde é uma experiência subjetiva. A intuição e o conhecimento subjetivo também são usados por todos os bons médicos do Ocidente, embora isso não seja admitido na literatura profissional nem ensinado nas faculdades de medicina."

Lock sustentou que diversos aspectos-chaves da medicina do leste da Ásia poderiam ser incorporados a um sistema médico holístico no Ocidente, se adotássemos uma atitude mais equilibrada diante dos conhecimentos racional e intuitivo, e diante da ciência e da arte da medicina. Além dos aspectos que já discutíramos, ela enfatizou em particular que nessa nova abordagem a responsabilidade pela saúde e pela cura não deveriam recair tão pesadamente sobre a classe médica. "Na medicina tradicional do leste asiático, o médico nunca assume a plena responsabilidade, partilhando-a com a família e com o governo."

"Como isso funcionaria em nossa sociedade?", perguntei.

"No nível da assistência primária à saúde, isto é, no dos cuidados do dia-a-dia, os próprios pacientes, seus familiares e o governo deveriam assumir quase totalmente a responsabilidade pela saúde e pela cura. No nível secundário, isto é, no da assistência hospitalar e dos casos de emergência, a maior parte da responsabilidade caberia ao médico — mas até mesmo aqui ele respeitaria a capacidade do próprio corpo para curar-se e não tentaria dominar o processo de cura."

"Quanto tempo você acha que será preciso para desenvolvermos essa nova medicina?", perguntei-lhe para concluir nossa longa conversa.

Margaret deu um de seus sorrisos irônicos: "O movimento holístico na saúde com certeza caminha nessa direção. Entretanto, uma medicina verdadeiramente holística exigirá mudanças bastante fundamentais em nossas atitudes, em nossas práticas de socialização, em nossa educação e em nossos valores básicos. Isso só acontecerá muito gradualmente — talvez nunca."

A mudança de paradigma na medicina

Fiquei muito impressionado, em todas as conversas que tive com Margaret Lock, com suas descrições claras e concisas, a sua aguçada mente analítica e, ao mesmo tempo, suas amplas perspectivas. Ao fim de vários encontros, senti que ela me proporcionara um arcabouço claro para estudar a mudança de paradigma na medicina, além da confiança para empreender esse estudo de maneira sistemática.

Naquela época, eu ainda achava que a mudança de paradigma na física era o modelo para as outras ciências, de modo que naturalmente comecei a comparar seu arcabouço conceitual com o da medicina. Eu aprendera nas Palestras de Maio que o mecanicismo do modelo biomédico tinha raízes na concepção cartesiana do corpo como uma máquina, da mesma forma que a física clássica se baseava na visão newtoniana do universo como um sistema mecânico. Desde o início, estava claro para mim que não havia motivos para se abandonar o modelo biomédico, pois ele ainda poderia desempenhar um papel útil numa faixa limitada de problemas de saúde dentro de um arcabouço holístico mais amplo — assim como a mecânica newtoniana jamais foi abandonada, permanecendo útil para uma faixa limitada de fenômenos dentro do arcabouço maior da física quântico-relativista.

A tarefa era, então, a de desenvolver esse arcabouço mais amplo, uma abordagem da saúde e dos processos de cura que permitisse lidar com toda a gama de fenômenos que afetam a saúde. A nova abordagem holística teria de levar em consideração especialmente a independência entre mente e corpo na saúde e na doença. Lembrei-me de como Carl Simonton ressaltava o papel crucial do estresse emocional no início e no desenvolvimento do câncer, mas naquela época eu não conhecia nenhum modelo psicossomático capaz de representar minuciosamente a interação entre o corpo e a mente.

Outro aspecto importante do novo arcabouço teria de ser uma concepção ecológica do organismo humano em que ele estivesse em constante interação com seu ambiente natural e social. Conseqüentemente seria preciso dedicar atenção especial às influências ambientais e sociais sobre a saúde, enquanto que as políticas e diretrizes sociais teriam de desempenhar um importante papel no novo sistema de assistência à saúde.

Estava claro para mim que nessa abordagem holística da saúde e dos processos de cura o conceito de saúde teria de ser muito mais sutil do que no modelo biomédico. Neste, a saúde é definida como a ausência de doença e a doença, vista como um mau funcionamento de mecanismos biológicos. O conceito holístico retrataria a saúde como um reflexo do estado do organismo inteiro, mente e corpo, e o consideraria também em sua relação com o meio ambiente. Percebi ainda que o novo conceito de saúde deveria ser um conceito dinâmico, que a concebesse como um processo de equilíbrio dinâmico e que reconhecesse, de alguma maneira, as forças curativas inerentes aos organismos vivos.

Entretanto, naquela época eu não sabia como formular esses conceitos de maneira precisa. Somente vários anos mais tarde a concepção sistêmica da vida me proporcionou uma linguagem científica que permitiu uma formulação precisa do modelo holístico da saúde e da doença.

Com relação aos processos terapêuticos, verifiquei que a medicina preventiva teria de desempenhar um papel muito maior, e que paciente e sociedade deveriam partilhar com o médico a responsabilidade pela saúde e pela cura. Nas Palestras de Maio eu ouvira falar de uma grande variedade de terapias alternativas baseadas nas mais variadas concepções de saúde, mas não me ficara claro quais poderiam ser integradas num sistema assistencial coerente. Entretanto, a idéia de estudar uma vasta variedade de abordagens capazes de lidar com êxito com os diferentes aspectos da saúde não constitui problema para mim. Adotei uma atitude *bootstrap* e decidi partir para uma investigação minuciosa desses diferentes modelos e processos terapêuticos, ansioso pela aventura intelectual dessa tarefa e esperando que, de modo eventual, um mosaico de abordagens mutuamente consistentes surgisse daí.

Em setembro de 1976, fui convidado para falar numa conferência sobre "O estado da medicina norte-americana", patrocinada pelo programa de extensão universitária da UC de Santa Cruz. A conferência visava explorar alternativas ao atual sistema de assistência à saúde e representou uma oportunidade única para eu apresentar os contornos iniciais do arcabouço conceitual que vinha desenvolvendo. Minha palestra, "A nova física como um modelo para a nova medicina", provocou discussões acaloradas entre os médicos, enfermeiras, psicoterapeutas e outros profissionais de saúde reunidos na platéia. Em decorrência disso, recebi diversos convites para falar em outros encontros semelhantes que o movimento holístico, então em rápida expansão, vinha organizando com freqüência cada vez maior. Essas conferências e seminários levaram a uma longa série de discussões com numerosos profissionais da área da saúde, discussões que me ajudaram enormemente a ir, pouco a pouco, elaborando e refinando meu arcabouço conceitual.

A abordagem mente-corpo do câncer

Uma dessas primeiras "conferências de saúde holística" realizou-se em Toronto, em março de 1977, na qual, além de ouvir a primeira apresentação mais abrangente de Stan Grof, pude mais uma vez entrar em contato com Carl e Stephanie Simonton. Ambos me receberam calorosamente, e ficamos recordando aqueles dias cheios de emoção que passáramos juntos durante as Palestras de Maio e a alegria de nossos passeios por Londres.

Na conferência de Toronto, os Simontons apresentaram novas revelações e resultados de seu trabalho com pacientes cancerosos, e mais uma vez impressionou-me profundamente sua abertura intelectual, sua coragem e seu empenho e dedicação. Quando Carl apresentou as idéias teóricas subjacentes à sua técnica de tratamento, pude verificar que progredira consideravelmente nesses quatro anos, desde as Palestras de Maio. Ele não só estava convencido do elo crucial entre câncer e estresse emocional, como também já esboçara um modelo psicossomático para descrever a complexa interdependência entre mente e corpo no desenvolvimento da doença e no processo de cura.

"Um dos meus principais objetivos", começou Simonton, "é inverter a imagem popular que se faz do câncer, uma imagem que não corresponde às descobertas das pesquisas biológicas, e segundo a qual existiria um poderoso invasor que atacaria o corpo vindo de fora. Na realidade, a célula cancerosa não é forte; é uma célula fraca. Ela não invade; vai abrindo seu caminho — e não é capaz de atacar. As células cancerosas são grandes; porém, são moles, indolentes e confusas.

"Meu trabalho convenceu-me de que o câncer precisa ser entendido como um desarranjo sistêmico, como uma doença de aparência localizada mas que tem a capacidade de espalhar-se e que, portanto, envolve na realidade todo o organismo — a mente e o corpo. O tumor original é somente a ponta do *iceberg.*"

O modelo psicossomático do câncer baseia-se na chamada "teoria da vigilância", segundo a qual todo organismo produz ocasionalmente células anormais cancerosas. Num organismo saudável, o sistema imunológico reconhece essas células anormais e as destrói. Entretanto, se por algum motivo o sistema imunológico não for suficientemente forte, as células cancerosas se reproduzirão e o resultado será um tumor constituído por uma massa de células imperfeitas.

"De acordo com essa teoria", ressaltou Simonton, "o câncer não é um ataque vindo de fora mas um colapso que ocorre internamente. E a pergunta crucial é: 'O que impede que o sistema imunológico de uma pessoa, num determinado momento, reconheça e destrua as células anormais, permitindo assim que elas se proliferem e se convertam num tumor que ameaça a vida?' "

Simonton esboçou então seu modelo incipiente, em que os estados físicos e psicológicos podem colaborar na implantação da doença. Em particular, destacou que o estresse emocional tem dois efeitos principais: o de inibir o sistema imunológico do corpo e, ao mesmo tempo, o de provocar desequilíbrios hormonais que resultam num aumento da produção de células anormais. Estão criadas assim as condições ideais para o crescimento do câncer. A produção de células malignas é intensificada exatamente no momento em que o corpo é menos capaz de destruí-las.

A filosofia básica da abordagem de Simonton afirma que a proliferação do câncer envolve uma série de processos psicológicos e biológicos interdependentes, que esses processos podem ser identificados e compreendidos, e que a seqüência de eventos que provocam a doença pode ser invertida levando o organismo de volta a um estado saudável. Para tanto, os Simontons ajudam seus pacientes a se tornar cientes do contexto mais amplo de sua enfermidade, a identificar os principais pontos de estresse em sua vida e a desenvolver uma atitude positiva diante da eficácia do tratamento e do poder das defesas do corpo.

"Uma vez gerados esses sentimentos de expectativa e esperança", explicou Simonton, "o organismo os traduz em processos biológicos que começam a restaurar o equilíbrio e a revitalizar o sistema imunológico, percorrendo as mesmas vias que foram usadas no desenvolvimento da doença. A produção de células cancerosas diminui e, ao mesmo tempo, o sistema imunológico torna-se mais forte e eficiente em combatê-las. Enquanto esse fortalecimento vai-se processando, empregamos uma terapia física em conjunto com nossa abordagem psicológica, para ajudar o organismo a destruir as células malignas."

Ouvindo Carl Simonton falar, fiquei tremendamente emocionado ao me dar conta do fato de que ele e Stephanie estavam desenvolvendo uma abordagem terapêutica que poderia tornar-se exemplar para todo o movimento de saúde holística. Os dois concebem a doença como um problema da pessoa inteira: sua terapêutica não se concentra apenas na doença, mas envolve todo o ser humano. É uma abordagem multidimensional que implica diversas es-

143

tratégias de tratamento — tratamento médico convencional, visualização, aconselhamento psicológico e outras —, destinadas a iniciar e a colaborar com o processo psicossomático de cura inato no organismo. A psicoterapia dos Simontons, que geralmente consiste em sessões em grupo, concentra-se nos problemas emocionais dos pacientes, porém não os isola do contexto mais amplo de sua vida, incluindo dessa forma os aspectos sociais, culturais, filosóficos e espirituais.

Depois das palestras dos Simontons ficou claro para mim que os dois seriam os orientadores ideais para minhas explorações subseqüentes no campo da saúde e dos processos de cura. Decidi, portanto, permanecer em contato com eles o máximo possível; porém, verifiquei que isso talvez fosse um tanto difícil, uma vez que a vida deles era quase totalmente dedicada às pesquisas, às palestras para a comunidade médica e ao bem-estar de seus pacientes, que recebiam atenção constante. Restava-lhes pouco tempo para qualquer outra coisa.

Ao término da conferência, Carl Simonton e eu visitamos nosso amigo Emil Zmenak, o médico quiroprático que havíamos conhecido nas Palestras de Maio, e nós três passamos uma longa e tranqüila noite juntos, colocando em dia o que acontecera em nossa vida e partilhando idéias e experiências. Disse a Carl que estava empreendendo um meticuloso estudo da mudança de paradigma na medicina e que buscava um novo arcabouço conceitual para a saúde e os processos de cura. Expressei meu grande entusiasmo com o progresso que ele alcançara na formulação de seu modelo, e disse-lhe que adoraria que continuássemos trocando idéias no futuro. Ele respondeu que teria muito interesse em trabalhar comigo nesse projeto, acrescentando que desde a época das Palestras de Maio passara a acreditar que estávamos todos destinados a permanecer em contato um com o outro e a colaborar de uma ou de outra maneira no futuro. Disse-me também que sua agenda de trabalho já estava mais que superlotada, mas incentivou-me a procurá-lo quando eu tivesse idéias mais concretas sobre nossa mútua colaboração.

A montagem de um arcabouço holístico para a saúde

O encontro com Carl Simonton em Toronto muito me inspirou e incentivou a continuar montando as peças de um mosaico conceitual que fornecesse um novo arcabouço para a saúde. Vi paralelos entre a medicina do leste asiático e muitas das atitudes e técnicas de Simonton — em especial a sua ênfase na restauração do equilíbrio e na intensificação do potencial de autocura do organismo —, ao mesmo tempo em que ele me deixava convicto de que era efetivamente possível formular o novo arcabouço holístico em linguagem científica ocidental.

Nos dois anos seguintes, de março de 1977 a maio de 1979, empreendi uma investigação cabal da mudança de paradigma na medicina e do aparecimento de abordagens holísticas da saúde e dos processos de cura. No decorrer de minhas pesquisas, estudei também as mudanças nas idéias básicas da psicologia e da economia, descobrindo muitas relações fascinantes entre as mudanças de paradigma nesses três campos.

Minha tarefa inicial foi a de identificar e sintetizar, da maneira mais clara e abrangente possível, as críticas já existentes ao modelo biomédico mecanicista e à clínica médica contemporânea. Comecei consultando sistematicamente toda a literatura relevante. Margaret Lock recomendou-me seis autores, e achei-os todos muito estimulantes e esclarecedores: Victor Fuchs, Thomas McKeown, Ivan Illich, Vicente Navarro, René Dubos e Lewis Thomas.

A clara análise da economia da saúde feita por Fuchs em seu polêmico livro *Who shall live?*, o minucioso relato da história das infecções que McKeown faz em seu clássico *The role of medicine: dream, mirage, or nemesis?*, a vigorosa denúncia da "medicalização da vida" feita por Illich em seu contestador *Medical nemesis*, e a cáustica crítica marxista de Navarro em *Medicine under capitalism* fizeram-me ver a relação entre medicina e saúde sob uma nova luz. Esses livros me mostraram de maneira convincente que, se a abordagem biomédica se limita a uma parcela relativamente pequena dos fatores que influenciam a saúde, progresso na medicina não significa de maneira necessária progresso na saúde. Mostraram-me também que as intervenções biomédicas, ainda que demasiado úteis em emergências, têm pouquíssimo efeito sobre a saúde pública em geral.

Quais, então, são os principais fatores que afetam a saúde? Essa pergunta foi respondida com grande beleza e limpidez nos livros e artigos de René Dubos, que reconstroem, em linguagem científica moderna, muitas idéias com que travei contato pela primeira vez ao conversar com Lock sobre a filosofia médica do leste da Ásia: a nossa saúde é determinada sobretudo pelo nosso comportamento; a origem das doenças deve ser procurada numa composição de diversos fatores causais; a total ausência de enfermidades é incompatível com o processo vital.

O autor cujos escritos mais me intrigaram foi Lewis Thomas. Muitos de seus ensaios, sobretudo aqueles reunidos na coletânea *Lives of a cell*, refletem uma profunda consciência ecológica. São passagens poéticas, extremamente belas, que retratam a mútua interdependência de todas as criaturas vivas, as relações simbióticas entre animais, plantas e microorganismos e os princípios cooperativos pelos quais a vida se organiza em todos os níveis. Já em outros ensaios, Thomas manifesta com clareza sua crença na abordagem mecanicista do modelo biomédico — por exemplo, quando escreve: "Para cada doença há um único mecanismo-chave que domina todos os outros. Se pudermos encontrá-lo e raciocinar com base nele, seremos capazes de controlar qualquer enfermidade. Em resumo, acredito que podemos enfrentar as principais doenças do ser humano como se fossem enigmas biológicos, enigmas sempre solucionáveis em última instância".

Entre os seis autores recomendados por Lock, René Dubos foi o que mais me inspirou e impressionou. Procurei-o numa de minhas visitas a Nova York, na esperança de conhecê-lo pessoalmente. Por infelicidade, nosso encontro não chegou a ocorrer, mas ele me apresentou a David Sobel, jovem médico de San Francisco que, na época, acabara de compilar uma antologia de abordagens holísticas na medicina antiga e na contemporânea, intitulada *Ways of health*. Esse livro, que Sobel publicou alguns anos depois, contém vinte ensaios escritos por autoridades eminentes da medicina holística, inclusive um de Manfred Porkert e três de Dubos. A meu ver, continua sendo um dos melhores livros sobre o assunto.

Fui visitar David Sobel. Seu escritório era coberto de prateleiras cheias de livros e artigos que vinha colecionando há muitos anos. Sobel orientou-me em meio a essa coleção demasiado valiosa, e generosamente permitiu que eu tirasse cópias dos artigos que mais me interessaram. Quando o deixei, foi com um forte sentimento de gratidão e uma pesada sacola cheia de precioso material de pesquisa. Eu tinha então a meu dispor uma rica fonte de idéias instigantes, a partir da qual comporia, vários anos depois, minha própria síntese conceitual.

Nos meses seguintes, enquanto estudava o material que Sobel me dera, continuei proferindo palestras sobre as mudanças de paradigma na física e na medicina e discutindo a questão com um sem-número de profissionais de saúde em diversas conferências. Essas discussões sempre me introduziam a novas idéias, entre as quais lembro-me sobretudo de duas áreas que me eram praticamente desconhecidas: a crítica feminista à prática médica contemporânea, expressa com ênfase em dois livros muito bem documentados, *The hidden malpractice*, de Gena Corea, e *For her own good*, de Barbara Ehrenreich e Deirdre English; e a vigorosa crítica das atitudes médicas em face da morte e do processo de morrer, expressa por Elisabeth Kübler-Ross, cujos livros e palestras eloqüentes geraram um tremendo interesse pela dimensão espiritual e existencial da doença. Ao mesmo tempo, minhas discussões com Stan Grof e R. D. Laing ajeitavam-me a estender a crítica que se fazia contra a aplicação da abordagem biomédica à psiquiatria, fazendo-me compreender melhor a doença mental e os múltiplos níveis da consciência humana.

Meu interesse pelas novas concepções psiquiátricas também foi bastante estimulado por um encontro com Antonio Dimalanta, jovem e inventivo terapeuta familiar que conheci num hospital psiquiátrico de Chicago, e que me convidara para dar uma palestra sobre *O tao da física*. Depois da palestra, numa longa conversa que tivemos, Dimalanta contou-me que via muitos paralelos entre as minhas idéias e sua prática psiquiátrica. Ressaltou, em particular, as limitações da linguagem comum, o papel do paradoxo e a importância de métodos intuitivos, não-racionais.

Fiquei particularmente fascinado por Dimalanta porque ele parecia conseguir combinar suas abordagens ousadas e intuitivas da psicoterapia com um forte desejo de compreendê-las em termos de modelos científicos. Ele foi um dos primeiros a chamar minha atenção para o papel potencial que a teoria sistêmica poderia desempenhar como uma linguagem comum dirigida à compreensão dos aspectos físicos, mentais e sociais da saúde. Disse-me ainda que, embora estivesse apenas começando a sintetizar seus pensamentos sobre o assunto, já conseguira incorporar explicitamente alguns dos novos conceitos sistêmicos em sua prática de terapia familiar. Depois de nosso encontro, Dimalanta e eu continuamos nossa discussão em várias trocas de correspondência. Suas cartas sempre traziam novos desafios e *insights* inéditos para minha busca de abordagens holísticas da saúde e dos processos de cura.

Numa de minhas palestras na UC de Berkeley, fiquei conhecendo Leonard Shlain, cirurgião de San Francisco profundamente interessado em filosofia, ciência e arte, cuja amizade e interesse por meu trabalho se tornariam inestimáveis em minha investigação no campo da medicina. Durante a palestra, Shlain me envolvera numa prolongada discussão sobre certos aspectos sutis da física quântica e, mais tarde, quando fomos tomar uma cerveja, logo nos vimos em meio a uma fascinante comparação entre o taoísmo antigo e a cirurgia moderna.

Naquela época, eu tinha um grande preconceito contra cirurgiões, pois acabara de ler uma resenha crítica da cirurgia norte-americana no livro de Victor Fuchs, segundo o qual o presente "excesso" desses profissionais não só não parece forçar uma redução de seus honorários como também, de acordo com muitos críticos, resulta num considerável exagero de procedimentos cirúrgicos. Mas em Shlain encontrei um cirurgião de espécie bem diferente, um médico compassivo com um profundo respeito pelo mistério da vida e que incorpora à arte e à ciência de sua profissão uma tremenda habilidade técnica e uma ampla perspectiva filosófica. Nos meses e anos seguintes, tornamo-nos bons amigos, e tivemos várias e longas discussões que me esclareceram muitas dúvidas e que muito me ajudaram a compreender o complexo campo da medicina moderna.

Dimensões sociais e políticas da saúde

Na primavera de 1978, passei sete semanas no Macalester College, em Saint Paul, Minnesota, como professor convidado para dar seminários regulares a alunos de graduação, e também uma série de palestras abertas ao público. Foi uma excelente oportunidade para resumir o que as numerosas discussões e toda a extensa literatura que eu coletara haviam me ensinado sobre a mudança de paradigma na medicina e na assistência à saúde. A escola ofereceu-me um espaçoso e confortável apartamento, onde pude trabalhar sem ser perturbado, espalhando meus livros, artigos e anotações pelas muitas mesas e prateleiras vazias. Lembro-me de ter reparado em duas pequenas esculturas africanas de madeira quando nele entrei pela primeira vez, e supus tratar-se de um bom augúrio quando meus anfitriões me informaram que elas haviam sido deixadas ali por Alex Haley, que passara várias semanas nesse mesmo aposento trabalhando em seu célebre épico *Raízes*. Foi nesse apartamento que comecei efetivamente a dispor num plano todos os capítulos de *O ponto de mutação* e a ordenar meus apontamentos e minhas referências bibliográficas.

Essas sete semanas no Macalester College foram muito gratificantes e enriquecedoras. Durante esse período pude estudar e escrever com grande concentração, o que me deu enorme prazer e me permitiu conhecer várias pessoas interessantíssimas e extremamente gentis, não só na escola mas também nas cidades gêmeas de Saint Paul e Minneapolis. Em particular, tive a felicidade de ser apresentado a um grande círculo de artistas e ativistas sociais, com quem pude vivenciar o espírito cooperativo e o sentimento de comunidade, que constituem uma tradição altamente estimada em Minnesota.

Ao mapear meu arcabouço holístico para a saúde e os processos de cura diante de numerosos ativistas sociais e organizadores de atividades comunitárias, minhas perspectivas sofreram uma mudança significativa. Em minhas discussões com Simonton e com muitos outros profissionais de saúde da Califórnia, eu explorara, antes de mais nada, as dimensões psicológicas da saúde e a natureza psicossomática do processo de cura. Na atmosfera social e cultural de Minnesota, totalmente diferente da de outros lugares em que estive, minha atenção deslocou-se para as dimensões ambientais, sociais e políticas da questão. Comecei fazendo um levantamento das ameaças ambientais à saúde — poluição do ar, chuva ácida, lixos químicos tóxicos, materiais radioativos perigosos, e muitas outras —, e logo verifiquei que essas muitas ameaças não eram meros subprodutos incidentais do progresso tecnológico, e sim características intrínsecas de um sistema econômico obcecado pelo crescimento e pela expansão.

Dessa maneira, fui levado a investigar o contexto econômico, social e político em que o sistema de assistência à saúde opera atualmente. Com isso, fui constatando com uma clareza cada vez maior que o sistema social e econômico em que vivemos se tornou uma ameaça fundamental à nossa saúde.

Em Minnesota, fiquei especialmente interessado na agricultura e no seu impacto sobre a saúde em diversos níveis. Li os aterradores relatos dos efeitos desastrosos do sistema agrícola moderno — um sistema de agricultura mecanizada, química, e que faz uso intensivo da energia. Por ter crescido numa fazenda, eu estava muito interessado em ouvir os próprios fazendeiros falarem sobre os prós e os contras da chamada Revolução Verde. Assim, passei muitas horas com fazendeiros de todas as idades discutindo seus problemas. Cheguei até mesmo a participar de uma conferência de dois dias sobre agricultura orgânica e ecológica para aprender mais sobre esse novo movimento popular na agricultura.

Essas discussões revelaram-me um paralelo fascinante entre a medicina e a agricultura, ajudando-me a compreender toda a dinâmica de nossa crise e de nossa transformação cultural. Os fazendeiros, da mesma forma que os médicos, lidam com organismos vivos que são severamente afetados pelas abordagens mecanicistas de nossa ciência e de nossa tecnologia. Assim como o organismo humano, o solo é um sistema vivo que tem de permanecer num estado de equilíbrio dinâmico para ser saudável. Quando o equilíbrio é perturbado, há um crescimento patológico de certos componentes — bactérias ou células cancerosas no corpo humano, pragas ou pestes nos campos cultivados. Alguma doença acaba por surgir, e eventualmente todo o organismo pode morrer e transformar-se em matéria inorgânica. Esses efeitos têm se tornado problemas da maior importância para a agricultura moderna devido aos métodos de cultivo promovidos pelas empresas petroquímicas. Assim como a indústria farmacêutica condicionou médicos e pacientes a acreditar que o corpo humano precisa de supervisão médica constante e de tratamentos com drogas para permanecer sadio, a indústria petroquímica fez com que os fazendeiros acreditassem que seu solo precisa de infusões maciças de produtos químicos, sob a supervisão de cientistas e técnicos agrícolas, para permanecer fértil e produtivo. Em ambos os casos, essas práticas romperam seriamente o equilíbrio natural do sistema vivo, gerando assim numerosas enfermidades. Além disso, os dois sistemas estão diretamente ligados, uma vez que qualquer desequilíbrio do solo afetará os alimentos que nele são cultivados e, portanto, a saúde das pessoas que irão ingeri-los.

Num fim de semana prolongado que passei visitando fazendeiros e suas terras, indo de uma a outra fazenda em esquis, descobri que muitos desses homens e mulheres preservaram sua sabedoria ecológica transmitida de geração em geração. Apesar da doutrinação maciça das companhias petroquímicas, eles sabem que a agricultura química é nociva para as pessoas e para o solo. Mas são muitas vezes forçados a adotar esse método porque toda a economia agrícola — a estrutura tributária, o sistema de crédito, o sistema imobiliário, etc. — foi instituída de tal modo que eles não têm escolha.

Examinando de perto a tragédia da agricultura norte-americana, aprendi uma lição importante, talvez a mais importante de todas durante minha estada em Minnesota. As empresas farmacêuticas e petroquímicas foram extremamente bem-sucedidas em obter amplo controle sobre os consumidores de seus produtos, pois a mesma visão de mundo mecanicista e o mesmo sistema de valores correlatos subjacentes a suas tecnologias também constituem a base de suas motivações econômicas e políticas. E embora seus métodos sejam, em geral, antiecológicos e prejudiciais à saúde, elas recebem o firme e convicto apoio da comunidade científica, que também defende a mesma concepção ultrapassada de mundo. Modificar essa situação é hoje vital para nosso bem-estar e para nossa sobrevivência; qualquer mudança, porém, só será possível se nós, enquanto sociedade, adotarmos uma nova visão de mundo holística e ecológica.

Um mosaico de terapêuticas

Quando retornei a Berkeley após minha visita de sete semanas ao Macalester College, esmiucei todo o meu material de literatura médica, compilei uma série de apontamentos sistemáticos sobre a crítica ao modelo biomédico, e reuni muito material novo sobre as dimensões ambientais e sociais da saúde. Portanto, estava pronto para começar a explorar as alternativas ao sistema convencional de assistência à saúde.

Para tanto, mergulhei numa investigação intensiva de uma variedade enorme de modelos e técnicas terapêuticas — investigação que durou mais de um ano e que me proporcionou diversas experiências novas e insólitas. Ao mesmo tempo em que experimentava numerosas abordagens pouco ortodoxas, eu as discutia e as integrava no arcabouço teórico que aos poucos ia tomando forma em minha mente. Como o conceito de equilíbrio dinâmico se sobressaísse cada vez mais como a chave desse arcabouço, comecei a reconhecer que a meta de restaurar e manter o equilíbrio do organismo era comum a todas as técnicas terapêuticas que investigava. Diferentes escolas dedicavam-se a diversos aspectos desse equilíbrio: físico, bioquímico, mental ou emocional — ou, num nível mais esotérico, ao equilíbrio de "padrões de energia sutil". Fiel ao espírito *bootstrap*, considerei todas essas abordagens como partes diferentes de um mesmo mosaico terapêutico, mas só aceitei em meu arcabouço holístico as escolas que reconheciam a interdependência fundamental das manifestações biológicas, mentais e emocionais da saúde.

Dentre as técnicas terapêuticas praticamente inéditas para mim estavam aquelas que buscavam o equilíbrio psicossomático por intermédio de métodos físicos, coletivamente conhecidas como técnicas de trabalho corporal. Quando me deitava nos tablados de massagem dos especialistas em Rolfing, dos praticantes do método Feldenkrais ou da técnica Trager, era como se eu iniciasse uma viagem fascinante pelos domínios sutis das inter-relações entre tecidos musculares, fibras nervosas, respiração e emoções. Vivenciei as surpreendentes conexões — apontadas pela primeira vez no trabalho pioneiro de Wilhelm Reich — entre as experiências emocionais e os padrões musculares. E também constatei que muitas disciplinas orientais — ioga, *tai chi, aikido* e outras — podem ser vistas como "técnicas de trabalho corporal" que integram os múltiplos níveis do corpo e da mente.

À medida que me familiarizava com a teoria e a prática do trabalho corporal, aprendi a prestar atenção às manifestações mais sutis da "linguagem corporal", e aos poucos passei a ver o corpo em seu todo como um reflexo, ou manifestação, da psique. Lembro-me vividamente de ter passado uma noite em Nova York em animadas discussões com Irmgard Bartenieff e várias de suas alunas, quando ela me mostrou com assombrosa precisão como nós expressamos algo sobre nós mesmos em cada movimento que fazemos — mesmo em gestos aparentemente triviais como o de segurar uma colher ou um cálice de vinho. Bartenieff, que na época estava com quase oitenta anos, foi a fundadora de uma escola de terapia do movimento baseada na obra de Rudolf von Laban, que desenvolveu um método e uma terminologia precisos para análise dos movimentos humanos. Enquanto conversávamos, Bartenieff e suas alunas observavam cuidadosamente meus gestos e movimentos, comentando-os entre si numa linguagem técnica que não pude compreender, e durante todo o nosso encontro não pararam de me espantar com seu conhecimento surpreendente de detalhes sutis de minha personalidade e de vários de meus padrões emocionais, num grau que chegou a ser quase embaraçoso.

Uma dessas mulheres, bastante vivaz e expressiva, verbalmente e em seus gestos, era a assistente de Bartenieff, Virginia Reed. Mais tarde, nós dois nos tornamos bons amigos e, sempre que eu ia a Nova York, acabávamos tendo conversas muito instigantes. Foi ela quem me introduziu na obra de Wilhelm Reich, mostrou-me a influência da dança moderna sobre diversas escolas de trabalho corporal, e me fez reconhecer no ritmo um importante aspecto da saúde, intimamente ligado à noção de equilíbrio dinâmico. Ela me demonstrou como nossa interação e nossa comunicação com o meio ambiente consistem em complexos padrões rítmicos que fluem entre si de diversas maneiras, ressaltando ainda a idéia da doença como uma falta de sincronia e integração.

Ao mesmo tempo em que vivenciava o fascinante mundo do trabalho corporal, eu também explorava a natureza da doença mental e os múltiplos domínios do inconsciente, com Stan Grof e R. D. Laing. Permitindo à minha atenção que se dedicasse, constante e alternadamente, aos fenômenos físicos e mentais, fui capaz de superar a cisão cartesiana, ainda que de uma maneira incipiente e intuitiva, antes de encontrar uma formulação científica para a concepção psicossomática de saúde.

A síntese culminante de minhas explorações vivenciais do corpo e da mente ocorreu no outono de 1978, quando participei de diversas sessões de "respiração Grof", com Stan e Christina Grof, em Esalen, técnica que eles haviam desenvolvido no decorrer dos últimos anos. Stan expressara com freqüência seu entusiasmo pelo potencial dessa técnica como um poderoso instrumento para a psicoterapia e a auto-exploração. Depois de períodos relativamente curtos de respiração acelerada e profunda, sensações de intensidade surpreendente, relacionadas a emoções e memórias inconscientes, começam a emergir, podendo desencadear toda uma ampla gama de experiências reveladoras.

Os Grof encorajam seus pacientes a suspender ao máximo toda e qualquer análise intelectual e a se entregar às sensações e emoções que surgem, ajudando-os a resolver os problemas encontrados graças a um trabalho corporal hábil bem focalizado. Vários anos de experiência lhes ensinaram como perceber as manifestações físicas de padrões vivenciais. Dessa forma, conseguem facilitar as experiências amplificando fisicamente os sintomas e as sensações que se manifestam. Ajudam assim as pessoas a encontrar modos adequados de expressar essas sensações — seja por meio de sons, movimentos, posições ou diversos outros modos não-verbais. Com o intuito de tornar a experiência disponível para um grande número de pessoas, os Grof realizam *workshops* onde até trinta participantes trabalham juntos aos pares — um "respirador", que fica deitado num colchão ou tapete confortável, e um *"sitter"*, que facilita a experiência do outro e o protege de qualquer dano possível.

Minha primeira experiência com a respiração Grof foi como *sitter,* revelando-se bastante perturbadora. Durante duas horas me senti como se estivesse num asilo de loucos. O ambiente era uma sala tenuemente iluminada, onde músicas poderosas iam nos envolvendo — a princípio um *raga* indiano em lento crescendo que, no auge, se transformava num frenético samba brasileiro, seguido de trechos de uma ópera de Wagner e uma sinfonia de Beethoven, para culminar em majestosos cantos gregorianos. As pessoas ao meu redor que estavam se submetendo à experiência respiratória acompanhavam a música com potentes e altíssimos sons próprios — gemidos, gritos, choros, risos —, e durante todo esse pandemônio de sons expressivos e corpos contorcidos, Stan e Christina Grof caminhavam lenta e tranqüilamente por entre os participantes, aplicando aqui uma pequena pressão na cabeça de alguém, massageando ali o músculo de outro, observando, meticulosos, toda a cena sem se perturbarem o mínimo com sua aparência caótica.

Depois dessa iniciação, hesitei por um certo tempo até decidir experimentar pessoalmente a respiração. Entretanto, quando afinal decidi, passei a ver tudo sob uma luz bem diferente. Para começar fiquei estupefato ao verificar que podia vivenciar toda a sessão simultaneamente em dois níveis. Num dos níveis, por exemplo, minhas pernas sentiam-se paralisadas e eu era incapaz de me mexer dos quadris para baixo. No outro nível, porém, permaneci bem ciente do fato de que se tratava de uma experiência voluntariamente induzida, uma experiência que eu poderia interromper a qualquer momento, levantando-me e saindo da sala. Isso me deu uma sensação de grande segurança e ajudou-me a permanecer no modo não-analítico, vivencial, por longos períodos de tempo.

Enquanto permaneci nesse estado de consciência auto-exploratório, uma das experiências mais poderosas e mais comoventes que tive foi com a música e os outros sons da sala. Consegui associar os diferentes tipos de música — clássica, indiana, *jazz* — a sensações em diferentes partes de meu corpo e, no auge de um concerto barroco, súbito percebi como os berros e gemidos de meus companheiros respiradores misturavam-se harmoniosamente com os violinos, oboés e fagotes numa vasta sinfonia da experiência humana.

Morte, vida e medicina

Durante toda a minha exploração das técnicas terapêuticas alternativas, mantive na mente o modo como os Simontons concebem o câncer. Muitas vezes a abordagem deles foi um parâmetro útil para avaliar os diversos modelos terapêuticos que ia estudando. Na primavera de 1978, já estava certo de que queria Carl Simonton como meu conselheiro de medicina e saúde, e enviei-lhe uma proposta específica do tipo de colaboração que tinha em mente. Para minha grande decepção, no entanto, ele não respondeu a minha carta, nem respondeu à outra que lhe enviei dois meses mais tarde. Depois que vários meses haviam se passado e eu começara, relutante, a procurar outra pessoa que pudesse me assessorar, Carl telefonou-me inesperadamente para dizer que estava a caminho da Califórnia e que queria discutir nossa colaboração.

Fiquei exultante com essa boa nova e, quando Simonton chegou, fui visitá-lo num retiro perto de San Francisco, onde ele passou um fim de semana prolongado com um grupo de pacientes. Essa visita foi uma experiência muito tocante para mim. Simonton me pedira que eu apresentasse para o grupo um seminário informal sobre a mudança de paradigma na ciência, o que fiz com grande prazer, pois me dava a oportunidade de vivenciar a singular interação de Carl com seus pacientes. Fiquei um tanto nervoso diante da perspectiva de falar para um grupo de pessoas que sofriam de câncer, mas quando as encontrei foi-me impossível distingui-las de seus cônjuges ou familiares, que sempre participam nas sessões grupais de Simonton. Imediatamente senti o calor dos relacionamentos e o forte vínculo que unia todo o grupo. Havia muito senso de humor e muita empolgação no ar. Na realidade, o espírito desse grupo era muito similar ao dos grupos organizados por Stan e Christina Grof em Esalen para suas explorações de trinta dias da consciência humana.

No entanto também passei algum tempo sozinho com Carl. Lembro-me particularmente de uma longa discussão sobre os aspectos espirituais da cura, enquanto relaxávamos numa sauna. Por fim, estabelecemos planos concretos para a nossa colaboração. Carl contou-me que o ano anterior fora tão repleto de pesquisas, trabalho terapêutico e palestras que nem sequer tivera tempo de ler sua correspondência. Pouco antes de ir para a Califórnia, participara de um congresso internacional sobre câncer na Argentina e, ao deixar seu escritório, levou consigo algumas cartas para ler no avião. "Foi a primeira vez que parei para ler minha correspondência esse ano", acrescentou, "e a sua carta estava entre as poucas que eu levara comigo". Eu tivera sorte, percebi; por outro lado, ficava claro que Simonton jamais teria tempo para redigir ensaios de apoio para mim como os outros conselheiros. Muito generosamente, porém, ele se propôs a visitar-me por vários dias em minha casa em Berkeley, para travarmos discussões mais prolongadas.

A visita de Simonton se deu em dezembro de 1978, e marcou a culminância de minhas explorações teóricas em torno da saúde e dos processos de cura. Passamos três dias juntos em discussões intensas e quase ininterruptas que abrangeram uma ampla gama de assuntos. Conversávamos durante o café da manhã, o almoço e o jantar; dávamos longos passeios a pé de tarde; e ficávamos acordados até altas horas, geralmente saindo para comer alguma coisa e tomar um copo de vinho por volta da meia-noite. Ficamos bastante excitados com a intensidade de nosso intercâmbio, que foi repleto de novos *insights* para ambos.

Como sempre, fiquei profundamente impressionado com a honestidade, o empenho e a dedicação pessoal de Carl. Embora nossas discussões fossem de natureza teórica, ele sempre falava no tom pessoal que eu já observara em suas palestras. Quando se tratava de questões psicológicas, ele costumava usar a si próprio como exemplo, e quando discutíamos os diversos instrumentos terapêuticos, deixava bem claro que jamais esperava que seus pacientes aceitassem algo que ele não houvesse experimentado, antes, em si mesmo. A resposta que deu à minha pergunta sobre o papel da nutrição na terapêutica do câncer foi típica desse seu toque pessoal. "Estou muito mais convicto hoje do que há um ano. Experimento em mim mesmo diversos tipos de dieta, e não tenho a menor dúvida de que nos próximos anos a dieta alimentar irá se tornar cada vez mais importante em nossa abordagem. O fato é que reluto muito em fazer qualquer coisa se não sentir algo bem forte com relação a ela." O intenso envolvimento pessoal de Simonton em todas as nossas conversas encorajou-me a um envolvimento pessoal no mesmo grau. Em conseqüência disso, aqueles três dias proporcionaram-me não apenas muitos *insights* e esclarecimentos intelectuais como também ajudaram-me imensamente em meu desenvolvimento pessoal.

153

No primeiro dia, apresentei a Simonton minha crítica ao modelo biomédico e pedi-lhe que a comentasse e corrigisse. Ele concordou com minha afirmação de que a medicina contemporânea, na teoria e na prática, está firmemente arraigada no pensamento cartesiano, mas insistiu para que eu também reconhecesse a grande variedade de atitudes presentes no seio da comunidade médica. "Há médicos de família que são muito zelosos e atenciosos, e há especialistas muito pouco dedicados. Há experiências muito humanas nos hospitais e outras que são muito desumanas. A medicina é exercida por homens e mulheres das mais diversas personalidades, atitudes e crenças."

Não obstante, Simonton concordou que existe um sistema de crenças comum, e que, subjacente à moderna clínica médica, há um paradigma que é partilhado por todos. Quando lhe pedi que identificasse algumas características desse paradigma, ele ressaltou sobretudo a falta de respeito pela autocura. "A medicina norte-americana é alopática", explicou. "Isso significa que ela, de maneira fundamental, depende de medicamentos e de outras forças externas para efetuar a cura. Não há virtualmente nenhuma atenção ao potencial de cura do próprio paciente. Essa filosofia alopática é tão difundida que nem sequer chega a ser discutida."

Isso nos levou a uma longa discussão sobre o que é e o que não é debatido nas faculdades de medicina. Para minha grande surpresa, Simonton disse-me que muitas das questões que eu considerava de importância crucial para a medicina raramente são mencionadas durante a formação de um médico. "A questão do que é a saúde nunca é levantada", disse, "por ser considerada uma questão filosófica. Note bem, quem freqüenta uma faculdade de medicina nunca lida com conceitos gerais. Uma pergunta como 'O que é a doença?' jamais é discutida. Não se admitem discussões em torno do que seria uma boa nutrição ou do que seria uma vida sexual saudável. Da mesma forma, a medicina não deve falar de relaxamento, pois ele é por demais subjetivo. Pode-se falar do relaxamento muscular obtido com essa ou aquela droga, mas nada muito além disso."

Foi fácil para mim reconhecer que essa era outra conseqüência da cisão cartesiana entre mente e matéria, que levou os cientistas médicos a se concentrar exclusivamente nos aspectos físicos da saúde e a negligenciar tudo o que pertencesse ao domínio mental ou espiritual.

"Exato", concordou Simonton. "A medicina é, supostamente, uma ciência objetiva. Ela evita juízos morais e esquiva-se de questões filosóficas e existenciais. No entanto, como não lida com essas questões, a medicina sugere que elas não são importantes."

Quando Simonton mencionou as questões existenciais, lembrei-me da crítica de Kübler-Ross às atitudes médicas diante da morte e do processo de morrer — uma crítica que Carl afiançava inteiramente. "É importante falar sobre a morte em conexão com a medicina", afirmou, enfático. "Até bem pouco tempo, nós, enquanto sociedade, sempre negamos a morte; e, dentro da classe médica, continuamos a negá-la. Os cadáveres são retirados dos hospitais secretamente à noite. Vemos a morte como um fracasso. Temos encarado a morte como um fenômeno absoluto, sem qualificá-la."

Mais uma vez, a relação com a cisão cartesiana ficou óbvia para mim. "Se separamos a mente do corpo", propus, "não tem sentido qualificar a morte. A morte torna-se então simplesmente a parada completa e definitiva da máquina que é o corpo."

"De fato, é assim que tendemos a encará-la na medicina. Não distinguimos entre uma boa morte e uma morte má."

Eu sabia que Simonton tinha de lidar constantemente com a morte em sua clínica, e estava muito interessado em saber como ele próprio a qualificava.

"Um dos grandes problemas com o câncer", explicou, "é supormos que as pessoas que morrem de câncer não querem morrer desse modo, que elas estão morrendo contra a sua vontade. Muitos pacientes cancerosos sentem-se assim."

Não entendi bem o que Simonton estava insinuando. "Pensei que as pessoas em geral simplesmente não quisessem morrer", interpus.

"É nisso que fomos ensinados a acreditar", continuou Simonton, "mas não partilho dessa crença. Acredito que todos nós queremos viver e morrer em maior ou menor grau conforme o dia. Neste momento, a parte de mim que quer viver é razoavelmente dominante e a parte de mim que quer morrer é relativamente pequena."

"Mas há sempre uma parte de nós que quer morrer?"

"Creio que sim. Na verdade, porém, dizer que quero morrer não tem sentido para mim; o que tem sentido é dizer que quero escapar, que quero me esquivar de certas responsabilidades, e assim por diante. O que acontece é que quando não há outra maneira de escapar, a morte — ou, pelo menos, a doença — torna-se muito mais aceitável."

"A morte enquanto fuga seria uma maneira má ou insatisfatória de morrer?"

"Sim; não creio que seja um modo saudável de morrer. Uma outra parte que talvez queira morrer é a parte que deseja punir. Muitas pessoas punem a si próprias e a outras por meio da doença e por meio da morte."

Eu estava começando a entender. "Eventualmente", ponderei, "poderá haver uma parte que diz: 'Já vivi minha vida e é hora de partir'. Essa seria a parte espiritual."

"Certo", concluiu Simonton. "E eu diria que essa é a maneira salutar de morrer. Creio que nesse contexto é possível morrer sem que haja uma enfermidade. Todavia, é algo que não estudamos muito. Não damos importância às pessoas que viveram uma vida plena e depois morreram uma morte bela e saudável."

Mais uma vez fiquei impressionado com a atitude profundamente espiritual de Carl e com sua maneira de encarar as coisas — uma maneira que decerto foi amadurecendo aos poucos na sua prática diária da arte de curar.

Para concluir nossa discussão sobre o modelo biomédico, perguntei a Simonton quais eram suas opiniões sobre o futuro da terapêutica biomédica. Ele respondeu referindo-se à sua própria clínica.

"Deixe-me dizer, antes de tudo, que eu mesmo não ministro um tratamento médico aos meus pacientes. Simplesmente asseguro que eles recebam esse tratamento. E o que observo é que meus pacientes tendem a tomar menos medicamentos à medida que vão melhorando. Como foram declarados incuráveis pela medicina, seus médicos não fazem objeção se eles tomam a iniciativa e eliminam por completo o tratamento médico."

"E se você eliminasse completamente o tratamento médico?", perguntei. "O que aconteceria com seus pacientes?"

"Seria muito difícil", respondeu Simonton, pensativo. "É importante termos em mente que somos criados com a expectativa de que a medicina irá nos curar. Dar remédios é um símbolo muito poderoso em nossa cultura. Acho que não seria bom eliminá-lo antes que ela tenha se desenvolvido a ponto de estarmos preparados para jogar esse símbolo às traças."

"Será que um dia isso vai acontecer?"

Simonton fez uma pausa para refletir, antes de dar uma resposta esmerada à minha pergunta.

"Acho que a terapêutica médica continuará sendo usada por muito tempo, talvez eternamente, pelas pessoas que funcionam nesse plano. Entretanto, à medida que a sociedade mudar, haverá uma demanda cada vez menor por esse tipo de tratamento médico; à medida que formos compreendendo melhor a psique, passaremos a depender cada vez menos do tratamento físico. E, sob a influência das transformações culturais, a medicina irá evoluir até assumir formas muito mais sutis."

Ao final de nosso primeiro dia de conversas eu obtivera muitos esclarecimentos importantes, novos *insights* e muitos exemplos vívidos para meu arcabouço conceitual. No segundo e no terceiro dias, procurei aprofundar e consubstanciar meus conhecimentos recém-adquiridos, concentrando a discussão no modo como Simonton concebe o câncer. Comecei por perguntar-lhe o que sua clínica lhe ensinara sobre a natureza geral desse mal.

Simonton disse que foi muito importante perceber que toda doença pode assumir o papel de "solucionadora de problemas". Devido ao condicionamento sociocultural, explicou, as pessoas muitas vezes acham impossível resolver problemas estressantes de maneira saudável e, portanto, optam — consciente ou inconscientemente — por ficarem doentes como uma saída.

"Estariam incluídas a depressão ou outras formas de doença mental?", perguntei.

"Certamente", respondeu Simonton. "O que me intriga acerca das doenças mentais é que a maioria delas tende a excluir a incidência de outras doenças malignas. Por exemplo, praticamente nunca se ouviu falar de um esquizofrênico catatônico que houvesse tido câncer."

Essa observação era de fato muito intrigante. E especulei: "Isso parece sugerir que, ao me defrontar com uma situação difícil e estressante ou com uma crise em minha vida, tenho várias opções. Entre outras coisas, posso acabar ficando com câncer ou me tornar um esquizofrênico catatônico; porém, não ocorrerão as duas coisas".

"Exato", confirmou Simonton. "São decisões quase que mutuamente exclusivas. Isso tem bastante sentido se observarmos a dinâmica psicológica dos dois casos. A esquizofrenia catatônica é um grande afastamento da realidade. Os catatônicos praticamente conseguem bloquear o próprio pensamento, além de bloquear o mundo exterior. Dessa forma, não sentem frustração, não sofrem nenhum senso de perda e não vivenciam diversas outras experiências que levam ao desenvolvimento do câncer."

"Essas seriam então duas maneiras não-saudáveis para se escapar de uma situação estressante da vida", resumi; "uma que leva a uma doença física, a outra, a uma doença mental."

"Exatamente; e devemos também reconhecer um terceiro tipo de rota de escape", prosseguiu Simonton, "a que leva a patologias sociais — comportamento violento e desregrado, crime, abuso de drogas, etc."

"Mas você não chamaria isso de doença, chamaria?"

"Chamaria, sim: acho que seria correto chamar a isso doença social. O comportamento anti-social é uma reação comum diante de situações difíceis e estressantes na vida, e deve ser levado em consideração quando falamos de saúde. Se houver uma redução no número de doenças, mas essa redução for compensada por um aumento no número de crimes, na realidade nada foi feito para melhorar a saúde da sociedade." .

Fiquei impressionado com essa concepção ampla e multidimensional do que é doença. Se eu compreendera Simonton corretamente, ele estava sugerindo que as pessoas podem escolher entre diversas rotas patológicas de fuga quando se defrontam com situações difíceis e estressantes na vida. Se a fuga para uma doença física for impedida por uma bem-sucedida intervenção médica, o indivíduo pode escolher entre escapar para o crime ou para a insanidade.

"Precisamente", concluiu ele. "Essa é uma maneira muito mais significativa de encarar a saúde do que a estreita perspectiva médica. E a questão de saber se a medicina de fato tem sido bem-sucedida torna-se então realmente muito interessante. Não acho que seja justo falarmos dos avanços da medicina se não observarmos os outros aspectos globais da saúde. Se conseguimos diminuir a incidência de doenças físicas, mas ao mesmo tempo isso aumenta o número de doenças mentais ou de crimes, então o que de fato foi feito?"

Disse a Carl que essa era uma idéia completamente nova e fascinante para mim, e ele acrescentou, com sua franqueza característica: "É nova para mim também; eu nunca a colocara em palavras antes".

Depois dessa discussão geral sobre a natureza da doença, passamos muitas horas revendo a teoria e a prática da terapêutica do câncer proposta por ele. Em nossas discussões anteriores, eu aprendera a encarar o câncer como uma enfermidade típica característica dos nossos tempos, uma doença que ilustra com veemência diversos aspectos-chaves da concepção holística de saúde e doença. Eu pretendia concluir meu capítulo sobre holismo e saúde falando da abordagem de Simonton, e estava ansioso para esclarecer muitos detalhes.

Quando perguntei a Carl quais mudanças ele gostaria de ver ocorrendo na imagem pública do câncer, ele retomou a concepção de doença que discutíramos antes.

"Eu gostaria que as pessoas reconhecessem que as doenças são 'solucionadoras de problemas' ", disse ele, "e que o câncer é um dos principais solucionadores de problemas. Gostaria que as pessoas se dessem conta de que o câncer, em grande parte, é um colapso da resistência do organismo e que, em grande parte, a recuperação da saúde consiste em reconstruir essa resistência básica do corpo. Dessa forma, não se daria tanta ênfase à intervenção médica, preferindo-se, em seu lugar, dar apoio ao indivíduo enfermo. Além disso, gostaria que as pessoas percebessem que a célula cancerosa não é uma célula forte, mas uma célula fraca."

Pedi-lhe que esclarecesse melhor esse último ponto. E Simonton explicou, como fizera em sua palestra em Toronto, que embora as células cancerosas tendam a ser maiores que as normais, elas são indolentes e confusas. Ele ressaltou que, ao contrário da imagem popular do câncer, essas células anormais são incapazes de invadir ou atacar; elas simplesmente se super-reproduzem.

"A imagem do câncer como uma doença muito poderosa decorre de uma porção de idéias preconcebidas das pessoas", prosseguiu Simonton. "Veja bem, as pessoas costumam dizer: 'Minha avó morreu de câncer, embora tenha lutado muito bravamente contra ele; portanto, o câncer deve ser uma doença muito forte. Se fosse fraca, como poderia ter matado minha avó?' Se insistirmos no fato de que o câncer é uma doença fraca, as pessoas terão de repensar a morte de suas avós, e isso é por demais doloroso. É muito mais fácil afirmarem que sou louco. Já presenciei muitas pessoas inteligentes ficando demasiado perturbadas diante da questão da debilidade básica das células cancerosas. Esse, porém, é um fato biológico irrefutável."

Enquanto Simonton falava, pude compreender a extensão de mudança nos sistemas de crenças das pessoas que seria necessária para que sua abordagem fosse aceita, e pude bem imaginar a resistência que ele vinha enfrentando, tanto por parte de seus pacientes, como de seus colegas. "O que mais você gostaria de ver mudar?", insisti. Carl foi rápido em sua resposta:

"A idéia segundo a qual as pessoas que ficam com câncer morrem, que o câncer é absolutamente fatal, que é só uma questão de tempo".

Isso também seria muito difícil de mudar. E fiquei imaginando que tipo de comprovação Simonton teria a oferecer para modificar a convicção de que o câncer é uma doença letal. Sempre ouvimos dizer que todos os que têm câncer acabam morrendo.

"Mas nem todos morrem", insistiu Carl. "Mesmo com nossos meios rudimentares de tratar o câncer hoje, trinta a quarenta por cento das pessoas que contraem a doença superam-na, e nunca mais têm problemas com ela. Esse percentual, por sinal, permanece o mesmo há quarenta anos, o que mostra que não tivemos impacto algum na taxa de cura do câncer."

As observações de Simonton provocaram em mim uma profusão de pensamentos enquanto eu tentava interpretar as estatísticas que ele apresentara nos termos da sua teoria. "Em seu modelo", ousei propor afinal, "isso significaria que para esses trinta a quarenta por cento de pessoas o aparecimento do câncer já é uma ruptura suficientemente severa na vida para forçá-las a algumas mudanças significativas?"

Simonton hesitou: "Não sei. Essa é uma pergunta muito interessante".

"Mas precisaria ser algo nesse sentido", insisti. "De outra forma, segundo sua teoria, o câncer acabaria voltando."

"Bem, não necessariamente. O indivíduo poderia substituí-lo por outra doença. Ele não teria necessariamente de voltar a ter câncer da próxima vez."

"É claro, e, de qualquer maneira, pode ser que o problema fosse temporário", acrescentei.

"Exato", concordou Simonton. "Acredito que cânceres menores estejam relacionados a traumas menores."

"De modo que quando cessa o câncer, o problema já desapareceu."

"De fato, creio que essa é uma possibilidade válida, e já cheguei mesmo a considerá-la. Por outro lado, acho que algumas pessoas vão em frente e acabam morrendo depois de o problema ter sido resolvido, mas isso em conseqüência do problema que é criado pelo próprio câncer. Veja bem, alguém pode ter problemas, desenvolver um câncer e depois ser arrastado pela corrutibilidade do próprio câncer. Os problemas de sua vida melhoram de maneira considerável e, no entanto, essa pessoa acaba morrendo. Acho que ambos os lados da moeda são significativamente válidos."

Impressionou-me a facilidade com que Simonton discorria, passando dos aspectos físicos para os psicológicos do câncer, e não pude deixar de imaginar como nossa conversa soaria aos ouvidos de seus colegas médicos. "Qual é a opinião imperante nos círculos médicos sobre o papel das emoções no surgimento do câncer?", perguntei.

"Eu diria que as pessoas estão se tornando mais abertas a essa noção", respondeu Simonton. "Acho que tem ocorrido um progresso constante nesse sentido. O motivo disso é que se tem constatado que um número cada vez maior de doenças possui um componente emocional. Veja, por exemplo, o caso das doenças cardíacas. Tudo o que se descobriu sobre o coração nos últimos sete ou oito anos aponta para a importância do papel da psique e dos fatores da personalidade. Nossa sociedade como um todo está mudando com bastante rapidez sua atitude em face das doenças cardíacas, e temos presenciado grandes mudanças na comunidade médica. Em vista desse trabalho todo, é hoje muito mais fácil aceitar que há um componente emocional no desenvolvimento do câncer. Por isso eu diria que estamos hoje muito mais abertos para esse conceito."

"Abertura, sim; mas e aceitação?"

"Ah, isso não; ainda não há aceitação. Observe que os médicos têm um enorme interesse na manutenção desse modo de pensar, pois se a psique for significativa, eles terão de incluí-la em sua interação com os pacientes. E os médicos não estão preparados para isso. Portanto, para eles é mais fácil negar o componente psicológico do que modificar seu próprio papel."

A essa altura, fiquei curioso para saber se a natureza sistêmica do câncer era reconhecida nos círculos médicos — o fato de o câncer possuir uma aparência localizada, apesar de dever ser considerado um desarranjo do sistema como um todo, para ser realmente compreendido. Simonton observou que não era justo incluir todos os médicos numa única categoria. Os especialistas em câncer concebem a doença num contexto muito mais amplo, explicou, ao passo que os cirurgiões tendem a vê-la muito mais como um problema isolado. "De um modo geral", concluiu, "eu diria que os médicos estão caminhando na direção de uma concepção sistêmica. Os especialistas em câncer certamente estão vendo o tumor mais como uma doença sistêmica."

"E incluem os aspectos psicológicos?"

"Não, não. Eles não incluem a psique."

"E então, como a medicina vê atualmente o câncer?"

Simonton respondeu sem hesitar: "A confusão é a ordem do dia. No recente Congresso Mundial sobre o Câncer, na Argentina, ficou óbvio que há uma grande confusão. Entre os especialistas de todo o mundo a concordância é ínfima, ao passo que a discórdia é enorme e há muita discussão. Na realidade, o tratamento atual do câncer quase se assemelha à própria doença — é fragmentado e confuso".

Passamos em seguida a fazer uma revisão meticulosa das idéias de Simonton sobre os processos psicossomáticos que levam ao surgimento e ao desenvolvimento do câncer. Começamos pelas disposições psicológicas típicas dos pacientes cancerosos. Simonton disse-me que no desenvolvimento do câncer os grandes problemas são aqueles ligados a experiências na infância: "São experiências fragmentárias, e não se integram na vida do indivíduo".

Achei interessante o fato de a integração parecer desempenhar um papel crucial tanto no nível psicológico como no biológico.

"De fato", concordou Simonton. "No desenvolvimento biológico do câncer, a situação é o oposto da integração; é a fragmentação." E passou a descrever como um paciente canceroso se transforma em sua própria percepção de si mesmo quando criança. "Por exemplo, a pessoa pode achar que não é querida, e carregar essa experiência infantil fragmentada pelo resto da vida como sua identidade. Uma grande quantidade de energia é então consumida para tornar essa identidade verdadeira. As pessoas costumam criar toda uma realidade em torno dessa imagem fragmentada de si próprias."

"E acabam tendo câncer vinte ou quarenta anos depois, quando essa realidade deixa de funcionar?"

"Sim, o câncer surge quando elas não conseguem dedicar mais energia para fazê-la funcionar."

Simonton fez uma pausa antes de prosseguir. "É claro, porém, que a tendência para isolar as experiências dolorosas em vez de integrá-las não é um problema apenas dos pacientes cancerosos, mas de todos nós."

"A psicoterapia propõe reintegrar essas experiências, fazendo o indivíduo revivê-las", interpus. "A idéia parece ser a de que, se revivermos um trauma, ele será resolvido."

"Não acredito nisso", declarou Simonton. "Para mim a chave não consiste em reviver experiências passadas — embora isso decerto possa ser muito útil —, e sim em reconstruir a realidade. Integrar intelectualmente a experiência é uma coisa, colocá-la em prática é outra. Só quando mudo a maneira como vivo é que posso dizer com verdade que mudei minhas crenças e convicções. Essa é, para mim, a parte mais difícil da psicoterapia: a de transformar *insights* em ação."

"Portanto, segundo você, a chave para uma psicoterapia bem-sucedida são *insights* seguidos de ação?"

"Sim, e isso também se aplica à meditação. Se a meditação me proporciona um *insight* e este me diz que é muito importante que eu faça algo, o melhor que tenho a fazer é agir em cima disso. É possível que eu não possa agir de imediato, ou que não deva interromper a meditação para agir; mas devo agir tão logo isso me pareça razoável. Caso contrário, acredito convictamente que deixarei de obter esses *insights*."

"Por que o inconsciente irá desistir?"

"Exato. O inconsciente dirá: 'Não adianta lhe dizer mais nada; ele não ouve mesmo'. Acredito que isso ocorre não só na meditação, mas também em nossa vida cotidiana. Imagine que, de repente, eu obtenha um *insight* profundo do que está acontecendo em minha vida e que enxergue uma maneira de modificá-la; se eu não modificá-la certamente deixarei de ter esses *insights*."

"Isso então se aplica a todos os tipos de *insights*, sejam eles provenientes da meditação, da terapia ou de outros canais?"

"Sem dúvida. Se você não agir, os *insights* cessarão, não importa quanta terapia você possa fazer."

À medida que nossa conversa progredia, eu ficava mais e mais entusiasmado, pois ia reconhecendo outras inter-relações entre os vários elementos de meu novo arcabouço conceitual. Continuamos discutindo a abordagem de Simonton do câncer, mas tocávamos de maneira ininterrupta em assuntos que eram essenciais para qualquer abordagem holística da saúde e dos processos de cura. A questão do estresse emocional foi uma das que discutimos demoradamente, e Simonton disse que a retenção de emoções é um fator crucial no desenvolvimento do câncer em geral, e do câncer do pulmão em particular. Eu ainda me lembrava com clareza da impressionante demonstração que, alguns meses antes, R. D. Laing fizera da relação entre a retenção das emoções e o aparecimento de uma condição asmática, provocada pelo fato de também se reter a respiração. E perguntei a Simonton se ele achava que essas disposições emocionais estavam ligadas à respiração.

"Sim. Penso que estão ligadas à respiração, embora eu não saiba como. Por isso a respiração é tão importante em tantas práticas de meditação."

Contei a Simonton minhas conversas com Virginia Reed e mencionei a idéia de ritmo como um aspecto importante da saúde. Os padrões rítmicos se manifestam de diversas maneiras, e obviamente a respiração é uma delas. Especulei que, talvez, os atributos da personalidade estivessem refletidos na respiração, e que se fosse possível obter um perfil da respiração de um indivíduo, isso decerto seria um instrumento bastante útil.

"Também acho", assentiu Simonton, pensativo. "Especialmente se induzirmos o indivíduo ao estresse e observarmos como sua respiração se manifesta sob ele. Aceito isso, claro, e acho que talvez seja possível fazer a mesma coisa com o pulso."

"É isso evidentemente que os chineses fazem", observei. "Em seu diagnóstico, eles associam o pulso a diversos padrões de fluxo de energia que refletem o estado do organismo inteiro."

Simonton assentiu com a cabeça: "Isso também tem sentido. Se, por exemplo, recebo estímulos alarmantes e não expresso nada, estou obstruindo o fluxo de energia. E me parece que isso se refletiria em todo o meu organismo".

No fim de nossa conversa discutimos múltiplos aspectos da terapêutica do câncer decorrentes do modelo científico dos Simontons, de sua filosofia e de sua experiência com pacientes. O cerne de sua abordagem é a tese de que as pessoas participam, consciente ou inconscientemente, do início de sua doença e que a seqüência de processos psicossomáticos que levaram a ela pode ser invertida de modo a fazê-las recuperar a saúde. Vários médicos me haviam advertido de que a noção segundo a qual o paciente participaria do desenvolvimento do câncer era demasiado problemática, pois tendia a trazer à tona muita culpa — o que seria contraterapêutico. Eu estava, portanto, particularmente interessado em ouvir como Carl lidava com esse problema.

Principiei: "Da maneira como encaro o problema, trata-se do seguinte: você quer convencer seus pacientes de que podem participar do processo de cura — esse é o ponto principal —, mas isso implica que eles também participaram do processo de adoecimento, algo que não desejam aceitar".

"Correto."

"Portanto, se você insistir nessa direção, poderá criar problemas psicológicos na outra."

"É verdade", concordou Simonton. "Entretanto, se um paciente pretende reestruturar sua vida, é importante que observe o que vinha acontecendo consigo e como ele se fez adoecer. É necessário fazer uma retrospectiva para analisar os aspectos doentios de sua vida. De modo que no processo terapêutico é fundamental que ele assuma uma postura responsável, a fim de melhor enxergar quais mudanças serão necessárias. Como você pode ver, o conceito de participação do paciente tem muitas implicações."

"Mas como você lida com sentimentos de culpa?"

"É uma questão de não eliminar os mecanismos de defesa da pessoa", explicou Simonton. "Com pacientes novos, não insistimos muito em sua participação. Esse conceito lhes é apresentado de maneira bem mais hipotética. Repare que é muito fácil justificar a participação do paciente quando se analisam os acontecimentos estressantes e se buscam novas maneiras de lidar com eles. É algo que tem sentido para quase todo mundo."

"E isso implica o conceito de participação do paciente?"

"Exato. Se as pessoas então demonstram mais interesse e começam a fazer perguntas, podemos mostrar-lhes o papel do sistema imunológico ou mencionar as comprovações empíricas existentes. Tudo isso é possível sem expô-las muito ao confronto. Sempre procuramos evitar confrontos intensos com um paciente que não está psicologicamente preparado para isso, o que seria muito prejudicial, pois o indivíduo perderia os instrumentos que desenvolvera para viver a vida, mas não seria capaz de substituí-los por nenhum outro. Pouco a pouco, à medida que evoluem e se desenvolvem, os pacientes vão conseguindo modificar seu sistema de defesa e tomar conta de si mesmos, lançando mão de novas maneiras para fazê-lo."

Achei todo o aspecto da participação dos pacientes bastante intrigante, inclusive de um ponto de vista especulativo. Sugeri a Simonton que talvez fosse possível afirmar que a psique inconsciente participa do desenvolvimento do câncer, mas que não é assim que age o ego consciente, pois o enfermo não toma uma decisão consciente de adoecer.

Simonton discordou. "Não acho que o ego seja fundamental, embora acredite que também esteja envolvido. Quanto mais converso com os pacientes, mais constato que eles tinham algumas vagas suspeitas ou alusões. No entanto, o ego não está envolvido de maneira fundamental."

Prosseguindo em minha linha de raciocínio, disse-lhe: "No processo de cura, por outro lado, o ego envolve-se de maneira fundamental. Pelo menos parece que esse é seu ponto de vista, o de trabalhar com a parte consciente da psique no processo de cura".

Lembrei-me, a essa altura, de como agem os mestres espirituais — os mestres zen, por exemplo —, que recorrem a vários métodos engenhosos para atingir diretamente o inconsciente do estudante. "Você não faz isso, faz?", perguntei a Simonton. "Ou você também tem artifícios para levar os pacientes a essas situações?"

Carl sorriu: "Tenho; tenho alguns".

"E quais seriam?", insisti.

"A utilização de metáforas. Por exemplo, posso dizer e repetir a um paciente, mediante metáforas, que não conseguiremos tirar sua doença enquanto ele não estiver pronto para deixá-la, que sua doença serve a vários propósitos úteis. Pois bem, na verdade, uma conversa dessas não é registrada no ego consciente; ela dirige-se ao inconsciente e é importantíssima para aquietar muitas ansiedades."

Pareceu-me bastante estranho que um médico precisasse assegurar a seus pacientes que ele não eliminaria suas doenças prematuramente. Mas a atitude de Simonton começou a ter mais sentido quando ele desenvolveu sua tese.

"Algo que costuma acontecer muito freqüentemente com meus pacientes é o fato de eles ficarem aterrorizados quando lhes dizemos, após tratamentos médicos e sessões de visualização bem-sucedidos, que eles não têm mais indício algum da doença. É muito comum. Eles ficam aterrorizados! Ao explorarmos isso mais a fundo com nossos pacientes, verificamos que eles reconhecem que com efeito haviam criado o tumor por algum motivo — e o estavam usando como uma muleta para continuarem vivendo. Se subitamente ficam sabendo que não possuem mais o tumor, e ainda não tiveram como substituí-lo por nenhum outro instrumento, a sensação de perda é enorme."

"E terão de enfrentar mais uma vez todo o estresse da vida deles."

"Sim, e sem o tumor. Eles não estão prontos para estarem bem; não estão preparados para agir de maneira saudável; sua família e a sociedade em que vivem não estão dispostas a tratá-los de maneira diferente; e assim por diante."

"Nesse caso", interpus, "você apenas eliminou o sintoma sem lidar com o problema fundamental. É quase como tomar um xarope para acabar com uma dor de garganta."

"É."

"O que acontece então?"

"Eles têm uma recaída", explicou Simonton, "o que é algo extremamente inquietante. Vinham dizendo a si mesmos: 'Se eu acabar com o meu câncer, tudo ficará bem'. Pois bem, o câncer acabou, mas eles se sentem pior que antes, de modo que parece não haver esperança. Sentiam-se infelizes com o câncer, mas sentem-se ainda mais infelizes sem ele. Não gostavam de viver com o câncer, mas gostam ainda menos de viver sem ele."

A descrição que Simonton fez da situação deixou claro para mim que sua terapêutica do câncer é muito mais do que a técnica de visualização normalmente associada ao seu nome. Para ele, a doença física é uma manifestação de processos psicossomáticos subjacentes, e esses processos podem ser provocados por diversos problemas psicológicos e sociais. Enquanto tais problemas não forem resolvidos, o paciente não melhorará, mesmo que o câncer desapareça temporariamente. Embora a visualização seja um elemento central da terapêutica de Simonton, a essência de sua abordagem consiste em lidar com as disposições psicológicas subjacentes mediante aconselhamento psicológico e psicoterapia.

Quando perguntei a Carl se ele considerava o aconselhamento psicológico um instrumento terapêutico importante também para outras enfermidades, sua resposta veio rápida.

"Sim, completamente. É importante assinalar que não permitimos às pessoas buscarem esse tipo de aconselhamento. A psicoterapia ainda é considerada inaceitável na maioria dos segmentos da nossa sociedade. É mais aceita do que há alguns anos, mas não ainda o suficiente. O preconceito contra a psicoterapia me foi passado na faculdade de medicina; mais tarde, porém, aprendi a ver o aconselhamento psicológico como parte essencial de um futuro sistema holístico de assistência à saúde. Enquanto não adotarmos maneiras novas e mais salutares de viver, o aconselhamento psicológico continuará sendo vital — no mínimo até a próxima geração."

"Isso significa que haverá mais psicoterapeutas?", indaguei.

"Não necessariamente. As pessoas podem prestar aconselhamento psicológico sem que sejam doutores; basta serem hábeis no aconselhamento."

"Parece-me que essa era a função das igrejas e da família como um todo no passado."

"Sem dúvida. Veja, as habilidades básicas para se prestar assistência no aconselhamento psicológico não são difíceis de adquirir. Por exemplo, saber ensinar as pessoas a afirmar o que lhes é de direito é uma habilidade importante facilmente adquirível. Ensiná-las a lidar com o ressentimento, ou com a culpa, também é uma habilidade razoavelmente fácil de adquirir. Há técnicas mais ou menos padronizadas para essas situações. E, o que é mais importante, simplesmente conversar com alguém sobre nossos problemas já é uma tremenda ajuda. Elimina a sensação de impotência, que é tão devastadora."

Ao final de nossos três dias de discussões intensas, eu estava bastante impressionado pela natureza autenticamente holística do modelo teórico de Simonton e das muitas facetas de sua terapêutica. Percebi que a maneira de Carl abordar o câncer terá amplas e extensas implicações em diversas áreas ligadas à saúde. Entretanto, percebi também quanto sua abordagem é radical e como levará tempo até que seja abraçada pelos pacientes cancerosos, pela classe médica e pela sociedade como um todo.

Refletindo sobre os contrastes entre o pensamento de Simonton e os pontos de vista da comunidade médica em geral, veio-me à mente uma afirmação que eu lera nos escritos de Lewis Thomas — a de que toda doença é dominada por um mecanismo biológico central, e que sua cura pode ser encontrada uma vez descoberto esse mecanismo. Carl disse-me que essa era a convicção de muitos e muitos cancerologistas. Perguntei-lhe se ele mesmo acreditava que um mecanismo biológico central do câncer viria a ser descoberto. Eu achava que sabia o que ele iria dizer, mas sua resposta surpreendeu-me: "Acredito que essa é uma possibilidade positiva", disse ele, "mas não creio que venha a ser algo particularmente salutar para a nossa cultura".

"Pelo fato de que assim nós apenas encontraríamos outro tipo de 'solução'?"

"Exatamente. A psique substituiria o câncer por alguma outra doença. Se analisarmos a história da configuração das doenças, veremos que foi isso o que sempre fizemos através da história. Quer se tratasse da peste bubônica, da tuberculose ou da poliomielite — não importa qual a doença —, tão logo dominamos uma passamos para outra."

Como muitas das afirmações de Simonton nesses três dias, essa era decerto uma visão radical — embora tivesse bastante sentido à luz das nossas conversas. 'Então a descoberta de um mecanismo biológico do câncer não invalidaria de modo algum seu trabalho?", perguntei.

"Não, de modo algum", respondeu tranqüilo. "Meu modelo básico continuaria válido. E se desenvolvermos e aplicarmos esse modelo hoje, independentemente de encontrarmos ou não um mecanismo biológico, teremos a chance de modificar de fato a consciência das pessoas. Poderemos efetuar em torno do câncer uma mudança revolucionária da maior importância na saúde."

Holismo e saúde

As discussões que mantive com Carl Simonton proporcionaram-me tantos *insights* e esclarecimentos que nas semanas seguintes senti que estava pronto para sintetizar num arcabouço conceitual coerente as anotações que compilaria durante os três anos em que explorei a saúde e os processos de cura. Nessa investigação dos múltiplos aspectos da saúde holística, acabei ficando interessadíssimo na teoria dos sistemas como uma linguagem comum para descrever as várias dimensões da saúde: a biológica, a psicológica e a social. Portanto, ao rever meus apontamentos, naturalmente comecei a formular uma concepção sistêmica da saúde que correspondesse à concepção sistêmica dos organismos vivos. Minha primeira formulação baseou-se na visão dos organismos vivos como sistemas cibernéticos, caracterizados por múltiplas flutuações interdependentes. Nesse modelo, presume-se que o organismo saudável se encontra num estado de homeostase, isto é, em equilíbrio dinâmico; a saúde é associada à flexibilidade, e o estresse, ao desequilíbrio e à perda de flexibilidade.

Esse modelo cibernético inicial permitiu que eu integrasse vários aspectos da saúde que eu aprendera a reconhecer como importantes nos últimos anos. Entretanto, pude ver que ele apresentava várias deficiências graves. Por exemplo, era impossível introduzir o conceito de mudança nesse modelo. O sistema cibernético sempre retornaria ao seu estado homeostático após uma perturbação, não havendo espaço para nenhum desenvolvimento, crescimento ou evolução. Além disso, ficara claro que as dimensões psicológicas das interações do organismo com seu meio ambiente tinham de ser levadas em consideração, mas eu não via como integrá-las ao modelo. Embora o modelo cibernético fosse muito mais sutil e refinado que o modelo biomédico convencional, ele continuava sendo, em última análise, um modelo mecanicista, que não me permitia efetivamente transcender a cisão cartesiana.

Naquela época, em janeiro de 1979, eu não via solução para esses graves problemas. No entanto prossegui com a síntese do meu arcabouço conceitual, reconhecendo suas inconsistências e esperando que, eventualmente, eu conseguisse desenvolver um tipo de modelo cibernético da saúde que incluísse as dimensões psicológica e social.

De fato, essa situação bastante insatisfatória modificou-se por completo um ano depois, quando estudei a teoria dos sistemas auto-organizadores de Prigogine e associei-a ao conceito de mente de Bateson. Depois de longas discussões com Erich Jantsch, Gregory Bateson e Bob Livingston, consegui finalmente formular uma visão sistêmica da vida que incluía todas as vantagens de meu modelo cibernético anterior ao mesmo tempo em que incorporava a revolucionária síntese entre mente, matéria e vida efetuada por Bateson.

Agora tudo se encaixava. Eu aprendera com Prigogine e com Jantsch que os sistemas vivos auto-organizadores não só possuem a tendência de se manterem em seu estado de equilíbrio dinâmico, como também revelam a tendência oposta, ainda que complementar: a de se transcenderem, ou de se estenderem criativamente para além de suas fronteiras e gerarem novas estruturas e novas formas de organização. A aplicação desse conceito ao fenômeno da cura mostrou-me que as forças curativas inerentes em todo organismo vivo podem agir em duas direções distintas. Após uma perturbação, o organismo pode retornar, num grau maior ou menor, ao seu estado anterior mediante diversos processos de autopreservação. Exemplos desse fenômeno seriam as pequenas

166

doenças que são parte de nossa vida de todos os dias e que em geral se curam sozinhas. Por outro lado, o organismo também pode sofrer um processo de autotransformação e autotranscendência — envolvendo fases de crise e transição — até atingir um estado inteiramente novo de equilíbrio.

Fiquei empolgadíssimo. E minha empolgação aumentou ainda mais quando descobri as profundas implicações que o conceito de mente de Bateson tinha para a minha visão sistêmica da saúde. À maneira de Jantsch, eu epitomara a definição de Bateson de processo mental como a dinâmica da auto-organização. Isso, de acordo com Bateson, significa que a atividade organizadora de um sistema vivo é atividade mental, e que todas as suas interações com o meio ambiente são interações mentais. Compreendi que esse revolucionário conceito de mente era o primeiro a transcender de fato a cisão cartesiana. Mente e vida tornam-se inseparavelmente unidas, sendo a mente — de maneira mais precisa, o processo mental — imanente na matéria em todos os níveis de vida.

O conceito de mente de Bateson conferia à minha visão sistêmica da saúde a profundidade e a amplitude de que ela antes carecera. Para mim, tinha ficado óbvio que adoecer e sarar são ambos partes integrantes da auto-organização de um organismo. E agora, num crescente estado de excitação, eu percebia que, como toda atividade auto-organizadora é mental, os processos de adoecer e sarar são essencialmente processos mentais. Como a atividade mental é uma configuração de processos em múltiplos níveis — com a maioria deles se desenrolando no domínio inconsciente —, nem sempre estamos plenamente cientes de como entramos e saímos da doença; isso, porém, não altera o fato de que a doença é, em sua própria essência, um fenômeno mental. Em conseqüência disso, ficou claro para mim que todas as doenças são psicossomáticas, pois sua origem, seu desenvolvimento e sua cura envolvem a interação contínua da mente e do corpo.

A nova visão sistêmica da saúde e da doença forneceu-me um arcabouço sólido para formular uma abordagem verdadeiramente holística da assistência à saúde. Como eu esperava, consegui integrar todas as minhas anotações sobre a terapêutica do câncer de Simonton, a medicina chinesa, o estresse, a relação entre medicina e saúde, os aspectos sociais e políticos da assistência à saúde, a medicina preventiva, a doença mental e a psiquiatria, a terapia familiar, as numerosas técnicas terapêuticas e muitos outros assuntos, numa apresentação coerente e abrangedora. O capítulo correspondente em *O ponto de mutação,* intitulado "Holismo e saúde", que escrevi no outono de 1980, tornou-se o maior capítulo do livro, e meu relato mais detalhado e mais concreto de uma parte específica do novo paradigma que começa a surgir.

A inspiração inicial para a minha longa busca de uma nova abordagem holística da saúde foram as Palestras de Maio em 1974, e a busca em si ocupou quatro anos de intensas investigações, de 1976 a 1980. Esses anos foram repletos de encontros revigorantes com muitos homens e mulheres notáveis, e cheios de instigantes *insights* intelectuais. Entretanto também foram anos em que ocorreram mudanças significativas em minhas próprias atitudes perante a saúde, em meu sistema de crenças e em meu estilo de vida. Como Carl Simonton,

167

percebi logo de início que não poderia me restringir a explorar as novas concepções de saúde e de cura num nível puramente teórico; teria de aplicar os *insights* à minha própria vida. Quanto mais eu me aprofundava nessa exploração, mais extensas eram as mudanças no modo como eu cuidava de minha saúde pessoal. Durante vários anos não ingeri sequer um medicamento, embora estivesse preparado para isso no caso de uma emergência. Adotei uma disciplina constante de relaxamento e exercícios físicos, modifiquei meus hábitos alimentares, purifiquei meu corpo semestralmente com jejuns à base de suco de frutas, submeti-me a práticas preventivas de saúde com técnicas quiropráticas e de trabalho corporal, aprendi a trabalhar com meus sonhos, e experimentei toda a ampla gama de técnicas terapêuticas que estava investigando.

Essas mudanças tiveram um profundo efeito em minha saúde. Durante toda a minha adolescência e juventude eu fora muito magro; agora, porém, eu me via engordando quase seis quilos, apesar do trabalho intelectual intenso e desgastante, e fui capaz de manter o novo peso. Adquiri uma sensibilidade apurada para as mudanças do corpo e consegui impedir que qualquer estresse excessivo se transformasse em doença, modificando, para isso, minha dieta, meus exercícios físicos, meu relaxamento e meu sono. Na verdade, durante esses anos virtualmente nunca fiquei doente, nem cheguei a sofrer as pequenas gripes e resfriados que costumava sofrer antes.

Hoje, já não pratico todos esses métodos de saúde preventiva. Mantive, porém, os mais importantes, que se tornaram partes naturais de minha vida. Portanto, a longa exploração que fiz do campo da saúde não só ampliou meus conhecimentos e minha visão de mundo como também me trouxe enormes benefícios pessoais, e por isso serei sempre grato a todos os profissionais de saúde com quem tive contato. Minha longa procura do equilíbrio foi recompensada com um novo e instigante arcabouço conceitual e, simultaneamente, com um maior equilíbrio de meu corpo e de minha mente.

6
Futuros alternativos

E. F. Schumacher

No verão de 1973, quando eu apenas começara a escrever *O tao da física,* estava certa manhã lendo o *The Guardian* no metrô de Londres, sacolejando pelos túneis barulhentos e empoeirados da linha norte, quando uma manchete, "ECONOMIA BUDISTA", chamou-me a atenção. Era a resenha de um livro de um economista britânico, ex-assessor do Conselho Nacional do Carvão, que se tornara, nas palavras do artigo, "um tipo de economista-guru pregando algo que chama de 'economia budista' ". O título de seu livro recém-publicado era *O negócio é ser pequeno*[1]; o nome do seu autor era E. F. Schumacher. Fiquei suficientemente intrigado para prosseguir na leitura. Enquanto eu escrevia sobre uma "física budista", alguém mais havia aparentemente estabelecido outro elo entre a ciência do Ocidente e a filosofia do Oriente.

A resenha era cética, mas conseguia resumir razoavelmente bem os pontos principais de Schumacher, parafraseando-o: "Como é possível argumentar que a economia norte-americana é eficiente, se ela utiliza quarenta por cento dos recursos naturais do mundo para sustentar seis por cento da população, sem que haja nenhuma melhoria perceptível no nível de felicidade, bem-estar, paz, tranqüilidade ou cultura?" Essas palavras soaram-me muito familiares. Na década de 60, durante os dois anos que passei na Califórnia, adquiri um certo interesse por economia quando me dei conta dos efeitos nocivos e desagradáveis das políticas e práticas econômicas em minha vida. Ao deixar a Califórnia, em 1970, escrevi um artigo sobre o movimento *hippie,* com as seguintes passagens:

"Para entendermos os *hippies* temos de entender a sociedade que eles rejeitaram e contra a qual seu protesto é dirigido. Para a maioria dos norte-americanos, o chamado *American way of life* é sua verdadeira religião. Seu deus é o dinheiro, sua liturgia, a maximização dos lucros. A bandeira americana tornou-se o símbolo desse estilo de vida e é adorada com fervor religioso. . .

"A sociedade norte-americana é totalmente voltada para o trabalho, os lucros e o consumo de bens materiais. O objetivo principal das pessoas é ganhar o máximo de dinheiro possível para comprarem toda essa parafernália

---

[1] *O título da tradução brasileira é pouco fiel ao original* Small is beautiful, *que significa algo como "há beleza naquilo que é pequeno". (N. do T.)*

que associam a um padrão de vida elevado. Ao mesmo tempo, sentem-se bons cidadãos porque estão contribuindo para a expansão da economia nacional. Não percebem, porém, que a maximização dos lucros leva à constante deterioração dos bens que adquirem. Por exemplo, a aparência visual dos produtos alimentares é considerada importante para incrementar os lucros, ao passo que a qualidade dos alimentos continua se deteriorando devido a todos os tipos de manipulação. Laranjas coloridas artificialmente e pães artificialmente fermentados são oferecidos nos supermercados; o iogurte contém produtos químicos que lhe dão cor e sabor; os tomates são encerados para tornarem-se brilhantes. Efeitos parecidos podem ser observados nas roupas, nas casas, nos carros e em várias outras mercadorias. Embora os norte-americanos ganhem cada vez mais dinheiro, eles não estão enriquecendo; pelo contrário, tornam-se cada vez mais pobres.

"A expansão da economia destrói a beleza das paisagens naturais com edifícios medonhos, polui o ar, envenena os rios e os lagos. Mediante um condicionamento psicológico implacável, ela rouba das pessoas o seu senso de beleza, enquanto gradualmente destrói aquilo que há de belo em seu meio ambiente."

Essas observações foram escritas no tom cheio de raiva dos anos 60, mas expressam muitas das idéias que eu encontraria vários anos depois em *O negócio é ser pequeno* de Schumacher. Na década de 60, minha crítica ao sistema econômico moderno baseara-se toda em minha experiência pessoal, e eu não conhecia nenhuma alternativa. Assim como muitos de meus amigos, eu simplesmente achava que uma economia baseada no consumo material ilimitado, no excesso de competição e na diminuição da qualidade de vida não era viável a longo prazo e estava fadada ao colapso, mais cedo ou mais tarde. Lembro-me de uma longa conversa que tive com meu pai quando ele visitou a Califórnia em 1969: ele sustentava que o sistema econômico atual, apesar de certas deficiências, é o único disponível, e que a minha crítica era gratuita porque eu não podia oferecer nenhuma alternativa. Na época não tive como responder a ele, mas desde aquela conversa fiquei com a sensação de que um dia, de alguma forma, eu ajudaria na descrição de um sistema econômico alternativo.

Naquela manhã de verão, quando li sobre o livro de Schumacher no metrô de Londres, reconheci imediatamente sua relevância e seu potencial para revolucionar o pensamento econômico. Entretanto, eu estava por demais envolvido escrevendo *O tao da física* para ler livros sobre qualquer outro assunto, e, apenas vários anos depois é que acabei lendo *O negócio é ser pequeno,* quando Schumacher já se tornara bastante conhecido nos Estados Unidos, e especialmente na Califórnia, onde o governador Jerry Brown abraçara sua filosofia econômica.

O negócio é ser pequeno baseia-se numa série de artigos e ensaios, quase todos escritos nas décadas de 50 e 60. Influenciado em parte por Gandhi e em parte por sua experiência com o budismo, durante uma prolongada visita à Birmânia, Schumacher promove uma economia de não-violência, uma economia que possa cooperar com a natureza em vez de explorá-la. Ele defendia o uso de recursos renováveis já em meados da década de 50, numa época em que o otimismo tecnológico estava no auge, em que por toda parte se glorificava o crescimento e a expansão, e em que os recursos naturais pareciam ilimitados. Foi contra essa poderosa corrente cultural que Fritz Schumacher, profeta do movimento ecológico que surgiria duas décadas depois, pacientemente ergueu sua voz de sabedoria para ressaltar a importância de uma escala humana, da qualidade, do "bom trabalho", de uma economia de permanência baseada em sólidos princípios ecológicos, e de uma "tecnologia com rosto humano".

A idéia-chave da filosofia econômica de Schumacher é a introdução explícita de valores no pensamento econômico. Ele critica seus colegas economistas por não reconhecerem que toda teoria econômica é baseada num certo sistema de valores e numa certa concepção de natureza humana. Schumacher lembra que quando essa concepção muda, quase todas as teorias econômicas têm de mudar, e defende persuasivamente sua tese comparando dois sistemas econômicos que incorporam valores e metas bem diferentes. Um deles é nosso atual sistema materialista, onde o padrão de vida é medido pela quantidade de consumo anual e que, portanto, procura atingir um nível máximo de consumo paralelamente ao melhor modelo possível de produção. O outro é um sistema de economia budista, baseado nas noções de "modo de vida reto" e de "Caminho do Meio", em que a meta é atingir um máximo de bem-estar humano junto com o melhor modelo possível de consumo.

Quando li *O negócio é ser pequeno*, três anos após sua publicação, eu estava começando a investigar a mudança de paradigma em diversos campos. Encontrei no livro de Schumacher não só uma confirmação eloqüente e detalhada de minha crítica intuitiva ao sistema econômico norte-americano, como também, para minha grande alegria, uma clara formulação da premissa básica que eu adotara para meu projeto de pesquisa. A economia atual, afirma Schumacher, enfático, é remanescente do pensamento do século XIX e, por conseguinte, totalmente incapaz de resolver qualquer um dos problemas reais do mundo de hoje. A economia atual é fragmentária e reducionista, restringindo-se a uma análise puramente quantitativa e recusando-se a enxergar a verdadeira natureza das coisas. Schumacher estende sua acusação de fragmentação e falta de valores à tecnologia moderna, que, como ele observa de maneira incisiva, priva as pessoas do trabalho útil e criativo que elas mais apreciam e oferece-lhes em troca muito trabalho fragmentado e alienante, que não lhes dá nenhum prazer.

De acordo com Schumacher, o pensamento econômico contemporâneo está obcecado com o crescimento isento de qualquer qualificação. A expansão econômica tornou-se o interesse diretor das sociedades modernas, e todo aumento do PNB é visto como algo bom. "A idéia de que talvez possa haver um crescimento patológico, um crescimento prejudicial, um crescimento destrutivo e dilacerador, é (para o economista moderno) uma idéia pervertida que não deve jamais vir à tona", prossegue Schumacher em sua crítica causticante. Ele reconhece que o crescimento é um atributo essencial da vida, mas declara que todo crescimento econômico tem de ser qualificado. Enquanto algumas coisas devem crescer, outras devem diminuir, diz ele, observando que "não é necessário mais do que um ato mínimo de discernimento para perceber que, num mundo finito, o crescimento infinito do consumo material é algo impossível".

Finalmente, Schumacher sustenta que a atitude de ignorar nossa dependência do mundo natural está inerente na metodologia da economia moderna e no sistema de valores subjacente à tecnologia moderna. "Ecologia deveria ser matéria obrigatória para todos os economistas", insiste Schumacher, observando que, ao contrário de todos os sistemas naturais — que se equilibram, ajustam e purificam por si mesmos —, nosso pensamento econômico e tecnológico não admite nenhum princípio de autolimitação. "No sistema delicado da natureza", conclui, "a tecnologia, e em particular a supertecnologia do mundo moderno, age como um corpo estranho, e hoje já podemos observar numerosos sinais de rejeição."

O livro de Schumacher contém não só uma crítica eloqüente e bem formulada, mas também um esboço de sua visão alternativa. É uma alternativa radical. Ele sustenta que se faz necessário um sistema inteiramente novo de pensar, um sistema que atente para as pessoas, uma economia que funcione "como se as pessoas importassem". Entretanto o ser humano, relembra o autor, só pode ser ele mesmo em grupos pequenos e inteligíveis. E conclui que precisamos aprender a pensar em termos de unidades manejáveis em escala pequena — daí a beleza naquilo que é pequeno.

Segundo Schumacher, essa mudança irá exigir uma profunda reorientação da ciência e da tecnologia. Schumacher exige nada menos que a incorporação da sabedoria na própria estrutura de nossa metodologia científica e de nossas abordagens tecnológicas. "A sabedoria", escreve, "exige uma nova orientação da ciência e da tecnologia em direção àquilo que é orgânico, brando, não-violento, terno e belo".

Conversas em Caterham

Meu entusiasmo era enorme quando terminei de ler *O negócio é ser pequeno*, pois encontrara nesse livro uma confirmação lúcida de minha tese básica em economia, um campo sobre o qual eu não possuía conhecimentos detalhados. Mais que isso, porém, Schumacher delineara pela primeira vez uma abordagem alternativa, uma abordagem que parecia ser consistente com a concepção holística de mundo que emergia com a nova física — pelo menos na medida em que incorporava uma perspectiva ecológica. Assim, quando decidi reunir um grupo de assessores para meu projeto, naturalmente desejei conversar com Fritz Schumacher. E antes de ir a Londres para uma visita de três semanas, em maio de 1977, escrevi-lhe perguntando se poderia procurá-lo para discutirmos meu projeto.

Foi também durante essa mesma visita a Londres que tive meu primeiro encontro com R. D. Laing. Hoje, vendo os dois encontros em retrospectiva, não posso deixar de me impressionar com algumas semelhanças curiosas. Laing e Schumacher receberam-me com extrema gentileza, mas ambos discordaram de mim — Schumacher imediatamente, Laing três anos depois em Saragoça — em questões fundamentais relacionadas com o papel da física na mudança de paradigma. Nos dois casos, a discórdia a princípio pareceu insuperável; em ambos, porém, o desentendimento acabou se resolvendo em discussões subseqüentes que muito contribuíram para a ampliação de minha visão de mundo.

Schumacher respondeu à minha carta muito cordialmente sugerindo que eu lhe telefonasse de Londres para acertar uma visita a Caterham, a pequena cidade em Surrey onde ele morava. Quando liguei, convidou-me para um chá e disse que me pegaria na estação de trem. Alguns dias depois, no começo da tarde de um dia maravilhoso de primavera, tomei o trem para Caterham. Vendo os campos verdejantes e cultivados pela janela do trem, senti-me excitado, mas ao mesmo tempo calmo e em paz.

Meu estado de espírito tranqüilo só se consolidou quando fiquei conhecendo Fritz Schumacher na estação de Caterham. Ele era uma pessoa serena e afável, de um encanto especial — um senhor alto, nobre, com cabelos brancos e compridos, rosto doce e aberto e olhos suaves e brilhantes sob sobrancelhas grossas e alvas. Deu-me calorosas boas-vindas e disse que poderíamos ir a pé até sua casa. Começamos uma caminhada relaxada, e não pude deixar de pensar que a expressão "economista-guru" descrevia perfeitamente sua aparência.

Schumacher nasceu na Alemanha, mas se tornou cidadão britânico no final da Segunda Guerra Mundial. Falava com um sotaque teuto-britânico muito distinto mas, embora soubesse que sou austríaco, só conversou comigo em inglês. Mais tarde, quando falamos sobre a Alemanha, trocamos o inglês pelo alemão em muitas expressões e frases curtas; porém, após essas breves incursões em nossa língua natal, ele sempre continuava a conversa em inglês. Esse uso sutil e perspicaz da língua gerou uma sensação muito agradável de camaradagem entre nós, que temos um certo estilo germânico de nos expressar, ao mesmo tempo que conversamos como cidadãos do mundo, tendo transcendido nossa cultura nativa há muito tempo.

Schumacher morava num lugar idílico. A vasta casa em estilo eduardiano era confortável, e todos os cômodos abriam para fora. Sentamo-nos para o chá em meio a uma natureza de muito viço, num jardim de vegetação exuberante, em que as plantas nunca eram podadas. As árvores em flor estavam vivas com a atividade de insetos e pássaros — havia todo um ecossistema espraiando-se no sol quente de primavera. Era um oásis tranqüilo, onde o mundo ainda parecia íntegro e coeso. Schumacher falou com muito entusiasmo de seu jardim. Passara muitos anos preparando adubos e experimentando várias técnicas orgânicas de jardinagem. Percebi que essa era sua maneira de conceber a ecologia: uma abordagem prática, fundamentada na experiência, integrada às suas análises teóricas para formar uma filosofia de vida extensiva e abrangente.

Depois do chá, passamos para seu escritório, onde começamos de fato a conversar. Iniciei o diálogo expondo-lhe o tema básico de meu novo livro, de maneira semelhante à apresentação que faria a R. D. Laing alguns dias depois. Comentei primeiro que nossas instituições sociais são incapazes de resolver os principais problemas de nossa época porque elas se atêm aos conceitos de uma visão de mundo ultrapassada, a visão mecanicista da ciência do século XVII. As ciências naturais, e também as humanas e sociais, moldaram-se todas na física newtoniana clássica, e agora as limitações da visão de mundo newtoniana já se tornavam manifestas nos múltiplos aspectos de nossa crise global. Embora o modelo newtoniano ainda seja o paradigma dominante em nossas instituições acadêmicas e na sociedade em geral, os físicos o ultrapassaram, indo muito além. Descrevi a visão de mundo que surgia com a nova física — o inter-relacionamento de tudo, as relações, os padrões dinâmicos e o processo ininterrupto de mudança e transformação —, expressando minha convicção de que as filosofias subjacentes às outras ciências teriam de ser modificadas para que essas ciências fossem consistentes com a nova visão da realidade. Para mim, continuei, uma mudança assim radical era também a única maneira de realmente resolvermos nossos urgentes problemas econômicos, sociais e ambientais.

Apresentei minhas idéias com cuidado e concisão. Quando acabei, fiz uma pausa, esperando que Schumacher concordasse comigo nos pontos essenciais. Afinal, ele expressara idéias muito semelhantes em seu livro; eu estava confiante de que ele me ajudaria a formular mais concretamente minha tese.

Schumacher olhou para mim com olhos amistosos, e disse devagar: "Vamos procurar evitar um confronto direto". Fiquei estupefato com seu comentário. Quando viu meu ar de perplexidade, sorriu. "Concordo quando você clama por uma transformação cultural", disse. "É algo que eu mesmo já defendi várias vezes. Vivemos numa era que está chegando ao fim; uma modificação fundamental se faz necessária. Porém não acredito que a física possa nos orientar."

Schumacher prosseguiu explicando a diferença entre o que chamou de "ciência voltada para o entendimento" e "ciência voltada para a manipulação". A primeira, explicou, foi muitas vezes chamada de sabedoria. Sua finalidade é esclarecer, iluminar e libertar o ser humano; já o propósito da segunda é o poder. Durante a revolução científica do século XVII, prosseguiu Schumacher, a finalidade da ciência deixou de ser a sabedoria e passou a ser o poder. "O conhecimento em si é poder", disse ele, citando Francis Bacon. E frisou que desde aquela época o nome "ciência" tem sido reservado para a ciência manipuladora.

"A eliminação progressiva da sabedoria transformou o rápido acúmulo de conhecimento numa ameaça seriíssima", declarou. "A civilização ocidental está baseada num erro filosófico, o de que a ciência manipuladora é a verdade. E foi a física que gerou e perpetuou esse erro. Foi a física que nos colocou na enrascada em que estamos hoje. Para ela, o grande cosmo não é senão um caos de partículas sem propósito ou significado; e as conseqüências desse ponto de vista materialista podem ser sentidas em toda parte. Hoje a ciência se ocupa, antes de mais nada, daquele conhecimento útil à manipulação — e a manipulação da natureza quase invariavelmente leva à manipulação de pessoas.

"Não", concluiu Schumacher com um sorriso triste, "não acredito que a física possa hoje nos ajudar a resolver nossos problemas."

Seu apelo apaixonado impressionou-me. Era a primeira vez que eu ouvia alguém falar do papel de Bacon na mudança de finalidade da ciência, na passagem da sabedoria para a manipulação. Meses depois eu travaria contato com uma meticulosa análise feminista desse mesmo evento crucial; e a obsessão dos cientistas com a dominação e o controle também seria um dos temas principais de minhas discussões com Laing. Naquele momento, porém, frente a frente com Fritz Schumacher em seu escritório em Caterham, eu ainda não pensara muito sobre essa questão; apenas sentia intensamente que a ciência poderia ser praticada de uma maneira muito diferente, e que a física em particular poderia ser "um caminho com um coração", como eu sugerira no capítulo inicial de O tao da física.

Para defender meu ponto de vista, tentei mostrar a Schumacher que hoje os físicos já não acreditam que estão lidando com a verdade absoluta. "Nossa atitude ficou muito mais modesta", expliquei. "Sabemos que tudo o que dissermos sobre a natureza será expresso em termos de modelos limitados e aproximados, e aprendemos a reconhecer que a nova física é meramente parte de uma nova visão da realidade, que começa a surgir em vários campos."

Concluindo, afirmei que, apesar disso, a física pode ser útil para outros cientistas que muitas vezes relutam em adotar um arcabouço holístico e ecológico por medo de estarem sendo pouco científicos. Sustentei que os últimos avanços da física poderiam mostrar a esses cientistas que tal arcabouço não é, de forma alguma, pouco científico. Pelo contrário, está em pleno acordo com as teorias científicas mais avançadas acerca da realidade física.

Schumacher respondeu que, embora reconhecesse a utilidade do raciocínio por processos e da ênfase no inter-relacionamento de tudo, propostos pela nova física, ele não via espaço algum para a qualidade, numa ciência baseada em modelos matemáticos. "A própria noção de modelo matemático tem de ser questionada", insistiu ele. "O preço que se paga por esse tipo de modelo é a perda da qualidade, exatamente aquilo que mais importa."

Uma argumentação muito parecida constituiria a pedra angular da violenta investida de Laing em Saragoça, três anos depois. Em Saragoça, porém, eu já absorvera os pensamentos de Bateson, Grof e outros cientistas que haviam refletido a fundo sobre o papel da experiência e da consciência e da qualidade na ciência moderna. Conseqüentemente, pude apresentar uma resposta plausível à crítica de Laing. Na minha conversa com Schumacher, eu só possuía alguns dos elementos dessa resposta.

Mostrei que quantificação, controle e manipulação representam apenas um aspecto da ciência moderna. O outro aspecto, igualmente importante, envolve o reconhecimento de padrões. A nova física, em particular, exige que se deixe de pensar em estruturas ou blocos de construção isolados para se pensar em termos de padrões de relações. "Essa noção de padrões de relações parece estar, de alguma forma, mais próxima da idéia de qualidade", especulei. "E sinto que uma ciência que se preocupa, antes de mais nada, com redes de padrões dinâmicos interdependentes com certeza estará mais próxima do que você chama 'ciência para o entendimento'."

Schumacher não respondeu de imediato. Durante certo tempo, ele me pareceu perdido em seus pensamentos. Afinal, porém, olhou para mim com um sorriso caloroso. "Não sei se você sabe", começou, "mas tínhamos um físico na família. Mantive muitas discussões desse tipo com ele." Esperava que ele mencionasse algum sobrinho ou primo que estudara física, mas antes que eu pudesse fazer qualquer observação polida, Schumacher surpreendeu-me com o nome de meu próprio herói: "Werner Heisenberg. Ele era casado com minha irmã". Eu não fazia a menor idéia do íntimo laço familiar que unia esses dois influentes pensadores revolucionários. Contei a Schumacher quanto eu fora influenciado por Heisenberg, e narrei-lhe os encontros e discussões que tivera com ele nos anos precedentes.

Schumacher passou então a explicar o ponto crucial de suas discussões com Heisenberg e de sua discordância comigo. "A orientação que precisamos para resolver os problemas de nossa época não pode ser encontrada na ciência", começou ele. "A física não pode ter nenhum impacto filosófico porque não pode abrigar a noção qualitativa de níveis superiores e inferiores de existência. Com a afirmação de Einstein de que tudo é relativo, a dimensão vertical desapareceu da ciência e, com ela, a necessidade de qualquer parâmetro absoluto de bem e de mal."

Na longa discussão que se seguiu, Schumacher expressou sua crença numa ordem hierárquica fundamental formada por quatro níveis de existência — mineral, vegetal, animal e humano — com quatro elementos característicos — matéria, vida, consciência, e autopercepção —, manifestos de tal maneira que cada nível possui não apenas seu próprio elemento característico, mas também os de todos os níveis inferiores. Essa, é claro, era a antiga idéia da Grande Cadeia da Existência, que Schumacher apresentou em linguagem moderna e com considerável sutileza. Entretanto, sustentou que os quatro elementos são mistérios irredutíveis, que não podem ser explicados, e que as diferenças entre eles representam saltos fundamentais na dimensão vertical, "descontinuidades ontológicas", nas suas palavras. "É por isso que a física não pode ter nenhum impacto filosófico", repetiu. "Ela não pode tratar do todo; ela lida apenas com o nível mais baixo."

Essa era, de fato, uma diferença fundamental em nossa visão de mundo. Embora eu concordasse com o fato de que a física se restringia a um determinado nível de fenômenos, eu não via as diferenças entre os vários níveis como absolutas. Argumentei que tais níveis são essencialmente níveis de complexidade, não-separados, sendo todos eles interligados e interdependentes. Além do mais, segundo meus mentores, Heisenberg e Chew, o modo como dividimos a realidade em objetos, níveis ou quaisquer outras entidades depende em grande parte dos nossos métodos de observação. O que enxergamos depende do modo como olhamos; as configurações da matéria refletem as de nossa mente.

Concluindo minha argumentação, disse que acreditava que a ciência do futuro seria capaz de lidar com toda a gama de fenômenos naturais de uma maneira unificada, empregando conceitos diversos mas mutuamente consistentes para descrever diferentes níveis e aspectos da realidade. Contudo, durante essa nossa discussão, em maio de 1977, não fui capaz de justificar essa minha crença com exemplos concretos. Desconhecia sobretudo uma teoria que começava a surgir, a teoria dos sistemas vivos auto-organizadores, que dá um grande passo no sentido de uma descrição unificada da vida, da mente e da matéria. Mesmo assim, expliquei meu ponto de vista suficientemente bem para que Schumacher abandonasse a questão sem outras objeções. Aceitamos as diferenças básicas entre nossas concepções filosóficas, cada um respeitando a posição do outro.

Economia, ecologia e política

Desse ponto em diante, a natureza de nosso diálogo modificou-se, deixando de ser uma discussão de alta intensidade para tornar-se uma conversa animada porém muito mais relaxada, em que o papel de Schumacher se foi tornando cada vez mais o de um mestre e contador de histórias, enquanto eu o ouvia com atenção e mantinha o diálogo fluindo com breves perguntas e comentários. Durante o tempo todo, vários dos filhos de Schumacher entravam e saíam do escritório, especialmente um garotinho que não devia ter mais de três ou quatro anos, e por quem Schumacher demonstrava um grande carinho. Lembro-me de minha confusão diante de todos esses filhos e filhas, alguns dos quais com idades que pareciam variar em mais de uma geração. Por algum motivo, pareceu-me incongruente que o autor de O negócio é ser pequeno tivesse uma família tão grande. Mais tarde, soube que Schumacher casara-se duas vezes e tivera quatro filhos em cada casamento.

No decorrer de nossa discussão sobre o papel da física e a natureza da ciência, vi claramente que a divergência entre nossas abordagens era substancial demais para que eu pensasse em convidá-lo como um de meus conselheiros no livro que estava projetando. O que não me impediu de querer aprender o máximo possível com ele durante aquela tarde. Exortei-o, portanto, a uma longa conversa sobre economia, ecologia e política.

Perguntei-lhe se ele enxergava algum novo arcabouço conceitual que nos permitisse resolver nossos problemas econômicos. "Não", respondeu sem hesitação. "De fato precisamos de um sistema inteiramente novo de pensamento, não havendo hoje modelos econômicos adequados. Essa tem sido nossa experiência constante no Conselho do Carvão. Temos sido obrigados a confiar mais na experimentação que no entendimento.

"Devido à insuficiência e ao retalhamento de nosso conhecimento", continuou Schumacher animadamente, "temos de dar passos pequenos. Precisamos deixar uma margem para o não-conhecimento[1], dar um pequeno passo, aguardar um *feedback,* dar outro pequeno passo. Pois há sabedoria naquilo que é pequeno." Schumacher afirmou que, a seu ver, o maior perigo surge da aplicação impiedosa e em grande escala de conhecimentos parciais, e citou a energia nuclear como o exemplo mais deletério dessa aplicação imprudente. Ressaltou a importância de tecnologias apropriadas que *sirvam* as pessoas em vez de destruí-las. Isso tinha particular importância para os países do Terceiro Mundo, insistiu Schumacher, onde, via de regra, uma "tecnologia intermediária", como ele a chama, seria a forma mais apropriada.

"O que é exatamente uma tecnologia intermediária?"

"Tecnologia intermediária é simplesmente o dedo apontando para a lua", respondeu ele com um sorriso, usando a conhecida expressão budista. "A lua em si não pode ser descrita por completo, mas podemos apontar para ela em termos de situações específicas."

Para me dar um exemplo, Schumacher contou a história de como ele ajudara um vilarejo indiano a produzir aros de aço para seus carros de boi. "Para um carro de boi ser eficiente, suas rodas precisam ter aros de aço. Nossos antepassados sabiam dobrar o aço com precisão em pequena escala, mas nós esquecemos como se faz isso sem as máquinas gigantescas como as de Sheffield. Pois bem, o que faziam nossos antepassados?

"Eles possuíam um instrumento dos mais engenhosos", prosseguiu Schumacher com visível empolgação. "Descobrimos um desses instrumentos numa cidadezinha da França e o levamos à Escola de Engenharia Agrícola da Inglaterra, onde dissemos: 'Vamos lá, rapazes, mostrem-nos do que vocês são capazes!' O resultado foi um instrumento seguindo o mesmo projeto do antigo, mas aperfeiçoado para o nosso nível de conhecimento técnico. O instrumento custa cinco libras, pode ser feito pelo próprio ferreiro de qualquer vilarejo, não requer eletricidade e qualquer um pode usá-lo. Isso é tecnologia intermediária."

Quanto mais eu ouvia Schumacher, mais claramente percebia que ele não era tanto um homem de grandes projetos conceituais quanto um homem de sabedoria e ação. Encontrara um claro conjunto de valores e princípios e era capaz de aplicá-los das maneiras mais inventivas para solucionar uma grande variedade de problemas econômicos e tecnológicos. O segredo de sua imensa popularidade estava em sua mensagem de otimismo e esperança. Afirmava que tudo aquilo de que as pessoas realmente necessitam pode ser produzido de maneira muito simples e eficiente, em pequena escala, com pouquíssimo capital inicial e sem violência contra o meio ambiente. Com um repertório de centenas de exemplos e pequenas histórias de sucesso, ele sempre afirmava que sua "economia como se as pessoas importassem" e sua "tecnologia com rosto humano" podiam ser realizadas por pessoas comuns, e que esse tipo de ação deveria começar imediatamente.

Em nossa conversa, Schumacher revelou muitas vezes estar ciente da in-

---

[1] *Essa era a palavra que Schumacher usava para "ignorância", uma tradução literal do alemão "Nichtwissen".*

terdependência de todos os fenômenos e da imensa complexidade dos caminhos e processos naturais em que estamos imersos. Constatamos estar no mais completo acordo quanto à consciência ecológica, e vimos que também acreditávamos que a noção de complementaridade — a unidade dinâmica dos opostos — é crucial para entender a vida. Segundo Schumacher, "o ponto crucial da vida econômica, e da vida em geral, é que ela exige constantemente a conciliação ativa dos opostos". E ilustrou isso com o par universal de processos opostos que se manifesta em todos os ciclos ecológicos: crescimento e decadência — "a marca característica da vida", em suas palavras.

Schumacher apontou ainda que, da mesma forma, há na vida econômica e social muitos problemas de opostos ou contrários que, embora não possam ser resolvidos, podem ser transcendidos pela sabedoria. "As sociedades precisam de estabilidade e mudança", observou, "de ordem e liberdade, de tradição e inovação, de planejamento e *laissez-faire*. Nossa saúde e nossa felicidade dependem de buscarmos simultaneamente atividades ou metas mutuamente opostas."

Para concluir nossa conversa, perguntei a Schumacher se conhecia algum político que simpatizasse com suas idéias. Ele me disse que a ignorância dos políticos europeus era aterradora, e senti que ele se ressentia em particular da falta de apreciação em sua Alemanha natal. "Mesmo os políticos em cargos elevados são muito ignorantes", reclamou. "É o típico caso de cegos guiando cegos."

"E os Estados Unidos?", quis saber.

Schumacher sentia que ali a situação era aparentemente mais esperançosa. Ele completara recentemente uma viagem de seis semanas de conferências por todos os Estados Unidos, sendo recebido entusiasticamente por grandes multidões em qualquer lugar aonde fosse. Contou-me que durante essa viagem conhecera vários políticos, achando-os muito mais compreensivos e acessíveis que na Europa. Esses encontros com políticos culminaram em sua ida à Casa Branca, onde foi recebido por Jimmy Carter. Schumacher falou de Carter com grande admiração, sendo que este parecia ter um genuíno interesse por suas idéias, mostrando-se disposto a aprender com ele. Além disso, pelo modo como Schumacher falou de Carter, pareceu-me que os dois haviam se entendido muito bem e se comunicado sinceramente em diversos níveis.

Quando mencionei que, na minha experiência, Jerry Brown era o político norte-americano mais aberto à consciência ecológica e ao pensamento holístico em geral, Schumacher concordou comigo. Ele me revelou quanto estimava a mente viva e criativa de Brown, e tive a impressão de que gostava muito dele. "É verdade", admitiu Schumacher quando lhe falei de minha impressão. "Jerry Brown tem a mesma idade de meu filho mais velho. Sinto um afeto muito paternal por ele."

Antes de me acompanhar de volta à estação de trem, Schumacher levou-me para dar uma volta em seu belíssimo jardim quase selvagem, retomando o que parecia ser um de seus assuntos prediletos: a horticultura orgânica. Num tom cheio de paixão, disse que a plantação de árvores seria a medida mais eficaz possível para resolver o problema da fome no mundo. "As árvores são muito mais fáceis de cultivar que as plantações", explicou. "Elas sustentam os hábitats de incontáveis espécies, produzem oxigênio vital para nós e alimentam animais e seres humanos.

"Você sabia que as árvores são capazes de produzir nozes e sementes de alto teor protéico?", perguntou Schumacher empolgado. Disse-me que plantara recentemente várias dúzias dessas árvores produtoras de proteínas e que estava trabalhando para difundir a idéia por toda a Grã-Bretanha.

Minha visita ia chegando ao fim. Agradeci Schumacher por ter me proporcionado uma tarde tão rica em inspiração e estímulos intelectuais. "Foi um grande prazer", disse amavelmente. E, após um momento pensativo, acrescentou com um sorriso caloroso: "Nós dois divergimos quanto às nossas abordagens, mas não quanto às idéias básicas".

Na caminhada de volta à estação, mencionei que tinha vivido quatro anos em Londres e que ainda tinha muitos amigos na Inglaterra. Disse-lhe que, depois de permanecer dois anos fora, o que mais me impressionara ao voltar fora a diferença gritante entre os relatos lúgubres que os jornais estampavam sobre a economia britânica e o estado de ânimo alegre e exuberante de meus amigos de Londres e de outras partes do país. "Você tem razão", concordou Schumacher. "Os ingleses estão vivendo de acordo com novos valores. Trabalham menos e vivem melhor, mas nossos líderes industriais ainda não se deram conta disso."

"Trabalhar menos e viver melhor!" foram as últimas palavras que me lembro de ter ouvido Schumacher dizer na estação de trem de Caterham. Ele enfatizou muito essa frase, como se fosse algo bastante importante, que eu não devia esquecer. Quatro meses depois, levei um choque ao saber que ele falecera, aparentemente de um enfarte, durante uma viagem de palestras à Suíça. Sua advertência — "Trabalhar menos e viver melhor!" — adquiriu o peso de um augúrio. Talvez, pensei, ele estivesse se dirigindo mais a si mesmo do que a mim. Entretanto, quando o meu próprio cronograma de palestras e conferências se tornou absolutamente febril, alguns anos depois, muitas vezes relembrei as últimas palavras do sábio tranqüilo de Caterham. Essa lembrança foi de grande ajuda no sentido de impedir que meus compromissos profissionais acabassem roubando de mim os prazeres simples da vida.

Reflexões sobre Schumacher

Na viagem de trem de volta para Londres, tentei fazer uma avaliação de meu diálogo com Fritz Schumacher. Como eu esperava depois de ler seu livro, encontrei nele um pensador brilhante com uma perspectiva global e mente criativa e inquiridora. No entanto, o mais importante é que me impressionou profundamente sua grande sabedoria e gentileza, espontaneidade tranqüila, o otimismo discreto e o benigno senso de humor. Dois meses antes da minha visita a Caterham, numa conversa com Stan Grof, eu reconhecera algo muito importante: a ligação fundamental entre a consciência ecológica e a espiritualidade. Depois de passar longas horas com Schumacher, senti que ele personificava essa ligação. Não chegamos a conversar muito sobre religião e, contudo, eu sentia intensamente que a sua perspectiva de vida era a de uma pessoa fervorosamente espiritual.

Entretanto, apesar de toda a minha admiração por ele, percebi também que havia diferenças substanciais entre nossos pontos de vista. Relembrando nossa discussão sobre a natureza da ciência, cheguei à conclusão de que essas diferenças vinham de Schumacher acreditar numa ordem hierárquica fundamental, a "dimensão vertical", como ele a chamava, ao passo que minha filosofia da natureza fora formada pelo "raciocínio em rede" de Chew e, mais tarde, refinada pelo monismo científico de Bateson — além de ter sido fortemente influenciada pelas concepções não-hierárquicas das filosofias budista e taoísta. Schumacher, por outro lado, desenvolvera um arcabouço filosófico rígido, quase escolástico. Isso muito me surpreendeu. Eu fora até Caterham para encontrar-me com um economista budista; em vez disso, porém, virame envolvido num diálogo com um humanista cristão tradicional.

Germaine Greer — a perspectiva feminista

Nos meses subseqüentes, pensei muito sobre a filosofia de vida de Schumacher. Pouco após sua morte, seu segundo livro, *A guide for the perplexed*, foi publicado. É um brilhante compêndio da sua visão de mundo — a sua *"summa"*, por assim dizer. Schumacher chegara a mencionar comigo que havia recentemente completado uma obra filosófica de enorme significado para ele e, quando li o livro, não me surpreendi de encontrar elaborações concisas e convincentes de muitos dos assuntos que abordáramos em nossa conversa. *A guide for the perplexed* confirmou muitas das minhas impressões durante a visita a Caterham, e finalmente concluí que a crença convicta de Schumacher em níveis hierárquicos fundamentais estava intimamente ligada à sua aceitação tácita da ordem patriarcal. Em nosso diálogo, não chegamos a discutir essa questão, mas reparei que Schumacher usava com freqüência um linguajar patriarcal — a mente do "homem", o potencial de todos os "homens", e assim por diante — e também senti que sua postura e conduta diante de sua grande família eram as do patriarca tradicional.

Quando conheci Schumacher, eu já me tornara muito suscetível a expressões e comportamentos sexistas. Eu havia adotado a perspectiva feminista e, nos anos subseqüentes, isso teria um impacto poderosíssimo em minhas explorações do novo paradigma e em minha evolução pessoal.

Meu primeiro contato com o feminismo — ou melhor, com o "movimento de liberação das mulheres", como era chamado naqueles tempos — foi em Londres, em 1974, quando li a obra clássica de Germaine Greer, *A mulher eunuco*. Três anos depois de publicado, o livro tornara-se um *best seller* e era saudado por muitos como o manifesto mais eloqüente e subversivo de um novo, radical e excitante movimento — a "segunda onda" do feminismo.

De fato, Greer abrira meus olhos para um mundo de questões que eu ignorava completamente. Eu estava familiarizado com a causa da liberação feminista e sua principal acusação: a discriminação generalizada das mulheres, as injustiças cotidianas e os insultos fortuitos, a exploração incessante numa sociedade dominada por homens. No entanto, Greer vai além disso tudo. Num estilo eloqüente e incisivo, numa linguagem ao mesmo tempo vigorosa e requintada, ela contesta todos os pressupostos básicos acerca da natureza feminina existentes em nossa cultura dominada pelos homens. Capítulo após capítulo, analisa e exemplifica como as mulheres foram condicionadas a aceitar os estereótipos patriarcais de si mesmas; a encarar-se — seu corpo, a sexualidade, o intelecto, as emoções, a própria condição de mulher — com olhos masculinos. Esse condicionamento absoluto e implacável, afirma Greer, distorceu o corpo e a alma da mulher. Ela fora castrada pelo poder patriarcal; tornara-se um eunuco feminino.

O livro provocou muita ira e muito êxtase, pois Greer proclamou que o primeiro dever de toda mulher não era para com seu marido ou os filhos, mas para consigo mesma, e instou suas irmãs a liberar-se, a seguir o caminho feminista da autodescoberta — um desafio tão radical que as estratégias para isso ainda não haviam sido traçadas. Mesmo sendo homem, essas exortações me serviram de inspiração e me permitiram perceber que a liberação das mulheres seria também a liberação dos homens. Senti toda a alegria e excitação de uma nova expansão da consciência, uma alegria que a própria Greer menciona logo no início de seu livro: "A liberdade é aterradora, mas é também cheia de êxtases. Uma luta em que não há alegria é uma luta errada".

Minha primeira amiga feminista foi uma cineasta inglesa de documentários. Lyn Gambles, que conheci na mesma época em que li o livro de Greer. Lembro-me de muitas discussões com Lyn nos diversos restaurantes e bares alternativos que haviam brotado por toda a Londres naqueles dias. Ela estava a par da maior parte da literatura feminista e participava ativamente do movimento das mulheres, mas nossas discussões nunca foram hostis. Foi com alegria que ela partilhou comigo todas as suas descobertas, e juntos exploramos novos modos de pensar, novos valores e novas maneiras de relacionamento. O poder liberador da consciência feminista deixou-nos atônitos, a mim e a ela.

Carolyn Merchant — feminismo e ecologia

Após retornar à Califórnia, em 1975, continuei explorando as questões feministas. Ao mesmo tempo, meus planos para investigar a mudança de paradigma iam amadurecendo lentamente, e eu dava início à primeira rodada de discussões com meus conselheiros. Era fácil encontrar literatura feminista e discutir com ativistas do movimento feminista em Berkeley — que era e continua sendo um dos principais centros intelectuais do movimento das mulheres norte-americanas. Dentre todas as discussões naqueles tempos, lembro-me particularmente das que tive com Carolyn Merchant, historiadora da ciência, da UC de Berkeley. Eu a conhecera alguns anos antes, na Europa, numa conferência sobre a história da física quântica.

Naquela época, ela estava principalmente interessada em Leibniz, e durante a conferência conversamos diversas vezes sobre as similaridades e diferenças entre a física *bootstrap* de Chew e a concepção de matéria apresentada por Leibniz em sua *Monadologia*. Quando revi Carolyn Merchant, em Berkeley, cinco anos depois, ela estava tremendamente entusiasmada com sua nova pesquisa, que não só acrescentava uma perspectiva nova e fascinante à história da Revolução Científica na Inglaterra do século XVII como também tinha implicações de longo alcance para o feminismo, a ecologia e toda a nossa transformação cultural.

O estudo de Merchant, que ela mais tarde publicou no livro *The death of nature*, trata do papel crucial de Francis Bacon na mudança do objetivo da ciência — da sabedoria para a manipulação. Quando ela me falou de seu trabalho, imediatamente reconheci sua importância. Eu visitara Schumacher apenas alguns meses antes, e sua veemente condenação da natureza manipuladora da ciência moderna ainda permanecia viva em minha memória.

No material que me emprestou para ler, Merchant mostrava como Francis Bacon personificou uma importantíssima ligação entre as duas principais correntes do velho paradigma: a concepção mecanicista da realidade e a obsessão masculina com a dominação e o controle numa cultura patriarcal. Bacon foi o primeiro a formular uma teoria clara do empirismo na ciência, defendendo seu novo método de investigação em termos apaixonados, e muitas vezes francamente vis. Fiquei chocado com sua linguagem demasiado violenta, que Merchant apresentava em seus ensaios, citação após citação. A natureza precisa ser "acossada em seus caminhos", escreveu Bacon, "forçada a servirnos" e transformada em nossa "escrava". Ela deveria ser "posta em coerção" e a meta do cientista deveria ser "torturar a natureza para extrair seus segredos".

Ao estudar essas declarações de Bacon, Merchant mostrou que ele empregara a tradicional imagem feminina da natureza, e que sua insistência em torturá-la com a ajuda de dispositivos mecânicos para extrair dela seus segredos relembra claramente a tortura generalizada de mulheres durante a caça às bruxa, no início do século XVII. De fato, Merchant mostrou que Francis Bacon, como procurador-geral do rei Jaime I, estava intimamente familiarizado com os processos contra as bruxas, sugerindo que ele deve ter transportado as metáforas usadas nos tribunais para os seus escritos científicos.

Fiquei muito impressionado com essa análise, que expõe um elo crucial e assustador entre a ciência mecanicista e os valores patriarcais, e pude perceber o tremendo impacto do "espírito baconiano" em todo o desenvolvimento da ciência e da tecnologia modernas. Desde o tempo dos antigos, as metas da ciência sempre haviam sido a sabedoria, a compreensão da ordem natural e a busca de uma vida em harmonia com essa ordem. No século XVII, porém, essa atitude transformou-se radicalmente na atitude oposta. A partir de Bacon, o objetivo da ciência tem sido o de um conhecimento que possa ser usado para dominar e controlar a natureza, e hoje tanto a ciência quanto a tecnologia são usadas predominantemente para fins deletérios, nocivos e profundamente antiecológicos.

Carolyn e eu passamos muitas horas discutindo as diversas implicações de seu trabalho. Ela mostrou-me que a ligação entre a visão de mundo mecanicista e o ideal patriarcal do "homem" dominando a natureza aparece não só nas obras de Bacon como também, em menor grau, nas de René Descartes, Isaac Newton, Thomas Hobbes e outros "pais" fundadores da ciência moderna. Desde a ascensão da ciência mecanicista, explicou Merchant, a exploração da natureza tem se processado lado a lado com a exploração das mulheres. Assim, mediante a antiga associação entre mulher e natureza podemos estabelecer um elo entre a história das mulheres e a história do meio ambiente, um elo que mostra o parentesco natural entre o feminismo e a ecologia. Carolyn Merchant estava abrindo meus olhos para um aspecto extremamente importante de nossa transformação cultural. Ela foi a primeira a chamar minha atenção para a afinidade natural entre feminismo e ecologia — algo que venho explorando desde essa época.

Adrienne Rich — a crítica feminista radical

A próxima fase importante no aguçamento de minha consciência feminista iniciou-se na primavera de 1978, durante minha visita de sete semanas a Minnesota. Em Minneapolis, fiz amizade com Miriam Monasch, atriz de teatro, autora de peças e ativista social, que me apresentou a um grande círculo de artistas e militantes. Miriam foi também a primeira feminista radical que conheci. Ela achou meu interesse pelas questões feministas altamente louvável, mas apontou também que muitas das minhas atitudes e padrões de comportamento ainda eram bastante sexistas. Para remediar essa situação, recomendou que eu lesse *Of woman born,* de Adrienne Rich, e deu-me uma cópia do livro.

Esse livro transformou toda a minha maneira de enxergar as mudanças sociais e culturais. Nos meses subseqüentes, eu o li diversas vezes, cuidadosamente, preparando um compêndio sistemático das passagens principais, e cheguei a comprar vários exemplares para presentear a amigos e conhecidos. *Of woman born* tornou-se minha bíblia feminista e, desde então, participar de manifestações e promover a consciência feminista tornaram-se partes integrantes de meu trabalho e de minha vida.

Germaine Greer mostrara-me como nossa percepção da natureza feminina foi condicionada por estereótipos patriarcais. Adrienne Rich apresentoume novas confirmações disso e, ao mesmo tempo, ampliou radicalmente a crítica feminista de modo a abranger a percepção de toda a condição humana. Ao encaminhar o leitor a uma discussão profunda e erudita, mas também cheia de paixão, sobre biologia e psicologia femininas, parto e maternidade, dinâmica familiar, organização social, história cultural, ética, arte e religião, toda a força do patriarcado vai sendo desvelada. "O patriarcado, é o poder dos pais", começa Rich a sua análise, "um sistema familiar, social, ideológico e político em que os homens — pela força e pela pressão direta, ou por intermédio de rituais, da tradição, de leis, da linguagem, dos costumes, da etiqueta, da educação e da divisão de trabalho — determinam qual função a mulher irá ou não desempenhar. É um sistema em que fêmea está em toda parte, subordinada ao macho."

Ao estudar o amplo material apresentado por Adrienne Rich, meu modo de perceber as coisas sofreu uma mudança radical. Isso provocou em mim um verdadeiro tumulto intelectual e emocional. Dei-me conta de que, por ser onipresente, o pleno poder do patriarcado é extremamente difícil de discernir. O patriarcado influenciou nossas idéias mais fundamentais sobre a natureza humana e sobre nossa relação com o universo — a natureza do "homem" e a relação "dele" com o universo, na linguagem patriarcal. Trata-se do único sistema que, até pouco tempo, jamais fora contestado de maneira aberta, e cujas doutrinas são a tal ponto universalmente aceitas que parecem leis da natureza — e, de fato, como tal eram em geral apresentadas.

Essa minha crise na maneira de perceber o mundo não foi muito diferente da crise vivida pelos físicos que desenvolveram a teoria quântica na década de 1920, e que Heisenberg descreveu tão vividamente. Como aqueles físicos, vi-me questionando os meus pressupostos mais básicos acerca da realidade. Não eram, com certeza, pressupostos sobre a realidade física, e sim sobre a natureza humana, a sociedade e a cultura. Esse processo de questionamento e exploração acabou adquirindo para mim uma relevância pessoal direta. Se o tema do livro de Germaine Greer eram as percepções da natureza feminina, eu agora sentia que Adrienne Rich me forçava a um exame crítico de minha própria natureza humana, de meu papel na sociedade e de minha tradição cultural. Lembro-me daqueles meses como uma época de muita insegurança e muita raiva. Entretanto, comecei a enxergar nitidamente alguns de meus próprios valores e padrões de comportamento patriarcais, chegando a ter discussões exaltadas com meus amigos, quando os acusava de também terem um comportamento sexista similar.

Ao mesmo tempo, a crítica feminista radical passou a exercer sobre mim um vigoroso fascínio intelectual que permanece até hoje. É o fascínio que sentimos naquelas raras ocasiões em que encontramos um modo inteiramente novo de investigação. Diz-se que estudantes de filosofia descobrem esse novo modo quando lêem Platão, e estudantes de ciências sociais quando lêem Marx. Para mim, a descoberta da perspectiva feminista foi uma experiência de profundidade, perturbação e atratividade comparáveis. Foi um desafio para que eu redefinisse o que significa ser humano.

Como intelectual, fiquei especialmente empolgado com o impacto da consciência feminista em nosso modo de pensar. De acordo com Adrienne Rich, nossos sistemas intelectuais são inadequados, pois, tendo sido criados por homens, carecem da inteireza que a consciência feminina poderia proporcionar. "Liberar verdadeiramente as mulheres", insiste Rich, "significa modificar o próprio pensamento, significa reintegrar aquilo que foi denominado o inconsciente, o subjetivo e o emocional com o estrutural, o racional, o intelectual." Essas palavras reverberaram intensamente em meus ouvidos, pois uma de minhas metas principais ao escrever *O tao da física* fora justamente a de reintegrar os modos racional e intuitivo da consciência.

A conexão entre a análise que Adrienne Rich faz da consciência feminina e minhas explorações das tradições místicas vai muito além disso. Eu aprendera que as experiências corporais são vistas, em muitas tradições, como uma chave para a experiência mística da realidade, e que numerosas práticas espirituais treinam o corpo para essa finalidade específica. Isso é exatamente o que Rich exorta as mulheres a fazer numa das passagens mais radicais e visionárias de seu livro:

"Quando argumento que nós, de modo algum, chegamos a explorar ou compreender nossa biologia, o milagre e o paradoxo do corpo feminino e seus significados espirituais e políticos, o que na realidade estou perguntando é se as mulheres não poderiam começar, enfim, a pensar por intermédio do corpo, a unir aquilo que foi tão cruelmente desorganizado".

Memórias de infância do matriarcado

Costumam me perguntar por que abraçar o feminismo foi mais fácil para mim do que para outros homens. É uma pergunta sobre a qual eu mesmo ponderei no decorrer desses meses de exploração intensiva, na primavera de 1978. E, na busca de uma resposta, minha mente retornou aos anos 60. Lembreime da profunda experiência por que passei ao permitir a mim mesmo mostrar meu lado feminino usando cabelo comprido, jóias e roupas coloridas. Pensei em todas as estrelas da música *folk* e do *rock* naquele período — Joan Baez, Joni Mitchell, Grace Slick e muitas outras — que projetavam uma independência recém-descoberta; e vi que o movimento *hippie* solapara definitivamente os estereótipos patriarcais do que é natureza masculina e feminina. Isso, todavia, não chegava a explicar por completo a razão de eu, pessoalmente, ter sido tão aberto e receptivo à consciência feminista que desabrochou na década de 70.

Eventualmente, cheguei a uma resposta, em decorrência de minhas discussões sobre psicologia e psicanálise com Stan Grof e R. D. Laing. Essas conversas levaram-me a examinar as influências provenientes de minha própria infância, e descobri que a estrutura familiar na qual vivi dos quatro aos doze anos pode ter tido um impacto decisivo em minhas atitudes em face do feminismo depois de adulto. Durante aqueles oito anos, meus pais, meu irmão e eu vivemos com minha avó no sul da Áustria. Trocáramos nossa casa em Viena pela sua propriedade, que funcionava como uma fazenda totalmente autosuficiente, para escaparmos das devastações da Segunda Guerra Mundial. Esse novo lar era habitado por uma grande família: minha avó, meus pais, quatro tios e tias e sete crianças — além de vários outros adultos e crianças refugiados da guerra, que haviam se integrado em nossa estrutura doméstica.

Essa grande família era dirigida por três mulheres. Minha avó era a chefe da casa e a sua autoridade espiritual. A fazenda e todos os membros da família eram conhecidos pelo seu nome. Se alguém na cidade perguntasse quem eu era, eu respondia que era um Teuffenbach, o sobrenome de minha avó e de minha mãe. A irmã mais velha de minha mãe trabalhava nos campos e nos proporcionava segurança material. Minha mãe, que era poeta e escritora, foi responsável pela educação das crianças, mantendo-se atenta ao nosso desenvolvimento intelectual e nos ensinando as regras de etiqueta social.

A colaboração entre essas três mulheres era eficiente e harmoniosa. Juntas, tomaram a maioria das decisões que envolviam nossa vida. Os homens desempenhavam papéis secundários, em parte devido às suas longas ausências durante a guerra, mas também pelo temperamento forte das mulheres. Ainda me recordo nitidamente de minha tia indo, todos os dias, até a varanda da sala de jantar, após o almoço, para dar ordens estritas e veementes aos trabalhadores e colonos reunidos no terreiro ali embaixo. Desde essa época, jamais tive problema algum com a idéia de as mulheres ocuparem posições de poder. Durante a maior parte da infância, vivi num sistema matriarcal que funcionava extremamente bem. Hoje, acredito que essa vivência preparou o terreno para eu aceitar a perspectiva feminista que surgiria vinte e cinco anos depois.

Charlene Spretnak — a coalescência de feminismo, espiritualidade e ecologia

No decorrer dos anos de 1978 e 1979, fui lentamente absorvendo o abrangente arcabouço da crítica feminista radical, exposto por Adrienne Rich em seu poderoso livro *Of woman born*. Em discussões com autoras e militantes feministas e graças ao amadurecimento gradual de minha própria consciência feminista, muitas idéias sobre esse arcabouço foram refinadas e elaboradas em minha mente, tornando-se parte integrante de minha visão de mundo. Em particular, tornei-me ciente da importante ligação entre a perspectiva feminista e outros aspectos do novo paradigma. Passei a reconhecer o papel do feminismo como uma das grandes forças de transformação cultural e o movimento das mulheres como um catalisador na coalescência de vários movimentos sociais.

Essas constatações e minhas idéias sobre questões feministas em geral foram, nesses últimos sete anos, grandemente influenciadas pela minha associação profissional e minha amizade com uma das principais teóricas contemporâneas do feminismo, Charlene Spretnak. Seu trabalho exemplifica a coalescência de três grandes correntes de nossa cultura: feminismo, espiritualidade e ecologia. O enfoque predominante de Spretnak é a espiritualidade. Partindo de seus estudos sobre várias tradições religiosas, de sua experiência de muitos anos com a meditação budista e de seu conhecimento vivencial feminino, ela explorou as múltiplas facetas do que chama "espiritualidade das mulheres".

De acordo com Spretnak, o malogro da religião patriarcal está se tornando hoje cada vez mais evidente. E, à medida que o patriarcalismo decai, nossa cultura tende a evoluir para formas pós-patriarcais de espiritualidade muito diferentes. Ela presume que a espiritualidade das mulheres, ao enfatizar a unidade de todas as formas de existência e os ritmos cíclicos de renovação, é capaz de abrir caminho por essa nova direção. A espiritualidade das mulheres, conforme descrita por Spretnak, está solidamente fundamentada na experiência de sua ligação com os processos essenciais da vida. É, portanto, profundamente ecológica, estando próxima da espiritualidade dos índios norte-americanos, do taoísmo e de outras tradições espirituais voltadas para a vida e para a terra.

Quando começou a trabalhar como "feminista cultural", Spretnak explorou os mitos e rituais pré-patriarcais da Antiguidade grega e suas implicações para o movimento feminista moderno. Publicou suas descobertas numa obra de grande erudição, *Lost goddesses of early Greece*. Esse livro extraordinário faz um exame conciso do assunto e inclui versões poéticas belíssimas dos mitos das deusas pré-helênicas, que Spretnak reconstruiu cuidadosamente em suas formas originais a partir de diversas fontes.

Na parte mais erudita da obra, com numerosas referências às literaturas arqueológica e antropológica, Spretnak argumenta de maneira persuasiva que não há nada "natural" acerca da religião patriarcal. Tomando como escala a evolução total da cultura humana, ela é uma invenção relativamente recente, antecedida por mais de vinte milênios de religiões de deusas em culturas que chamou de "matrifocais". Spretnak mostra como os mitos gregos clássicos, conforme registrados por Hesíodo e Homero no século VII a.C., refletem a luta entre as primeiras culturas matrifocais e a nova religião e ordem social patriarcais, e como a mitologia pré-helênica das deusas foi distorcida e cooptada pelo novo sistema. Mostra ainda que as várias deusas cultuadas nas diversas regiões da Grécia devem ser vistas como formas derivadas da Grande Deusa, que se manteve como a divindade suprema durante milênios na maior parte do mundo.

Quando conheci Charlene Spretnak no início de 1979, fiquei impressionado pela limpidez de seu pensamento e pela força de seus argumentos. Naquela época, eu estava começando a escrever *O ponto de mutação* e ela ocupava-se em completar sua antologia, *The politics of women's spirituality*, que se tornou um clássico feminista. Ambos reconhecemos muitas similaridades em nossas abordagens, e ficamos bastante empolgados ao encontrarmos confirmação e mútuo estímulo na obra do outro. Com o passar dos anos, Charlene e eu nos tornamos bons amigos, escrevemos juntos um livro e colaboramos em diversos outros projetos, incentivando e apoiando um ao outro e partilhando as alegrias e frustrações de escrever.

Quando Spretnak me descreveu a experiência da espiritualidade da mulher, percebi que estava fundamentada no que eu passara a chamar de consciência ecológica profunda — a percepção intuitiva da unicidade de toda vida, da interdependência de suas miríades de manifestações e de seus ciclos de mudança e transformação. E, de fato, Spretnak concebe a espiritualidade da mulher como o elo crucial entre o feminismo e a ecologia. Ela usa o termo "ecofeminismo" para descrever a fusão dos dois movimentos e para ressaltar as profundas implicações da consciência feminista para o novo paradigma ecológico.

Spretnak aceitou o desafio proposto por Adrienne Rich e explorou detalhadamente os "significados espirituais e políticos" da capacidade da mulher para "pensar por intermédio do corpo". Em *The politics of women's spirituality*, ela fala das experiências inerentes na sexualidade, na gravidez, no parto e na maternidade como "parábolas corporais" sobre o inter-relacionamento essencial de toda a vida e a imersão de toda a existência nos processos cíclicos da natureza. Discute também as percepções e interpretações patriarcais das diferenças entre os sexos, e cita pesquisas recentes sobre as verdadeiras diferenças psicológicas entre mulheres e homens; por exemplo, a predominância da percepção contextual e das habilidades integradoras nas mulheres, e das habilidades analíticas nos homens. O mais importante que aprendi em minhas numerosas discussões com Charlene Spretnak foi reconhecer o pensamento feminino como uma manifestação do pensamento holístico, e o conhecimento vivencial da mulher como uma das principais fontes do paradigma ecológico que começa a surgir.

Hazel Henderson

Quando fui visitar Fritz Schumacher em 1977, eu ainda desconhecia toda a profundidade e todas as implicações da perspectiva feminista. Mesmo assim, pressenti que minha discordância de sua abordagem — sua crença em níveis hierárquicos fundamentais para os fenômenos naturais — estava ligada de alguma forma à sua aceitação tácita da ordem patriarcal. Nos meses seguintes, continuei a imaginar quem poderia ser meu conselheiro no campo da economia, e comecei a prefigurar os atributos da pessoa de quem precisava. Teria de ser alguém que, como Schumacher, fosse capaz de ir além do jargão acadêmico, de expor as falácias fundamentais do pensamento econômico atual e de propor alternativas baseadas em sólidos princípios ecológicos. Além disso tudo, senti que teria de ser alguém que entendesse a perspectiva feminista e pudesse aplicá-la à análise de problemas econômicos, tecnológicos e políticos. Naturalmente, esse economista-ecologista radical precisaria ser uma mulher. Eu tinha pouca esperança de vir a encontrar essa "conselheira dos meus sonhos". No entanto, tendo aprendido a confiar em minha intuição e a "fluir com o tao", não empreendi nenhuma busca sistemática; simplesmente mantive abertos os olhos e ouvidos. E, como não poderia deixar de ser, o milagre aconteceu.

No final do outono daquele ano, eu estava ocupado proferindo palestras por todo o país, e minha mente se concentrava em explorar a mudança de paradigma na medicina e na psicologia. Em meio a tudo isso, comecei a ouvir diversos rumores sobre uma futurista, ecologista e iconoclasta econômica autodidata chamada Hazel Henderson. Essa mulher extraordinária, que na época morava em Princeton, vinha contestando economistas, políticos e diretores de empresas com uma crítica radical e bem fundamentada de seus conceitos e valores fundamentais. "Você *tem* de conhecer Hazel Henderson", disseram-me várias vezes. "Vocês dois têm muito em comum." Parecia quase bom demais para ser verdade, e resolvi descobrir mais sobre Henderson tão logo tivesse tempo para me concentrar novamente no campo da economia.

Na primavera de 1978, comprei o livro de Henderson, *Creating alternative futures,* uma coletânea de seus ensaios que acabara de ser publicada. Quando me sentei para examinar o livro, senti de imediato que tinha encontrado exatamente a pessoa que estava procurando. O livro inclui um prefácio entusiástico de E. F. Schumacher — que, como vim a saber mais tarde, Henderson conhecia bem e considerava seu mentor. Já o capítulo inicial eliminou qualquer dúvida que eu pudesse ter quanto à semelhança entre nossos pensamentos. Henderson afirma enfaticamente que "o paradigma cartesiano (está) falido" e que nossos problemas econômicos, políticos e tecnológicos provêm, em última análise, da "insuficiência da visão cartesiana do mundo" e da "orientação masculinizada" de nossas organizações sociais. Eu não poderia desejar maior concordância com minhas idéias, mas fiquei ainda mais surpreso e encantado ao prosseguir na leitura. No ensaio que abre o livro, Henderson sugere que os múltiplos paradoxos que indicam os limites dos atuais conceitos econômicos desempenham o mesmo papel que os paradoxos descobertos por Heisenberg na física quântica, e ela chega a mencionar meu próprio livro nesse contexto. Naturalmente, achei isso de excelente augúrio e decidi escrever de imediato para Hazel Henderson perguntando se ela aceitaria ser minha conselheira em economia.

Em outro capítulo de *Creating alternative futures* deparei-me com uma passagem que resumia de maneira magnífica a intuição que me havia levado a investigar sistematicamente a mudança de paradigma em diversos campos. Referindo-se à série de crises contemporâneas, Henderson afirma: "Não importa se damos a elas os nomes de 'crises energéticas', 'crises ambientais', 'crises urbanas' ou 'crises populacionais', o fato é que temos de reconhecer quanto estão todas arraigadas na crise maior de nossa percepção estreita e inadequada da realidade". Foi essa passagem que inspiraria, três anos depois, o que escrevi no prefácio de *O ponto de mutação:* "A tese básica deste livro é que (os grandes problemas de nossa época) são facetas diferentes de uma só crise, que é, essencialmente, uma crise de percepção".

Ao folhear os vários capítulos do livro de Henderson, logo percebi que os pontos principais de sua crítica eram inteiramente consistentes com a crítica de Schumacher e que, na verdade, tinham sido inspirados por sua obra. Como ele, Henderson critica a fragmentação do pensamento econômico contemporâneo, a ausência de valores, a obsessão dos economistas com um crescimento econômico sem progresso qualitativo e a omissão desses economistas, não levando em consideração nossa dependência do mundo natural. Como

Schumacher, ela estende sua crítica à tecnologia moderna e defende uma profunda reorientação de nossos sistemas econômicos e tecnológicos, baseada no uso de recursos renováveis e no respeito à escala humana.

Entretanto Henderson vai muito além de Schumacher, tanto em sua crítica como em sua proposição de alternativas. Seus ensaios oferecem uma fértil mistura de teoria e ativismo. Cada ponto de sua crítica é comprovado por numerosos exemplos e dados estatísticos, e cada sugestão de "futuros alternativos" é acompanhada por incontáveis exemplos concretos e referências a livros, artigos, manifestos, projetos e atividades de organizações populares. O enfoque de Henderson não se limita à economia e à tecnologia, e ela deliberadamente inclui a política, chegando mesmo a dizer: "A economia não é uma ciência; é meramente política disfarçada".

Quanto mais eu lia seu livro, mais admirava sua análise cáustica das deficiências da economia convencional, sua profunda consciência ecológica e sua ampla perspectiva global. Ao mesmo tempo, fiquei até certo ponto dominado pelo seu singular estilo de escrever. As sentenças de Henderson são longas e repletas de informações, seus parágrafos são colagens de percepções notáveis e metáforas vigorosas. Em sua tentativa de criar um novo mapeamento da interdependência entre o econômico, o social e o ecológico, ela busca a todo instante romper com o modo linear de pensamento. E o faz com grande virtuosidade verbal, revelando um faro preciso para frases cativantes e afirmações intencionalmente insultuosas. A economia acadêmica, para Henderson, é "uma forma de deterioração cerebral", Wall Street vive correndo atrás de "lucros fraudulentos", e o governo de Washington está envolvido na "política do Último Hurra", enquanto que ela própria se esforça para "arrancar as batinas do sacerdócio econômico" e para "fazer a autópsia da Galinha dos Ovos de Ouro" evocada pela comunidade empresarial, promovendo uma "política de reconceitualização".

Em minha primeira leitura de *Creating alternative futures*, fiquei atordoado com o brilhantismo verbal de Henderson e pela rica complexidade de seu pensamento. Senti que teria de dedicar um tempo considerável estudando seu livro com total concentração para compreender de fato a amplitude e a profundidade de seu raciocínio. Felizmente, uma oportunidade ideal para isso logo surgiu. Em junho de 1978, Stan Grof convidou-me para passar várias semanas em sua bela casa em Big Sur enquanto ele e sua mulher viajavam dando palestras, e usei esse retiro para analisar sistematicamente o livro de Henderson, capítulo por capítulo, anotando suas passagens-chaves e usando-as para estruturar minha discussão sobre a mudança de paradigma na economia. Já descrevi em outro capítulo a alegria e a beleza dessas semanas solitárias de trabalho e meditação à beira de um penhasco que avançava sobre o oceano Pacífico. No processo de fazer um levantamento meticuloso das múltiplas interligações entre economia, ecologia, valores, tecnologia e política, novas dimensões de entendimento foram se abrindo e, para minha grande alegria, notei que meu projeto de livro ia adquirindo nova substância e profundidade.

Henderson inicia seu livro afirmando, clara e enfaticamente, que a atual confusão de nossa economia exige que questionemos os conceitos básicos do pensamento econômico contemporâneo. Ela cita uma miríade de provas que corroboram sua tese, inclusive declarações de vários conceituados economistas que reconhecem o fato de sua disciplina ter chegado a um impasse. Porém, o mais importante, talvez, é a observação de Henderson segundo a qual as anomalias que os economistas já não sabem como enfrentar são hoje dolorosamente evidentes para todo e qualquer cidadão. Passados dez anos, e em face dos déficits e endividamentos generalizados, da destruição incessante do meio ambiente e da persistência da pobreza em meio ao progresso mesmo nos países mais ricos, essa afirmação não perdeu nada de sua pertinência.

Para Henderson, o motivo desse impasse na economia é o fato de ela estar arraigada num sistema de pensamento que está hoje obsoleto, um sistema que requer uma revisão radical. Henderson mostra detalhadamente como os economistas modernos só sabem falar em "abstrações heróicas", como estudam e analisam as variáveis erradas e como recorrem a modelos conceituais obsoletos para tentar entender uma realidade que não mais existe. O ponto-chave de sua crítica é a notável incapacidade dos economistas, em sua maioria, para adotarem uma perspectiva ecológica. A economia, explica ela, é apenas um aspecto de toda uma estrutura ecológica e social. Os economistas tendem a dividir essa estrutura em fragmentos, ignorando a interdependência entre o social e o ecológico. Todos os bens e serviços são reduzidos a seus valores monetários, ao passo que os custos sociais e ambientais gerados por qualquer atividade econômica são ignorados — pois são "variáveis externas" que não se encaixam nos modelos teóricos dos economistas. Ela lembra ainda que os economistas das grandes empresas vêem não apenas o ar, a água e as diversas reservas do ecossistema como bens gratuitos, como também desconsideram o preço de toda a delicada teia de relações sociais — que é severamente afetada pela expansão econômica constante. Numa medida cada vez maior, os lucros pessoais são obtidos às custas do prejuízo público, da deterioração do meio ambiente e de um abaixamento da qualidade geral da vida. "Eles nos falam sobre roupas e talheres reluzentes", observa Henderson com humor mordaz, "mas esquecem-se de mencionar o brilho que se esvai de nossos rios e lagos."

Para conferirem à economia um sólido fundamento ecológico, os economistas terão de fazer uma revisão drástica de seus conceitos básicos. Henderson ilustra com muitos exemplos como esses conceitos foram definidos de maneira estreita e usados fora de seu contexto social e ecológico. Por exemplo, o PNB, que supostamente mede a riqueza de uma nação, é determinado somando-se de forma indiscriminada todas as atividades econômicas que possam ser associadas a valores monetários, ao passo que todos os aspectos não-monetários da economia são ignorados. Custos sociais — como aqueles decorrentes de acidentes, litígios e assistência à saúde — são computados como contribuições positivas ao PNB, em vez de serem dele deduzidos. Henderson cita o comentário incisivo de Ralph Nader: "Cada vez que há um acidente automobilístico, o PNB aumenta", e especula que talvez esses custos sociais sejam a única parcela do PNB que ainda esteja aumentando.

Nesse mesmo tom, ela insiste no fato de que o conceito de riqueza "deve eliminar algumas de suas conotações atuais de acumulação de bens e de capital para ser redefinido em termos de um enriquecimento humano". Já o lucro teria de ser redefinido de modo "a significar apenas a criação de riqueza *real,* excluindo-se os ganhos públicos ou privados obtidos às custas da exploração social ou ambiental". Henderson também mostra com numerosos exemplos como os conceitos de eficiência e produtividade foram distorcidos da mesma forma. "Eficiente para quem?", pergunta ela com sua visão caracteristicamente ampla. Quando os economistas das grandes empresas falam em eficiência, estão se referindo à eficiência do indivíduo, da empresa, da sociedade ou do ecossistema? A partir de uma análise crítica desses conceitos econômicos básicos, Henderson conclui que um novo arcabouço ecológico se faz urgentemente necessário, um arcabouço em que os conceitos e as variáveis da teoria econômica estejam relacionados àqueles usados para descrever os ecossistemas onde estão imersos. Ela prevê que a energia, tão essencial a todos os processos industriais, irá se tornar uma das variáveis mais importantes para a medição da atividade econômica, e cita exemplos de modelos baseados na energia que já foram aplicados com êxito.

Ao esboçar um novo arcabouço ecológico, Henderson não se restringe aos aspectos conceituais, ressaltando em todo o seu livro que um reexame dos modelos e conceitos econômicos precisará abranger, em seu nível mais profundo, o sistema de valores subjacente. Propõe então que muitos dos atuais problemas sociais e econômicos sejam reconhecidos como tendo suas raízes nas dolorosas adaptações dos indivíduos e das instituições aos mutáveis valores de nossa época.

Os economistas contemporâneos, numa tola tentativa de conferir rigor científico à sua disciplina, negam-se a reconhecer o sistema de valores em que seus modelos estão baseados. Henderson mostra que, ao agirem assim, estão aceitando, tácitos, o conjunto de valores fragorosamente desequilibrado que predomina em nossa cultura e que está incorporado em nossas instituições sociais. "A economia", sustenta, "glorificou algumas de nossas predisposições menos louváveis: cobiça material, competitividade, gula, orgulho, egoísmo, imprevidência e ganância pura e simples."

De acordo com Henderson, um problema econômico fundamental que resultou do desequilíbrio de nossos valores é nossa obsessão com o crescimento ilimitado. O crescimento econômico incessante é aceito como um dogma praticamente por todos os economistas e políticos, que supõem ser essa a única maneira de assegurar que a riqueza material chegue até os pobres. Henderson, entretanto, mostra, citando numerosas provas, que esse modelo em que a riqueza "escorre" para os pobres é totalmente irreal. Altas taxas de crescimento não só contribuem pouquíssimo no sentido de amenizar os problemas sociais e humanos mais urgentes como também são acompanhadas, em muitos países, por um desemprego crescente e uma deterioração geral das condições de vida. Henderson aponta também que a obsessão global com o crescimento resultou numa similaridade extraordinária entre as economias capitalista e comunista. "A infrutífera dialética entre capitalismo e comunismo terá sua irrelevância exposta, pois ambos os sistemas baseiam-se no materialismo e ambos estão comprometidos com o crescimento industrial e com tecnologias que levam a um crescente centralismo e controle burocrático."

Henderson, é claro, está ciente de que o crescimento é essencial para a vida, seja numa economia seja em qualquer outro sistema vivo, mas ela insiste em que o crescimento econômico precisa ser qualificado. Num meio ambiente finito, explica ela, é preciso haver um equilíbrio dinâmico entre crescimento e declínio. Enquanto algumas coisas precisam crescer, outras têm de diminuir para que seus elementos constituintes possam ser liberados e reciclados. Fazendo uso de uma belíssima analogia orgânica, ela também aplica essa percepção ecológica básica ao crescimento das instituições: "Assim como a decomposição das folhas caídas gera o humo que promoverá novo crescimento na primavera, algumas instituições precisam diminuir e fenecer para que seus componentes de capital, terra e talento humano possam ser usados na criação de novas organizações".

No decorrer de todo o seu *Creating alternative futures,* Henderson deixa claro que o crescimento econômico e institucional está inextricavelmente ligado ao desenvolvimento tecnológico. Ela mostra que a consciência masculina que domina nossa cultura encontrou sua realização num tipo de tecnologia "machista" — uma tecnologia voltada para a manipulação e o controle, e não para a cooperação, impondo-se a si própria em vez de ser um agente de integração, apropriada a uma administração centralizada, e não a uma aplicação regional e local por pessoas isoladas ou por pequenos grupos. Como resultado, observa Henderson, as tecnologias tornaram-se hoje, em sua maioria, profundamente antiecológicas, nocivas à saúde e inumanas. Precisam ser substituídas por novas formas de tecnologia, que incorporem princípios ecológicos e que correspondam a um novo conjunto de valores. Henderson mostra, com base numa fartura de exemplos, quantas dessas tecnologias alternativas — tecnologias em pequena escala e descentralizadas, adaptáveis às condições locais e concebidas para uma crescente auto-suficiência — já estão sendo desenvolvidas. São geralmente chamadas de *"soft" technologies* (tecnologias "brandas") porque seu impacto sobre o meio ambiente é tremendamente reduzido graças ao uso de recursos renováveis e à reciclagem constante de materiais.

A geração de energia solar em suas múltiplas formas — eletricidade gerada pelo vento, biogás, arquitetura solar passiva, coletores solares, células fotovoltaicas — constitui, por excelência, a tecnologia branda de Henderson. Ela sustenta que um dos aspectos centrais da presente transformação cultural é a passagem da Era do Petróleo e da Indústria para uma nova Era Solar. Henderson amplia o termo "Era Solar" para além de seu significado tecnológico, e emprega-o como uma metáfora da nova cultura que vê surgindo. A cultura da Era Solar, diz ela, inclui o movimento ecológico, o movimento das mulheres e o movimento pacifista; os muitos movimentos de cidadãos formados em torno de questões sociais e ambientais; as novas contra-economias baseadas em estilos de vida descentralizados, cooperativos e harmoniosos com a ecologia; "e todos aqueles para os quais a velha economia empresarial não funciona mais".

Ela prevê que, eventualmente, esses diversos grupos formarão novas coalizões e desenvolverão novas formas de política. Desde a publicação de *Creating alternative futures*, Hazel Henderson vem defendendo tais economias, tecnologias, valores e estilos de vida alternativos que, para ela, são o fundamento da nova política. Suas numerosas palestras e artigos sobre esse tema foram publicados numa segunda coletânea de ensaios, intitulada *The politics of the Solar Age*.

O fim da economia?

Algumas semanas antes de ir para Big Sur estudar a fundo o livro de Henderson, recebi dela uma carta muito simpática dizendo que estava interessada em meu projeto de livro e ansiosa por me conhecer. Dizia ainda que estaria na Califórnia em junho e sugeriu que nos encontrássemos nessa época. Sua chegada a San Francisco coincidiu com o fim da minha estada na casa de Stan Grof, de modo que saí direto de Big Sur para ir pegá-la no aeroporto. Lembrome de minha excitação durante a viagem de carro de quatro horas, e de minha curiosidade em conhecer a mulher por trás das idéias revolucionárias com que eu acabara de travar contato.

Ao descer do avião, Hazel Henderson era um contraste radiante com os outros passageiros, todos eles executivos sem brilho e sem cor: uma mulher exuberante e cheia de vida, alta e magra, de cabelos louros profusos, *jeans* e suéter amarelo-fogo, e com uma pequena sacola aos ombros. Atravessou o portão de desembarque com passos rápidos e largos, e cumprimentou-me com um sorriso aberto e caloroso. Não, ela me assegurou, não tinha mais bagagem, apenas aquela pequena sacola. "Sempre viajo assim", acrescentou com um sotaque distintamente britânico. "Você sabe, minha escova de dentes, meus livros e papéis. Não consigo ficar carregando toda aquela tralha desnecessária."

Ao cruzarmos a Bay Bridge em direção a Berkeley, iniciamos um papo animado sobre nossa vivência como europeus morando nos Estados Unidos, misturando casos pessoais com nossas percepções dos muitos sinais de transformação cultural, tanto na Europa quanto nos Estados Unidos. Já no decorrer dessa primeira conversa informal, pude notar a maneira singular com que Henderson usa a língua. Ela fala como escreve, usando longas sentenças cheias de imagens e metáforas vívidas. "Só assim consigo romper as limitações do modo linear", explicou. Em seguida, acrescentou com um sorriso: "É como seu modelo *bootstrap*. Cada parte do que escrevo contém todas as outras". A outra coisa que me impressionou desde o início foi a maneira inventiva de ela empregar metáforas orgânicas e ecológicas. Expressões como "reciclagem da nossa cultura", "fertilização de idéias" ou "divisão da torta econômica recém-

195

saída do forno" aparecem constantemente em suas frases. Lembro-me de que ela chegou inclusive a descrever-me um método de "fertilização epistolar", querendo dizer com isso que pretendia distribuir as muitas idéias que recebe em cartas e artigos entre sua extensa rede de amigos e colegas.

Quando chegamos à minha casa e nos sentamos para um chá, perguntei-lhe como ela se tornara uma economista radical: "Não sou economista", corrigiu. "Veja bem, *não acredito* na economia. Quando me perguntam o que sou, digo que sou uma futurista autônoma independente. Embora eu tenha sido co-fundadora de um bom número de organizações, procuro manter as instituições o mais longe possível de mim para eu poder olhar o futuro sob muitos ângulos, sem ter em mente o interesse por determinada organização."

Pois bem, como então ela se tornou uma futurista independente?

"Pela militância. Eis o que *realmente* sou: uma ativista social. Fico impaciente quando as pessoas só falam a respeito de mudanças sociais. Digo sempre que precisamos fazer a nossa fala andar. Você não acha? Penso que é importantíssimo que todos nós coloquemos nossa fala para andar. A política, para mim, sempre significou organização em torno de temas sociais ou ambientais. Quando me deparo com uma idéia nova, a primeira coisa que pergunto é: 'Podemos organizar uma quermesse em torno dela?' "

Henderson começou sua carreira de ativista no início da década de 60. Abandonou a escola na Inglaterra aos dezesseis anos, desembarcou em Nova York aos vinte e quatro anos, casou-se com um administrador da IBM e teve um bebê. "Eu era uma perfeita mulher de executivo", disse com um sorriso maroto, "e tão feliz quanto se deve ser."

As coisas começaram a mudar quando ela ficou preocupada com a poluição do ar em Nova York: "Lá estava eu sentada no parquinho, observando minha filhinha brincar e cobrir-se de fuligem". Sua primeira reação foi iniciar uma campanha solitária de escrever cartas para as redes de televisão; a segunda foi organizar um grupo chamado "Citizens for Clean Air". Ambas as iniciativas foram extremamente bem-sucedidas. Ela conseguiu que as redes BBC e CBS instituíssem um índice de poluição atmosférica, e recebeu centenas de cartas de cidadãos preocupados, que queriam fazer parte de seu grupo.

"E a economia?", perguntei.

"Bem, *tive* de me ensinar economia, pois cada vez que queria organizar algo surgia sempre um economista dizendo que aquilo não seria econômico." Perguntei a Henderson se isso não chegara a dissuadi-la. "Não", respondeu ela com um sorriso aberto. "Eu sabia que estava com a razão em minha militância; eu sentia isso visceralmente. Portanto, devia haver algo errado com a economia. E decidi que eu precisava descobrir com exatidão o que todos aqueles economistas tinham interpretado errado."

Para descobri-lo, Henderson mergulhou em leituras intensivas e prolongadas. Começou com economia, mas logo estendeu-se para filosofia, história, sociologia, ciência política e muitos outros campos. Ao mesmo tempo, dava continuidade à sua carreira de ativista. Devido ao seu dom especial de apresentar idéias radicais de uma maneira afável, apaziguadora e não-ameaçadora, sua voz logo se fez ouvir em círculos governamentais e empresariais. Quando nos conhecemos, em 1978, ela já ostentava uma lista impressionante de cargos de assessoria: membro do Conselho de Assessoria da Seção de Avaliação Tecnológica do Congresso dos Estados Unidos, membro da força-tarefa econômica nomeada por Jimmy Carter, assessora da Sociedade Cousteau, assessora da Environmental Action Foundation. Além disso, dirigia várias das organizações que ajudara a fundar, incluindo o Council on Economic Priorities, o Environmentalists for Full Employment e o Worldwatch Institute. Depois de especificar todas essas funções, Henderson inclinou-se e disse em tom zombeteiramente conspiratório: "Sabe, chega uma hora em que você não quer mais mencionar todas as organizações que fundou, senão acaba mostrando sua idade".

Eu também estava curioso para saber como Henderson via o movimento das mulheres. Contei-lhe quanto me tocara e perturbara o livro de Adrienne Rich, *Of woman born,* e como eu achava instigante a perspectiva feminista. Henderson meneou a cabeça e sorriu. "Não conheço esse livro em particular", disse. "Na verdade, não cheguei a ler muita literatura feminista. Simplesmente não tenho tempo. Tive de acelerar minha aprendizagem de economia para poder me organizar." Porém ela concordava inteiramente com a crítica feminista à nossa cultura patriarcal. "Para mim tudo ficou claro quando li o livro de Betty Friedan. Lembro-me de ter lido *The feminine mystique* e pensado: 'Meu Deus!' Pois veja você, como tantas mulheres, eu tinha as mesmas percepções. No entanto, eram percepções particulares, isoladas. Quando li Betty Friedan, todas se juntaram e me senti pronta para transformá-las em política."

Quando pedi a Henderson que descrevesse o tipo de política feminista que tinha em mente, ela mencionou a questão dos valores. Fez-me ver que em nossa sociedade os valores e atitudes privilegiados e investidos com poder político são os valores tipicamente masculinos — competitividade, dominação, expansão, etc. —, ao passo que aqueles que são negligenciados e, muitas vezes, desprezados — cooperação, criação, humildade, pacificidade — são considerados femininos. "Repare que esses valores são essenciais para que o sistema industrial, um sistema dominado pelos homens, funcione. Porém, são dificílimos de operacionalizar, de modo que foram sempre deixados a cargo das mulheres e das minorias."

Pensei em todas as secretárias e recepcionistas cujo trabalho é tão crucial para o mundo dos negócios. Pensei em todas as mulheres que vi no departamento de física das universidades preparando o chá e servindo as bolachas em torno das quais os homens discutem suas teorias. Pensei também nos lavadores de pratos, nas camareiras dos hotéis e nos jardineiros, que quase sempre vêm de grupos minoritários da população. "Geralmente são as mulheres e as minorias", continuou, "que desempenham os serviços que tornam a vida mais confortável e que criam a atmosfera na qual os competidores podem vencer."

Henderson concluiu que hoje se faz necessária uma nova síntese que possibilite um equilíbrio mais saudável entre os chamados valores masculinos e femininos. Perguntei-lhe se ela via algum indício dessa síntese, e ela mencionou as mulheres que atualmente são líderes em muitos movimentos alternativos — os movimentos ecológicos, pacifistas e de cidadãos. "Todas essas mulheres e minorias, cujas idéias e consciência foram suprimidas, estão agora despontando como líderes. Sabemos que estamos sendo chamadas para isso; é quase uma sabedoria do corpo.

"Veja o meu caso", acrescentou rindo. "Sou como um esquadrão feminino de uma só mulher defendendo a verdade no campo da economia."

Esse comentário trouxe nossa conversa de volta ao campo da economia. Estava ansioso para comentar com Henderson o que eu entendera de seu arcabouço fundamental. Durante a hora seguinte, revi com ela tudo o que eu aprendera estudando seu livro e lhe fiz muitas perguntas minuciosas. Percebi que meu novo conhecimento ainda era demasiado incipiente e que muitas das idéias que haviam surgido nas últimas semanas de trabalho concentrado precisavam ser mais esclarecidas. Todavia, fiquei muito feliz ao constatar que compreendera os pontos principais da crítica que Henderson fizera à economia e à tecnologia, bem como os contornos básicos de sua visão dos "futuros alternativos".

Uma questão que me deixara particularmente intrigado fora a do futuro papel da economia. Tinha notado que Henderson dera a seu livro o subtítulo *The end of economics,* e lembrei-me de que ela afirmara, em diversas passagens, que a economia deixou de ser viável enquanto ciência social. O que, então, iria substituí-la?

"A economia provavelmente vai perdurar como uma disciplina adequada para fins contábeis e para análises diversas em microssetores", explicou Henderson. "Entretanto, seus métodos já não são apropriados ao estudo dos processos macroeconômicos." Os modelos macroeconômicos, continuou, teriam de ser estudados por equipes multidisciplinares dentro de um amplo contexto ecológico. Comentei com ela que isso me lembrava o campo da saúde, em que uma abordagem semelhante era necessária para se lidar de maneira holística com os múltiplos aspectos da saúde. "Isso não me surpreende", replicou. "Afinal, estamos falando da saúde da economia. No momento, nossa economia e toda a nossa sociedade estão muito doentes."

"De modo que em certos microssetores, como na administração de uma empresa, a economia continuará sendo útil?", insisti.

"Exato. E ela terá ainda um importante e novo papel: estimar o mais precisamente possível os custos sociais e ambientais das atividades econômicas — o custo dos danos à saúde e ao meio ambiente, o custo da ruptura social, e outros — e agregar esses custos às contas das empresas públicas e privadas."

"Você poderia me dar um exemplo?"

"Claro. Poderíamos, por exemplo, atribuir às companhias de cigarros uma parcela razoável dos custos médicos provocados pelo fumo, e às destilarias uma parcela correspondente dos custos sociais do alcoolismo."

Perguntei a Henderson se essa seria uma proposta realista e politicamente exeqüível, e ela disse que não tinha dúvida de que esse novo tipo de contabilidade será exigido por lei no futuro, quando os diversos movimentos alternativos e de cidadãos forem suficientemente poderosos. No Japão, disse, já se começou a trabalhar em cima desse novo tipo de modelo econômico.

Havíamos passado várias horas juntos nessa primeira conversa e, como escurecia, Henderson disse que sentia muitíssimo não ter mais tempo para mim nessa sua visita. No entanto acrescentou que ficaria muito feliz em ser minha conselheira no projeto de meu livro e convidou-me para ir visitá-la em sua casa em Princeton, a fim de podermos discutir mais demoradamente. Fiquei muito alegre e satisfeito, e agradeci-lhe bastante por sua visita e por toda a sua ajuda. Ao partir, despediu-se de mim com um abraço afetuoso que me fez sentir como se tivéssemos sido sempre amigos.

A perspectiva ecológica

O trabalho intenso que fiz sobre o livro de Henderson e a conversa subseqüente que tivemos abriram-me todo um novo campo que fiquei muito ansioso por explorar. Minha sensação intuitiva de que havia algo profundamente errado em nosso sistema econômico fora confirmada por Fritz Schumacher; no entanto, antes de conhecer Hazel Henderson eu achava que o jargão técnico da economia era difícil demais de penetrar. Contudo, durante aquele mês de junho, o "economês" foi gradualmente se tornando transparente, à medida que eu adquiria um referencial preciso para entender os problemas econômicos fundamentais. Para minha grande surpresa, vi-me lendo as seções de economia dos jornais e revistas, e, efetivamente, sentindo prazer em examinar os relatórios e análises neles publicados. Fiquei pasmo ao constatar a facilidade com que conseguia enxergar por trás dos argumentos dos economistas do governo e das empresas. Igualmente notável foi poder verificar quanto eles se baseiam em pressupostos injustificados e como são incapazes de compreender vários problemas devido à estreiteza do ponto de vista deles.

À medida que consolidava meu entendimento de economia, uma grande quantidade de novas perguntas foram surgindo, e nos meses subseqüentes telefonei incontáveis vezes para Princeton pedindo ajuda a Henderson: "Hazel, a taxa de juros subiu novamente; o que isso significa?" "Hazel, o que é uma economia mista?" "Hazel, você leu o artigo de Galbraith no *Washington Post?*" "Hazel, o que você acha da liberação do comércio?" Henderson sempre respondeu pacientemente a todas as minhas perguntas. Fiquei perplexo com sua capacidade de dar a cada uma delas uma explicação clara e sucinta, e de sempre abordá-las a partir da sua ampla perspectiva global e ecológica.

As conversas que tive com Hazel Henderson, além de muito me ajudarem a compreender os problemas econômicos, também me obrigaram a apreciar mais plenamente as dimensões sociais e políticas da ecologia. Há muitos anos eu vinha falando e escrevendo sobre o surgimento de um novo paradigma caracterizado por uma visão ecológica de mundo — e já usara o termo "ecológico" nesse sentido em *O tao da física*. Em 1977, descobri a profunda ligação entre ecologia e espiritualidade ao perceber que uma profunda consciência ecológica é espiritual em sua própria essência. E passei a acreditar que a ecologia, fundamentada em tal espiritualidade, pode muito bem tornar-se o equivalente ocidental das tradições místicas do Oriente. Mais tarde, vim a saber dos importantes elos entre ecologia e feminismo, e fiquei conhecendo o movimento ecofeminista que começava a surgir. E, finalmente, Hazel Henderson ampliou ainda mais o meu apreço pela ecologia ao abrir-me os olhos para numerosos exemplos da interdependência entre o econômico, o social e o ecológico. Hoje tenho plena convicção de que encontrar um sólido arcabouço ecológico para a economia, a tecnologia e a política constitui uma das tarefas mais urgentes de nossa época.

Tudo isso confirmou minha escolha intuitiva do termo "ecológico" para caracterizar o novo paradigma. Além disso, comecei a reconhecer diferenças importantes entre "ecológico" e "holístico", o outro termo usado com freqüência em relação ao novo paradigma. Uma percepção holística significa simplesmente que o objeto ou fenômeno que está sendo considerado é percebido como um todo integrado, como uma gestalt total, em vez de ser reduzido à mera soma de suas partes. Esse tipo de percepção pode ser aplicado a tudo — por exemplo, a uma árvore, uma casa ou uma bicicleta. Uma abordagem ecológica, por sua vez, lida com certos tipos de totalidades — a dos organismos vivos ou a dos sistemas vivos. Portanto, num paradigma ecológico o que mais se enfatiza é a vida, o mundo vivo de que somos parte e de que nossa vida depende. Uma abordagem holística não precisa ir além do sistema sob consideração; uma abordagem ecológica, porém, é crucial quando se quer compreender como um determinado sistema está imerso em sistemas maiores. Dessa forma, uma abordagem ecológica da saúde deverá não apenas tratar o organismo humano — mente e corpo — como um sistema completo, inteiro, total, mas também se ocupará das dimensões sociais e ambientais da saúde. Da mesma forma, uma abordagem ecológica da economia terá de entender como as atividades econômicas estão imersas nos processos cíclicos da natureza e no sistema de valores de uma determinada cultura.

Contudo, só fui reconhecer plenamente as implicações do termo "ecológico" vários anos depois, sob a forte influência das minhas discussões com Gregory Bateson. Durante a primavera e o verão de 1978, porém, quando explorei a mudança de paradigma em três campos diferentes — medicina, psicologia e economia —, minha apreciação da perspectiva ecológica aumentou enormemente, e minhas discussões com Hazel Henderson foram uma parte essencial desse processo.

Visita a Princeton

Em novembro de 1978, proferi uma série de palestras na costa leste, e aproveitei essa oportunidade para aceitar o convite de Henderson para visitá-la em Princeton. Cheguei de trem, vindo de Nova York, numa manhã gelada e cristalina, e lembro de ter me encantado com o passeio que fizemos por Princeton, a caminho de sua casa. A cidade parecia belíssima naquela manhã límpida e ensolarada de inverno, enquanto passávamos diante de mansões imponentes e grandiosos edifícios públicos em estilo gótico, cuja beleza era ressaltada pela neve que acabara de cair. Eu não conhecia Princeton, mas sempre ouvira falar que era um lugar muito especial de estudo e pesquisa. Fora o lar de Albert Einstein e era sede do prestigioso Institute for Advanced Study, onde haviam nascido muitas idéias revolucionárias da física teórica.

Porém, naquela manhã de novembro fui visitar um tipo muito diferente — e, a meu ver, ainda mais instigante — de instituto: o Princeton Center for Alternative Futures, fundado por Hazel Henderson. Quando lhe pedi que o descrevesse, ela disse que se tratava de um laboratório de idéias, privado, intencionalmente pequeno e destinado a explorar futuros alternativos num contexto planetário. Ela o fundara alguns anos antes junto com seu marido, Carter Henderson, que deixara a IBM para unir forças com Hazel. O centro estava instalado em sua própria casa, explicou, e ela mesma o dirigia com seu marido e a ajuda ocasional de voluntários. "Nós o chamamos de 'laboratório de idéias da mamãe e do papai' ", acrescentou rindo.

Fiquei surpreso quando chegamos à sua casa, que era bastante grande e decorada com elegância. Não parecia corresponder ao estilo de vida simples e auto-suficiente que ela promovia em seu livro. Entretanto, logo verifiquei que essa impressão inicial estava completamente errada. Henderson contou-me que eles haviam comprado, há seis anos, uma casa velha e caindo aos pedaços, e que a tinham transformado inteiramente comprando seus móveis em lojas de quinquilharias da cidade e reformando-os eles mesmos. Ao mostrar-me a casa, explicou orgulhosamente que eles se haviam estabelecido um limite de duzentos e cinqüenta dólares para decorar cada aposento, e que tinham ficado bem abaixo desse limite fazendo farto uso de sua própria criatividade artística e habilidade manual. Henderson ficara tão contente com o resultado que estava namorando a idéia de abrir seu próprio negócio de reforma de móveis como um ganha-pão paralelo ao seu trabalho teórico e militante. Comentou ainda que eles assavam seu próprio pão, que tinham uma horta e um local para a preparação de adubo orgânico no quintal, e que estavam reciclando todo o papel e o vidro que usavam. Fiquei profundamente impressionado com essa demonstração das muitas maneiras inventivas que Henderson utilizara para integrar sua vida do dia-a-dia ao seu sistema de valores alternativos e ao estilo de vida que defendia em seus escritos e palestras. Pude ver com meus próprios olhos como ela "colocava sua fala para andar", como dissera em nossa primeira conversa, e resolvi que adotaria algumas de suas práticas em minha própria vida.

Quando chegamos à casa de Hazel, seu marido Carter cumprimentou-me efusivamente. Nos dois dias que permaneci hóspede da casa, ele tratou-me com a maior simpatia, mas discretamente manteve-se em segundo plano, permitindo que Hazel e eu tivéssemos todo o espaço necessário para nossas discussões. A primeira, por sinal, teve início logo depois do almoço, prosseguiu pela tarde inteira e continuou noite adentro. Começou quando perguntei a ela se a tese básica de meu livro — a de que as ciências naturais, bem como as ciências humanas e sociais, haviam sido moldadas na física newtoniana — também era verdade na economia.

"Acho que você encontrará muitas confirmações de sua tese na história da economia", respondeu Henderson depois de pensar por um certo tempo, mencionando que as origens da economia moderna coincidem com as da ciência newtoniana. "Até o século XVI, a noção de fenômenos puramente econômicos, isolados da estrutura da vida, não existia", explicou ela. "Assim como não havia um sistema nacional de mercados, que é também um fenômeno relativamente recente, surgindo apenas na Inglaterra do século XVII."

"Mas decerto devem ter existido mercados antes disso", interpus.

"É claro. Os mercados existem desde a Idade da Pedra, mas eram baseados na troca, não em dinheiro, de modo que estavam fadados a permanecer num âmbito local." E, de um modo geral, inexistia a motivação de obter lucro pessoal com a atividade econômica, ressaltou Henderson. A própria idéia de lucro, para não falar na de juros, era inconcebível ou então proibida.

"A propriedade privada é um outro bom exemplo", continuou. "A palavra 'privada' vem do latim *privare* — 'privar' —, indicando que a concepção antiga era a de que a propriedade é, antes e acima de tudo, comum." Foi somente com a ascensão do individualismo na Renascença que as pessoas deixaram de conceber a propriedade privada como sendo aqueles bens dos quais o grupo é privado de usar. "Hoje invertemos completamente o significado do termo", concluiu. "Acreditamos que a propriedade deve ser privada acima de tudo, e que a sociedade não deve privar o indivíduo dela sem o devido processo legal."

"Então, quando teve início a economia moderna?"

"Ela surgiu durante a Revolução Científica e o Iluminismo", respondeu Henderson. Naqueles tempos, relembrou ela, o raciocínio crítico, o empirismo e o individualismo tornaram-se os valores dominantes, juntamente com uma orientação secular e materialista, que levou à produção de bens e luxos temporais, e gerou a mentalidade manipuladora da Era Industrial. Os novos costumes e as novas atividades resultaram na criação de novas instituições políticas e sociais, explicou Henderson, e permitiram o surgimento de uma nova ocupação acadêmica: a de teorizar sobre um conjunto de atividades *econômicas* específicas. "Pois bem, essas atividades econômicas — produção, distribuição, empréstimo e outras — subitamente adquiriram um relevo notável: elas precisavam não apenas ser descritas e explicadas, mas também racionalizadas."

Impressionou-me a descrição de Henderson. Pude ver claramente como a mudança de visão de mundo e de valores no século XVII criara um contexto propício para o pensamento econômico. "E quanto à física?", insisti. "Você vê alguma influência direta da física newtoniana no pensamento econômico?"

"Bem, vejamos", refletiu. "A economia moderna, estritamente falando, foi fundada no século XVII por Sir William Petty, um contemporâneo de Isaac

Newton. Creio que os dois chegaram a freqüentar as mesmas rodas em Londres. Acho que podemos dizer que a *Political arithmetick* de Petty deve muito a Newton e a Descartes.''

Henderson explicou que o método de Petty consistia em substituir palavras e argumentos por números, pesos e medidas. Foi ele quem apresentou toda uma série de idéias que se tornariam ingredientes indispensáveis nas teorias de Adam Smith e outros economistas posteriores. Por exemplo, Petty discutiu as noções ''newtonianas'' de quantidade de dinheiro e da sua velocidade de circulação — questões que continuam sendo debatidas pela escola monetarista hoje em dia. ''Na realidade'', observou Henderson com um sorriso, ''as políticas econômicas modernas, do modo como são discutidas em Washington, Londres ou Tóquio, não chegariam a surpreender Petty, exceto pelo fato de terem mudado tão pouco.''

Outra pedra angular da economia moderna, continuou Henderson, foi assentada por John Locke, o eminente filósofo do Iluminismo. Locke apresentou a idéia de que os preços são determinados objetivamente pela oferta e pela procura. Essa lei da oferta e da procura, observou Henderson, foi elevada ao mesmo plano das leis da mecânica de Newton, onde permanece ainda hoje na maioria das análises econômicas. Ela disse que essa era uma ilustração perfeita da influência de Newton na economia. A interpretação das curvas de oferta e procura, presente em todos os livros didáticos de economia, baseia-se no pressuposto de que os participantes de um mercado irão ''gravitar'' automaticamente e sem nenhum ''atrito'' até atingirem o preço de ''equilíbrio'' determinado pela interseção das duas curvas. A íntima correspondência com a física newtoniana ficou perfeitamente óbvia para mim.

''A lei da oferta e da procura também se encaixava muito bem com a nova matemática de Newton, o cálculo diferencial'', prosseguiu Henderson. A economia, explicou ela, era vista como algo que lidava com variações contínuas de pequeníssimas quantidades que se prestavam assim, excelentemente, para ser descritas por essa técnica matemática. Essa noção tornou-se a base das tentativas subseqüentes de se transformar a economia numa ciência matemática exata. ''O problema era, e ainda é, que as variáveis usadas nesses modelos matemáticos não podem ser rigorosamente quantificadas, sendo definidas com base em pressupostos que com freqüência tornam os modelos pouquíssimo realistas.''

A questão dos pressupostos básicos subjacentes às teorias econômicas levou Henderson a Adam Smith, o mais influente de todos os economistas. Ela me deu uma descrição vívida da atmosfera intelectual na época de Smith — as influências de David Hume, Thomas Jefferson, Benjamin Franklin e James Watt — e do vigoroso impacto dos primórdios da Revolução Industrial, que Smith abraçara com entusiasmo.

Smith aceitara a idéia de que os preços seriam determinados em mercados ''livres'' pelos efeitos equilibrantes da oferta e da procura, explicou Henderson. Ele baseou sua teoria econômica nas noções newtonianas de equilíbrio, de movimentos segundo leis e de objetividade científica, e imaginou que os mecanismos equilibrantes do mercado operariam quase que instantaneamente e sem atrito algum. Pequenos produtores e consumidores se encontrariam no mercado com igual poder, e de posse das mesmas informações. Para Smith, era a "Mão Invisível" do mercado que dirigia os interesses pessoais de cada um no sentido de melhorar as condições de todos — sendo que "melhorar" é o mesmo que produzir mais riqueza material.

"Esse quadro idealista ainda é extensamente usado pelos economistas de hoje", disse Henderson. "Informações plenas, exatas e gratuitas, acessíveis a todos os que participam de uma transação de mercado, completa e instantânea mobilidade e disponibilidade dos trabalhadores desempregados, dos recursos naturais e das máquinas. . . Todas essas condições são violadas na vasta maioria dos mercados modernos; e, no entanto, poucos são os economistas que não as tomam como base para suas teorias."

"A própria noção de mercado livre parece-me problemática hoje em dia", interpus.

"Evidentemente", concordou, enfática. "Na maior parte das sociedades industriais, empresas gigantescas controlam a oferta de bens, criam demandas artificiais por meio da publicidade, e exercem uma influência decisiva nas políticas nacionais. O poder econômico e político dessas companhias de enorme porte permeia todas as facetas da vida pública. Os mercados livres, equilibrados pela oferta e pela procura, desapareceram há muito tempo." E acrescentou rindo: "Hoje os mercados livres só existem na cabeça de Milton Friedman".

Começando, assim, nas origens da economia e em suas ligações com a ciência cartesiana-newtoniana, nossa conversa prosseguiu até o desabrochar do pensamento econômico nos séculos XVIII e XIX. Fiquei fascinado com o jeito animado e perspicaz de Henderson narrar essa longa história — a ascensão do capitalismo; as primeiras concepções ecológicas dos fisiocratas franceses; as tentativas sistemáticas de Petty, Smith, Ricardo e outros economistas clássicos de moldar a nova disciplina como uma ciência; os esforços bem-intencionados, mas pouco realistas, dos economistas defensores do bem-estar social, dos utopistas e de outros reformadores; e, finalmente, a poderosa crítica da economia clássica feita por Karl Marx. Ela retratou cada estádio dessa evolução do pensamento econômico dentro de seu contexto cultural mais amplo, associando cada nova idéia às próprias críticas que fazia à prática econômica moderna.

Passamos um bom tempo discutindo o pensamento de Karl Marx e sua relação com a ciência da época. Henderson chamou-me a atenção para o fato de Marx, como a maioria dos pensadores do século XIX, estar muito preocupado em ser científico e de ter muitas vezes tentado formular suas teorias em linguagem cartesiana. Todavia, sua ampla visão dos fenômenos sociais permitiu que ele transcendesse o arcabouço cartesiano por diversas vias significativas. Ele não adotou a postura clássica do observador objetivo, ressaltando fervorosamente seu papel de participante ao afirmar que sua análise social era inseparável de sua crítica social. Henderson observou ainda que, embora Marx defendesse um maior determinismo tecnológico, o que tornava sua teoria mais aceitável enquanto ciência, ele também percebia claramente as inter-relações de todos os fenômenos, concebendo a sociedade como um todo orgânico em que ideologia e tecnologia são igualmente importantes.

Por outro lado, ponderou, o pensamento de Marx é bastante abstrato e afastado das realidades humildes da produção local. Ele, portanto, partilhava das concepções da elite intelectual de seu tempo acerca das virtudes da industrialização e da modernização do que chamou de "estupidez da vida rural".

"E quanto à ecologia?", perguntei. "Marx tinha algum tipo de consciência ecológica?"

"Enorme", respondeu Henderson sem hesitar. "Sua visão do papel da natureza no processo de produção era parte de sua percepção orgânica da realidade. Em todos os escritos, Marx ressaltou a importância da natureza na estrutura social e econômica.

"É claro, porém, que devemos ter em mente que a ecologia não era um assunto central na sua época", advertiu Henderson. "A destruição do meio não era um problema premente, de modo que não podemos esperar que Marx dê grande destaque a isso. Porém, com certeza ele tinha consciência do impacto ecológico das economias capitalistas. Deixe-me ver se consigo encontrar algumas citações para você."

Com essas palavras, Henderson dirigiu-se à sua farta biblioteca e pegou um exemplar de *The Marx-Engels reader*. Após folhear o livro por alguns minutos, leu em voz alta um trecho dos *Manuscritos econômico-filosóficos* de Marx:

"O trabalhador nada pode criar sem a natureza, sem o mundo externo dos sentidos. Esse é o material sobre o qual seu trabalho se manifesta, no qual ele é ativo, a partir do qual e por meio do qual ele produz".

Depois de procurar um pouco mais, ela leu uma passagem de *O capital:*

"Todo progresso na agricultura capitalista é progresso na arte de roubar não só do trabalhador, mas também do solo".

É óbvio que essas palavras são ainda mais relevantes hoje do que quando Marx as escreveu, e Henderson observou que embora ele não chegasse a enfatizar com veemência as questões ecológicas, sua abordagem *poderia* ter sido usada para prever a exploração ecológica provocada pelo capitalismo. "Evidentemente", disse sorrindo, "se os marxistas fossem encarar as evidências ecológicas com toda a honestidade, eles seriam forçados a concluir que as sociedades socialistas não se saíram muito melhor. O impacto ambiental das sociedades socialistas só é menor porque seu consumo — que, aliás, eles estão tentando aumentar — também é menor."

Entramos então numa animada discussão sobre as diferenças entre o ativismo ambiental e o ativismo social. "O conhecimento ecológico é sutil e muito difícil de ser usado como base para um movimento de massa", observou Henderson. "Nem as sequóias nem as baleias podem provocar o ímpeto revolucionário necessário para mudar as instituições humanas." Ela conjeturou que talvez tenha sido esse o motivo de os marxistas terem ignorado o "Marx ecológico" durante tanto tempo. "As nuances do raciocínio orgânico de Marx são inconvenientes para a maioria dos ativistas sociais, que preferem se organizar em torno de questões mais simples", concluiu. Depois de alguns momentos de silêncio, acrescentou, pensativa: "Talvez por isso Marx tenha declarado, no fim da vida: 'Eu não sou marxista' ".

Hazel e eu estávamos exaustos depois dessa longa e enriquecedora conversa e, como já era hora de jantar, fomos dar uma volta para espairecer ao ar livre, indo parar num restaurante naturalista perto de sua casa. Nenhum de nós estava com muito ânimo para falar. Entretanto, depois que voltamos para sua casa e nos aconchegamos na sala de estar, com uma xícara de chá nas mãos, retomamos novamente nossa conversa sobre economia.

Relembrei os conceitos básicos da economia clássica — a objetividade científica, os efeitos auto-equilibrantes da oferta e da procura, a metáfora de Adam Smith sobre a Mão Invisível, etc. —, e fiquei imaginando se seriam compatíveis com a intervenção ostensiva de nossos economistas governamentais na economia nacional.

"Não são compatíveis", afirmou Henderson sem pestanejar. "O ideal do observador objetivo foi aniquilado depois da Grande Depressão, por John Maynard Keynes, que sem dúvida foi o mais importante economista do nosso século." Ela explicou que Keynes fez vergarem os métodos tidos como isentos de valores dos economistas neoclássicos, a fim de permitir que o governo interviesse propositalmente na economia. Keynes argumentou que os estados de equilíbrio econômico são casos especiais, exceções e não a regra no mundo real. Para ele, a oscilação dos ciclos econômicos seria a característica mais marcante das economias nacionais.

"Uma concepção bastante radical", presumi.

"De fato", afirmou Henderson, "e a teoria econômica keynesiana influenciou decisivamente o pensamento econômico contemporâneo." Para determinar a natureza das intervenções governamentais, Keynes concentrou sua atenção no nível macroeconômico, e não mais no microeconômico, passando a levar em consideração variáveis econômicas como a renda nacional, o volume total de emprego e assim por diante. Ao estabelecer relações simplificadas entre essas variáveis, conseguiu mostrar que eram suscetíveis a mudanças a curto prazo, e que essas mudanças poderiam ser influenciadas por políticas econômicas apropriadas.

"E é isso o que os economistas do governo tentam fazer?"

"Exato. O modelo keynesiano acabou sendo totalmente assimilado pela corrente principal do pensamento econômico. Em sua maioria, os economistas tentam hoje fazer uma 'sintonia fina' da economia, aplicando os remédios propostos por Keynes: imprimir dinheiro, aumentar ou baixar as taxas de juros, cortar ou aumentar os impostos, e assim por diante."

"A teoria econômica clássica foi então abandonada?"

"Não, não foi. Repare que justamente aí ocorre algo curioso. O pensamento econômico contemporâneo é altamente esquizofrênico. A teoria clássica foi quase virada de ponta-cabeça. Os próprios economistas, quaisquer que sejam suas convicções, *criam* os ciclos econômicos mediante suas políticas e previsões. Os consumidores são assim forçados a se tornar investidores involuntários, e o mercado passa a ser controlado pelas decisões das empresas e do governo. Enquanto isso, os teóricos do neoclassicismo econômico continuam evocando a Mão Invisível."

Achei tudo isso muito confuso, e pareceu-me que os próprios economistas também estavam bastante confusos. Seus métodos keynesianos pareciam não estar funcionando muito bem.

"E realmente não estão", confirmou Henderson, "pois esses métodos ignoram os detalhes da estrutura da economia e a natureza qualitativa de seus problemas. O modelo keynesiano deixou de ser adequado porque ignora um sem-número de fatores que são cruciais para se compreender a situação econômica."

Pedi a Henderson que fosse mais específica, e ela explicou que o modelo keynesiano visa apenas a economia interna de um país, dissociando-a de toda uma rede econômica global e ignorando a existência de acordos e contratos internacionais. Não leva em consideração o tremendo poderio político das companhias multinacionais, não dá a menor atenção às condições políticas, e negligencia por completo os custos sociais e ambientais das atividades econômicas. "Na melhor das hipóteses, a abordagem keynesiana pode nos oferecer uma série de roteiros possíveis, mas é incapaz de fazer previsões específicas", concluiu. "Como a maior parte do pensamento econômico cartesiano, o keynesianismo ainda sobrevive, mas perdeu sua utilidade."

Quando fui me deitar, minha mente estava fervilhando com novas idéias e informações. Eu estava tão excitado que não consegui dormir durante um bom tempo. Mesmo assim, acordei bem cedo pela manhã e fiz uma revisão de tudo o que entendera do pensamento de Henderson. Quando Hazel e eu nos sentamos para outra rodada de discussões depois do café, eu lhe havia preparado uma longa lista de perguntas que nos manteve ocupados durante toda a manhã. E mais uma vez pude admirar a clareza com que ela concebia os problemas econômicos no contexto de um amplo arcabouço ecológico, bem como sua capacidade de explicar a situação econômica atual de maneira lúcida e sucinta.

Lembro-me de ter ficado particularmente impressionado com uma longa discussão que tivemos sobre inflação, que era a questão econômica mais desconcertante da época. A taxa de inflação nos Estados Unidos aumentara muito, ao mesmo tempo em que o desemprego também se mantinha em níveis elevados. Nem os economistas nem os políticos pareciam ter qualquer idéia do que estava acontecendo, e muito menos do que fazer a respeito do problema.

"Hazel, o que é inflação, e por que ela tem se mantido tão alta?"

Sem hesitação alguma, Henderson respondeu com um de seus aforismos brilhantes e sarcásticos: "Inflação é apenas a soma de todas as variáveis que os economistas excluem de seus modelos". E regozijou-se com o efeito da sua surpreendente definição. Depois de uma pausa, acrescentou com seriedade: "Todas essas variáveis sociais, psicológicas e ecológicas começam a voltar para nos assombrar".

Pedi que desenvolvesse mais essa questão. Ela afirmou que não existe uma origem única da inflação, mas que várias causas principais podem ser identificadas, todas elas envolvendo variáveis que foram excluídas dos modelos econômicos atuais. A primeira causa, especificou, está relacionada com o fato — ainda ignorado pela maioria dos economistas — de toda riqueza basear-se nos recursos naturais e na energia. À medida que essa base de recursos diminui, as matérias-primas e a energia precisam ser extraídas de reservas cada vez mais depauperadas e inacessíveis e, portanto, cada vez mais capital é necessário para o processo de extração. Conseqüentemente, a inevitável diminuição dos recursos naturais é acompanhada de uma ascensão implacável dos preços desses recursos e da energia, que se torna uma das principais forças propulsoras da inflação.

"Nossa economia depende em grau excessivo da energia e dos recursos naturais; isso fica evidente no fato de ela ser uma economia de capital intensivo, e não de mão-de-obra intensiva", prosseguiu Henderson. "O capital representa um potencial de trabalho, que foi obtido a partir da exploração dos recursos naturais no passado. À medida que esses recursos escasseiam, o próprio capital vai-se tornando um recurso escasso." Apesar disso, observou, há hoje em nossa economia uma forte tendência para se substituir o trabalho pelo capital. Os empresários, raciocinando com base em noções estreitas de produtividade, vêm pleiteando constantemente incentivos fiscais para os investimentos de capital, muitos dos quais reduzem o nível de emprego por meio da automação. "Tanto o capital quanto o trabalho produzem riqueza", explicou Henderson, "mas uma economia de capital intensivo é também uma economia que faz uso intensivo dos recursos naturais e da energia e é, portanto, uma economia altamente inflacionária."

"O que você está dizendo, Hazel, é que uma economia de capital intensivo irá gerar inflação *e* desemprego?"

"Precisamente. Num mercado livre, de acordo com a sabedoria convencional dos economistas, a inflação e o desemprego são aberrações temporárias de um estado de equilíbrio, e seriam permutáveis. Porém, modelos de equilíbrio desse tipo não são mais válidos hoje em dia. A suposta permutabilidade entre inflação e desemprego é um conceito absolutamente fora da realidade. Vivemos hoje na década da estagflação. Inflação *e* desemprego tornaram-se uma característica típica de todas as sociedades industriais."

"E isso devido à nossa insistência numa economia de capital intensivo?"

"Sim, esse é um dos motivos. Nossa dependência excessiva da energia e dos recursos naturais, e o investimento excessivo de capital e não de trabalho, são inflacionários *e* provocam um desemprego maciço. É patético ver que o desemprego tornou-se uma característica tão intrínseca da nossa economia que os economistas do governo falam hoje em 'pleno emprego' quando mais de cinco por cento da força de trabalho está desempregada."

"Nossa dependência excessiva do capital, da energia e dos recursos naturais estaria incluída entre as variáveis ecológicas da inflação", continuei. "E quanto às variáveis sociais?"

Henderson afirmou que o aumento ininterrupto dos custos sociais provocados pelo crescimento ilimitado são a segunda grande causa da inflação. "Ao tentarem maximizar os lucros", elaborou, "as pessoas, as empresas e as instituições procuram 'exteriorizar' todos os custos sociais e ambientais."

"O que isso significa?"

"Significa que elas excluem esses custos de seus balanços e os empurram para outros, transferindo-os para o sistema, para o meio ambiente e para as gerações futuras." Henderson partiu então para ilustrar sua tese com numerosos exemplos, citando custos de litígios, do controle da criminalidade, da coordenação burocrática, da regulamentação federal do comércio e da indústria, da proteção ao consumidor, da assistência à saúde, e muitos outros. "Repare que nenhuma dessas atividades acrescenta algo à produção em si", ressaltou. "Portanto, todas elas contribuem para a inflação."

Outro motivo para o rápido aumento dos custos sociais, continuou Henderson, é a crescente complexidade de nosso sistema industrial e tecnológico. À medida que esse sistema vai-se tornando mais e mais complexo, torna-se mais e mais difícil criar modelos adequados a ele. "Porém, qualquer sistema que não admite modelos é um sistema que não pode ser controlado", argumentou, "e essa incontrolável e inadministrável complexidade está hoje provocando um aumento atordoante de custos sociais imprevistos."

Quando pedi a Henderson que me desse alguns exemplos, ela não precisou de tempo para refletir. "Os custos de se consertar o estrago todo", argumentou enfaticamente, "os custos de se cuidar das vítimas humanas de toda essa tecnologia não planejada: aqueles que abandonaram tudo, os ineptos, os viciados, todos aqueles que não conseguem suportar o turbilhão da vida urbana". E citou também todos os colapsos e acidentes que vêm ocorrendo com freqüência cada vez maior, gerando ainda mais custos sociais imprevistos. "Se somarmos tudo isso", concluiu Henderson, "veremos que mais tempo é gasto em manter e regular o sistema do que em produzir bens e serviços úteis. Tudo isso é, portanto, altamente inflacionário."

E, resumindo sua tese, acrescentou: "Eu já disse muitas vezes que nós, fatalmente, haveremos de nos deparar com os limites sociais, psicológicos e conceituais ao crescimento muito antes de darmos de cara com os limites físicos".

Fiquei profundamente impressionado com a crítica perspicaz e veemente de Henderson. Ela deixara óbvio que a inflação é muito mais do que um problema econômico, e que precisa ser encarada como um sintoma econômico de uma crise social e tecnológica.

"Nenhuma das variáveis ecológicas e sociais que você mencionou aparecem nos modelos econômicos?", insisti, trazendo a conversa de volta para a economia.

"Não, nenhuma. Pelo contrário, os economistas aplicam os instrumentos keynesianos tradicionais para inflacionarem ou deflacionarem a economia, criando oscilações a curto prazo que obscurecem as realidades ecológicas e sociais." Os métodos keynesianos tradicionais não podem mais resolver nenhum dos nossos problemas econômicos, afirmou Henderson; tudo o que fazem é deslocar esses problemas numa rede de relações sociais e ecológicas. "Você talvez consiga baixar a inflação com tais métodos", argumentou, "ou até mesmo baixar a inflação *e* o desemprego. Porém, terá então um enorme déficit orçamentário, ou um gigantesco déficit na balança comercial, ou então as taxas de juros irão disparar. Repare que ninguém consegue hoje controlar simultaneamente todos esses indicadores econômicos. O número de círculos viciosos e de circuitos fechados de *feedback* é por demais grande para que seja possível proceder a uma 'sintonia fina' da economia."

"Qual seria então a solução para o problema da alta inflação?"

"A única solução real", respondeu Henderson, retomando seu tema central, "seria mudar o próprio sistema, reestruturar nossa economia descentralizando-a, desenvolvendo para isso tecnologias brandas, e operando-a com uma mistura mais parcimoniosa de capital, energia e recursos naturais, e uma mistura mais rica de trabalho e recursos humanos. Uma economia dessas, capaz de conservar os recursos naturais e de proporcionar emprego para todos, seria também uma economia não-inflacionária e ecologicamente equilibrada."

Hoje, no outono de 1986, relembrando essa conversa de oito anos atrás, fico estupefato ao ver quantas das previsões de Henderson se confirmaram e ao ver quão pouco nossos economistas governamentais lhe deram ouvidos. O governo Reagan conseguiu reduzir a inflação arquitetando uma severa recessão, para em seguida tentar, inutilmente, estimular a economia com cortes maciços nos impostos. Essas intervenções provocaram enormes dificuldades para grandes setores da população, sobretudo os grupos de baixa e média renda, pois mantiveram as taxas de desemprego acima dos sete por cento e eliminaram ou reduziram de maneira drástica uma ampla gama de programas sociais. Tudo isso foi alardeado como um remédio forte que iria, eventualmente, curar nossa economia adoentada; porém, aconteceu o oposto. Em conseqüência da "Reaganomia", a economia norte-americana sofre hoje de um câncer triplo: um gigantesco déficit orçamentário, um déficit sempre crescente da balança comercial e um enorme endividamento externo que transformou os Estados Unidos no maior devedor do planeta. Diante dessa crise tríplice, os economistas governamentais continuam encarando, hipnotizados, o pisca-pisca dos indicadores econômicos e tentando desesperadamente aplicar conceitos e métodos keynesianos já completamente desatualizados.

No decorrer de nossa discussão sobre inflação, percebi que, muitas vezes, Henderson usava a linguagem da teoria dos sistemas. Por exemplo, ela mencionava a "inter-relação do sistema econômico com o sistema ecológico" ou falava sobre a "transferência dos custos sociais para o sistema". Mais tarde, naquele mesmo dia, abordei diretamente a questão dessa teoria, e perguntei se ela a considerava proveitosa.

"Certamente", respondeu sem titubear. "Acho que a abordagem sistêmica é essencial para entendermos nossos problemas econômicos. É a única abordagem capaz de trazer um pouco de ordem no caos conceitual que temos hoje." Fiquei muito satisfeito com sua resposta, pois eu também passara recentemente a conceber o arcabouço da teoria dos sistemas como a linguagem ideal para uma formulação científica do paradigma ecológico, e embarcamos numa longa e revigorante discussão. Lembro-me com nitidez de nossa empolgação enquanto explorávamos o potencial do raciocínio sistêmico nas ciências sociais e ecológicas, estimulando-nos mutuamente com súbitos *insights*, gerando juntos novas idéias e descobrindo muitas similaridades deliciosas entre nossos modos de pensar.

Henderson começou introduzindo a idéia da economia como um sistema vivo, um sistema constituído de seres humanos e organizações sociais em constante interação com os ecossistemas ao seu redor. "Podemos aprender muito sobre as situações econômicas estudando os ecossistemas", disse ela. "Por exemplo, podemos ver que tudo se movimenta pelo sistema por meio de ciclos. As relações lineares de causa-efeito só surgem muito raramente nesses ecossistemas e, portanto, os modelos lineares não são muito úteis para descrevermos os sistemas econômicos neles imersos."

Minhas conversas com Gregory Bateson no verão anterior haviam me despertado para a importância de reconhecermos a não-linearidade de todos os sistemas vivos, e mencionei a Hazel que Bateson denominara esse reconhecimento de "sabedoria sistêmica". "Como base", sugeri, "a sabedoria sistêmica nos diz que, se fizermos algo bom, mais dessa mesma coisa não será necessariamente melhor."

"Isso mesmo", respondeu Henderson empolgada. "Muitas vezes já expressei essa mesma idéia dizendo que nada fracassa tanto quanto o sucesso[1]." Não pude deixar de rir de seu aforismo espirituoso. À maneira típica de Henderson, ela acertara em cheio com sua formulação concisa da sabedoria sistêmica — que as estratégias bem-sucedidas num estágio podem ser totalmente inadequadas em outro.

A dinâmica não-linear dos sistemas vivos trouxe-me à mente a importância da reciclagem. E observei que hoje não é mais permissível jogar fora nossas mercadorias usadas ou despejar lixo industrial em algum outro lugar, pois em nossa biosfera global interligada esse "outro lugar" não existe.

Henderson concordou inteiramente, e disse: "Pelo mesmo motivo, não existe o chamado 'lucro fortuito', a menos que ele saia do bolso de alguém ou que seja obtido às custas do meio ambiente ou de gerações futuras.

"Outra conseqüência da não-linearidade é a questão da escala, para a qual Fritz Schumacher chamou a atenção de todos", prosseguiu Henderson. "Há

---

[1] *Os americanos têm um ditado muito conhecido,* "Nothing succeeds like success" *("Nada tem tanto êxito quanto o sucesso"); Henderson brincou com esse ditado, dizendo:* "Nothing fails like success". *(N. do T.)*

um tamanho ideal para cada estrutura, cada organização, cada instituição; e a maximização de qualquer variável isolada inevitavelmente destruirá o sistema maior."

"Isso é o que se chama de 'estresse' no campo da saúde", interpus. "Maximizar uma única variável num sistema vivo e em flutuação tornará esse sistema todo mais rígido. E um estresse prolongado desse tipo acaba geralmente se transformando em doença."

Henderson sorriu: "O mesmo vale para a economia. A maximização do lucro, da eficiência ou do PNB só irá torná-la mais rígida e provocar um estresse social e ambiental". Esses saltos entre níveis sistêmicos e o aproveitamento das percepções um do outro foi algo que nos proporcionou enorme prazer.

"De modo que a concepção de um sistema vivo como sendo constituído de múltiplas flutuações interdependentes também se aplica à economia?", perguntei.

"Sem dúvida. Além dos ciclos econômicos de curta duração estudados por Keynes, a economia atravessa vários outros ciclos mais longos, que são pouquíssimo influenciados pelas manipulações keynesianas." Henderson contou-me que Jay Forrester e seu Systems Dynamics Group já determinaram muitas dessas flutuações econômicas, lembrando ainda que outro tipo de flutuação é o ciclo de crescimento e fenecimento característico de tudo o que vive.

"Isso é algo que os executivos das empresas simplesmente não conseguem enfiar na cabeça", acrescentou com um suspiro de frustração. "Eles não conseguem entender que, em todos os sistemas vivos, decadência e morte são a precondição do renascimento. Quando vou a Washington e converso com dirigentes de grandes empresas, constato que eles estão aterrorizados. Todos sabem que tempos difíceis estão chegando. Tento lhes dizer que isso talvez signifique o declínio de alguns, mas que sempre que algo está diminuindo, algo também está crescendo. Há sempre um movimento cíclico. Basta estar atento e pegar a onda certa."

"Mas o que você diz aos dirigentes de uma empresa em declínio?"

Henderson respondeu com um de seus sorrisos largos e radiantes: "Digolhes que *é* preciso permitir que algumas empresas morram, que *não* há problema algum, desde que as pessoas possam se transferir das moribundas para as que estão crescendo. O mundo não está acabando, costumo dizer a meus amigos executivos; apenas *algumas* coisas estão entrando em colapso. E mostrolhes os muitos cenários possíveis de renascimento cultural".

Quanto mais eu conversava com Hazel, mais eu percebia que seus *insights* eram fundamentados no tipo de consciência ecológica que eu aprendera a reconhecer como sendo de natureza espiritual na sua mais profunda essência. Iluminada por uma intensa sabedoria, a sua é uma espiritualidade alegre e voltada para a ação, de alcance planetário e irresistivelmente dinâmica em seu otimismo.

Novamente ficamos conversando noite adentro. Quando nossa fome apertou, passamos para a cozinha e continuamos o papo enquanto eu a ajudava

212

a preparar o jantar. Lembro-me de que foi na cozinha, enquanto eu cortava legumes e ela fritava cebolas e cozinhava arroz, que efetuamos uma de nossas mais interessantes descobertas conjuntas.

Começou com a observação de Henderson de que havia uma curiosa hierarquia em nossa cultura no que se refere ao *status* dos diferentes tipos de trabalho. O trabalho de menor *status,* apontou ela, tende a ser o trabalho cíclico — o trabalho que tem de ser constantemente refeito e que não deixa nenhum impacto duradouro. "Chamo-o de trabalho 'entrópico' ", disse ela, "porque toda evidência tangível do esforço envolvido é facilmente destruída, e a entropia, ou desordem, sempre volta a aumentar em seguida.

"E o trabalho que estamos fazendo neste momento", continuou ela, "preparando uma refeição que será imediatamente consumida. Trabalhos equivalentes seriam varrer o chão que logo ficará sujo, ou aparar sebes e gramados que logo crescerão. Repare que em nossa sociedade, como em todas as sociedades industriais, os serviços que envolvem um trabalho altamente entrópico são em geral delegados às mulheres e às minorias. São os que têm menor valor e são os mais mal remunerados."

"Apesar do fato de serem essenciais à nossa existência cotidiana e à nossa saúde", completei seu pensamento.

"Vejamos agora os serviços que gozam do mais elevado *status*", prosseguiu Henderson. "São aqueles que envolvem a criação de algo duradouro — arranha-céus, aviões supersônicos, foguetes espaciais, armamentos nucleares e toda a nossa parafernália de alta tecnologia."

"E o trabalho realizado nas áreas de *marketing*, finanças e administração de empresas, o trabalho dos executivos?"

"Esses também gozam de um *status* elevado, pois estão ligados a empreendimentos de alta tecnologia. Sua boa reputação provém da alta tecnologia, por mais entediante que o trabalho em si possa ser."

Observei que a tragédia de nossa sociedade é que o impacto duradouro do trabalho de *status* elevado freqüentemente é negativo — nocivo ao meio ambiente, à estrutura social e à nossa saúde física e mental. Henderson concordou, acrescentando que há hoje uma grande escassez de habilidades simples que envolvem o trabalho cíclico — como em serviços de manutenção, conserto e reparo. Essas habilidades foram socialmente desvalorizadas e quase negligenciadas, embora sejam tão vitais quanto nunca.

Enquanto refletia sobre as diferenças entre trabalho cíclico e trabalho que deixa um impacto duradouro, subitamente me lembrei de todas aquelas histórias zen sobre um discípulo que pede instrução espiritual a seu mestre. O mestre sempre o manda lavar a tigela de arroz, varrer o jardim ou aparar a sebe. "Não é curioso", observei, "que o trabalho cíclico é precisamente o tipo de trabalho destacado pela tradição budista? Na realidade, esse trabalho é considerado parte integrante do treinamento espiritual."

Os olhos de Hazel brilharam: "Você tem razão; e isso não ocorre apenas na tradição budista. Pense no trabalho tradicional dos monges e freiras da tradição cristã — agricultura, enfermagem e muitos outros serviços congêneres".

"E posso lhe dizer por que o trabalho cíclico é considerado tão importante nas tradições espirituais", prossegui empolgado. "Fazer um trabalho que sempre precisa ser refeito nos ajuda a reconhecer a ordem natural de crescimento e fenecimento, de nascimento e morte. Ajuda a nos tornar cientes de como estamos imersos nesses ciclos, na ordem dinâmica do cosmos."

Henderson confirmou a importância do que eu dissera, e que mostrava mais uma vez a profunda ligação que há entre ecologia e espiritualidade. "E com o pensamento feminino também", acrescentou ela, "que está naturalmente em harmonia com esses ciclos biológicos". Nos anos seguintes, quando Hazel e eu já havíamos nos tornado bons amigos e explorado juntos várias idéias, muitas vezes retornaríamos a esse elo essencial entre ecologia, pensamento feminino e espiritualidade.

Havíamos coberto muito terreno nesses dois dias de discussões intensas, de modo que passamos a última noite em conversas mais relaxadas, trocando impressões de pessoas que ambos conhecíamos e de países que visitáramos. Enquanto Hazel me contava histórias divertidas sobre suas experiências na África, no Japão e em muitas outras partes do mundo, fui me dando conta da escala verdadeiramente global de seu ativismo. Ela mantém contatos próximos com políticos, economistas, empresários, ecologistas, feministas e numerosos ativistas sociais espalhados pelo mundo todo, e com eles partilha seu entusiasmo e tenta realizar suas muitas visões de futuros alternativos.

Na manhã seguinte, quando Hazel me levou de carro à estação de trem, o ar fresco de inverno parecia intensificar minha sensação de estar vivo. Nas últimas quarenta e oito horas eu fizera tremendos progressos em meu entendimento das dimensões sociais e econômicas da mudança de paradigma. E, embora soubesse que voltaria com muitas dúvidas e perguntas novas, deixei Princeton com a nítida sensação de ter completado algo. Percebi que as conversas com Hazel Henderson haviam me esclarecido o contorno geral do quadro, e pela primeira vez me senti pronto para escrever meu livro.

7
Os diálogos de Big Sur

No fim de 1978, eu completara a parte mais substancial de minha pesquisa sobre a mudança de paradigma em diversos campos, tendo reunido um volume enorme de notas tiradas de dúzias de livros, ensaios e artigos, e de minhas discussões com vários estudiosos e profissionais das diversas disciplinas que havia investigado. Eu organizara toda essa coletânea de apontamentos de acordo com a estrutura prevista para o livro e congregara um grupo formidável de conselheiros: Stan Grof em psicologia e psicoterapia; Hazel Henderson em economia, tecnologia e política; Margaret Lock e Carl Simonton em medicina e saúde. Além desse grupo central, mantinha contato próximo com vários outros estudiosos notáveis — incluindo Gregory Bateson, Geoffrey Chew, Erich Jantsch e R. D. Laing — que eu podia consultar sempre que precisasse de maior assessoramento.

A última etapa antes de eu começar a redigir *O ponto de mutação* foi organizar um encontro entre essas pessoas. Esse encontro acabou se tornando um acontecimento bastante extraordinário. Em fevereiro de 1979, reuni meu grupo central de conselheiros para um simpósio de três dias, durante os quais revemos e discutimos toda a estrutura conceitual do livro. Uma de minhas metas era mostrar como mudanças semelhantes nos conceitos e nas idéias vinham ocorrendo em diversos campos; estava, portanto, ansioso para ver meus conselheiros, com quem eu interagira individualmente, interagirem também entre si. Queria ver ainda como seria a inter-relação de suas idéias e experiências num simpósio multidisciplinar intensivo. Havia escolhido a saúde, em suas miríades de dimensões e aspectos, como o ponto focal e o tema integrador desses diálogos; e, para completar e rematar o grupo, convidara também o cirurgião Leonard Shlain e o terapeuta familiar Antonio Dimalanta, que influenciaram decisivamente meu pensamento nos últimos dois anos.

Como palco de nosso encontro, escolhi uma linda propriedade fechada na costa de Big Sur, perto de Esalen, a antiga casa de família de um conhecido meu, John Staude, que agora a usa para organizar seminários e *workshops*. Graças a um adiantamento generoso de meus editores, pude enviar passagens de avião a todos os meus conselheiros e alugar a propriedade de Staude por três dias.

Ao pegar Hazel Henderson, Tony Dimalanta, Margaret Lock e Carl Simonton no aeroporto de San Francisco, ia sentindo crescer o clima de excitação de nosso pequeno grupo, à medida que um após outro ia chegando. Nenhum par dessas pessoas havia se encontrado antes, embora qualquer um deles estivesse bem familiarizado com o trabalho dos outros. Nosso estado de ânimo era excelente enquanto aguardávamos nossa reunião com grandes expectativas. Depois que todos haviam desembarcado, Leonard Shlain reuniu-se a nós em minha casa e, logo que partimos para Big Sur, juntos, numa perua, as primeiras discussões espontâneas começaram num espírito sociável e jovial. Ao chegarmos à casa de John Staude — bem oculta da estrada por enormes eucaliptos e cedros, empoleirada nos penhascos do oceano Pacífico e rodeada por um exuberante jardim —, nossa alegria aumentou ainda mais quando Stan Grof e alguns observadores se juntaram a nós, aumentando nosso grupo para cerca de doze pessoas.

Quando todos nós finalmente nos reunimos na primeira noite, senti que um sonho que alimentara por tantos anos estava se tornando realidade. Ali estava eu novamente em Big Sur, o local das minhas conversas esclarecedoras com Gregory Bateson e Stan Grof, onde eu passara tantas semanas em contemplação e trabalho concentrado, um lugar que retinha memórias de profundos *insights* e experiências comovedoras. Os longos preparativos para o extenso projeto de meu livro estavam finalmente completos, e as principais pessoas a me inspirar e ajudar em minha enorme tarefa estavam todas reunidas numa sala. Senti-me em êxtase.

Reunimo-nos nessa sala nos três dias seguintes — um enorme anexo projetado no típico estilo de Big Sur, com muito cedro e enormes janelas de correr que davam para o oceano. À medida que nossas conversas se desenrolavam nesse cenário magnífico, íamos ficando fascinados ao descobrirmos como nossas idéias se interligavam, como as nossas diferentes perspectivas estimulavam e desafiavam as idéias uns dos outros. Essa aventura intelectual atingiu seu clímax quando Gregory Bateson juntou-se ao grupo, no último dia do simpósio. Embora Bateson tenha falado muito pouco nesse dia, restringindo-se a fazer comentários ocasionais à discussão, todos nós sentimos que sua presença marcante foi altamente inspiradora e estimulante.

Todas as conversas de cada sessão foram gravadas em fita. Além dessas sessões gravadas, outros incontáveis diálogos entre grupos menores surgiram durante as refeições e à noite, prolongando-se às vezes até a madrugada. Seria impossível reproduzir tudo isso; posso apenas tentar transmitir a qualidade e a diversidade de idéias na coleção de excertos que se segue. Não interrompi os diálogos com nenhum tipo de comentário editorial, preferindo deixar as vozes desse excepcional grupo de pessoas falarem por si.

DRAMATIS PERSONAE:
GREGORY BATESON
FRITJOF CAPRA
ANTONIO DIMALANTA
STANISLAV GROF
HAZEL HENDERSON
MARGARET LOCK
LEONARD SHLAIN
CARL SIMONTON

CAPRA

Gostaria de começar nossa discussão sobre as múltiplas dimensões da saúde perguntando, simplesmente: "O que é saúde?" Graças às muitas discussões que tive com todos vocês, aprendi que podemos esboçar uma resposta inicial afirmando que a saúde é uma experiência de bem-estar que surge quando nosso organismo funciona de uma determinada maneira. O problema é como descrever objetivamente esse funcionamento saudável do organismo. Será que é possível? E será que é necessário saber a resposta para termos um sistema eficaz de assistência à saúde?

LOCK

Acho que em grande medida a assistência à saúde se dá num nível intuitivo, em que a classificação é impossível, sendo necessário lidar com cada pessoa em termos de suas próprias experiências passadas e das queixas que apresenta. Nenhum terapeuta pode guiar-se por um conjunto de regras estabelecidas. Ele tem de ser flexível.

SIMONTON

Concordo e, além disso, acho importante afirmar que desconhecemos as respostas às suas perguntas, Fritjof. Essas respostas simplesmente não estão disponíveis. Para mim, uma das coisas mais intrigantes da medicina é o fato de os livros de ensino absterem-se de dizer que as respostas às perguntas mais fundamentais são desconhecidas.

SHLAIN

Há três palavras para as quais não sabemos as definições. Uma é "vida", outra é "morte" e a terceira é "saúde". Se você pegar qualquer manual de biologia e abrir no primeiro capítulo, onde sempre se pergunta o que é vida, verá que não há definição alguma. Se você acompanhar uma discussão entre médicos e advogados que tentam definir quando uma pessoa está morta, verá que eles não sabem o que é morte. Uma pessoa está morta quando o coração pára de bater ou o cérebro deixa de funcionar? Quando ocorre esse momento? E, da mesma forma, também não conseguimos definir saúde. Todos nós sabemos o que é saúde, da mesma forma como sabemos o que é vida e o que é morte, mas ninguém consegue defini-la. Está além do alcance da linguagem definir esses três estados.

SIMONTON

Entretanto, se aceitamos que todas as definições são, de qualquer modo, aproximadas, então para mim é importante que cheguemos o mais perto possível de uma definição.

CAPRA

Adotei, ainda não definitivamente, a idéia de que a saúde resulta de um equilíbrio dinâmico entre os aspectos físicos, psicológicos e sociais do organismo. A doença, de acordo com essa concepção, seria uma manifestação de desequilíbrio e desarmonia.

SHLAIN

Não fico muito à vontade concebendo a doença como uma manifestação de desarmonia interna do organismo. Isso ignora totalmente os fatores genéticos e ambientais. Por exemplo, se alguém trabalhasse numa fábrica de asbesto durante a Segunda Guerra Mundial, quando ninguém ainda sabia que o asbesto provoca câncer no pulmão vinte anos mais tarde, e se essa pessoa viesse a acabar com câncer no pulmão, poderíamos dizer que isso decorreu de uma desarmonia interna dessa pessoa?

CAPRA

Não seria apenas uma desarmonia dentro da pessoa, mas também dentro da sociedade e do ecossistema. Se você ampliar sua perspectiva, verá que é quase invariavelmente isso o que acontece. Todavia, concordo que temos de levar em consideração os fatores genéticos.

SIMONTON

Coloquemos os fatores genéticos e ambientais num contexto apropriado. Se examinarmos o número de pessoas expostas ao asbesto, perguntando quantas delas acabarão com mesotelioma dos pulmões — que é, na realidade, a doença de que estamos falando —, verificaremos que a incidência é algo em torno de um para mil. Por que essa pessoa fica doente? Há muitos outros fatores que precisam ser examinados. Porém, do jeito que as pessoas falam, é como se a mera exposição a agentes cancerígenos provocasse câncer. Precisamos ter muito cuidado quando dizemos que isso causa aquilo, pois tendemos a relegar muitos fatores importantíssimos. E os fatores genéticos também não têm importância preponderante. Nossa tendência é considerar a genética como se fosse algum tipo de magia.

HENDERSON

Precisamos também reconhecer que há muitos sistemas de aninhamento em que as pessoas estão imersas. Para chegarmos a uma definição de saúde, temos de incorporar a lógica posicional. Não se pode definir saúde, ou quantidade controlável de estresse, de um modo abstrato. É preciso sempre associá-la à posição. Eu tenho essa imagem do estresse como uma bola que é empurrada de um lado para outro do sistema. Todos tentam descarregar seu estresse sobre o sistema de outros. Veja, por exemplo, a economia. Uma maneira de tentar remediar uma economia doente seria aumentar o desemprego em um por cento. Só que com isso o estresse é jogado de volta para cima das pessoas. Sabemos que um por cento a mais de desemprego cria cerca de sete bilhões de dólares de estresse humano mensurável em termos de aumento da incidência de doenças, do nível de mortalidade, do número de suicídios, etc. O que estamos vendo aqui são os diferentes níveis do sistema tentando lidar com o estresse empurrando-o para algum outro lugar. Pode também acontecer de a sociedade transferir o estresse para o ecossistema — mas então ele acaba voltando, cinqüenta anos depois, como no caso do Love Canal. Isso é parte dessa discussão?

SIMONTON

Claro, é a parte mais bela. Para mim, o aspecto mais instigante dessa discussão é justamente esse ir e vir entre sistemas, essa permutabilidade que nos impede de ficar presos examinando um único nível.

CAPRA

Parece haver no próprio âmago de nossos problemas de saúde um profundo desequilíbrio cultural, a saber, a ênfase excessiva nos valores e atitudes *yang*, em tudo o que é masculino. Constatei que esse desequilíbrio cultural sempre constitui o pano de fundo de todos os problemas de saúde pessoal, social e ecológica. Toda vez que me aprofundo na questão da saúde e tento chegar à raiz dos problemas, vejo-me voltando a esse desequilíbrio em nosso sistema de valores. Mas então surge a pergunta: Ao falarmos de desequilíbrio, será que podemos retornar a um estado equilibrado ou devemos discernir na evolução humana o balançar de um pêndulo? E como isso se relacionaria à ascensão e queda das culturas?

HENDERSON

Gostaria de responder empregando novamente o exemplo específico da economia. Um de seus problemas básicos é que ela não consegue apreender o crescimento evolucionário. Os biólogos compreendem perfeitamente bem que o crescimento gera estrutura, e chegamos hoje a um ponto da curva evolucionária em que nada fracassa tanto quanto o sucesso. A economia norte-americana cresceu tanto que começou a criar todos esses desserviços e desencantos sociais. A estrutura arraigou-se tão firmemente no concreto, como um dinossauro, que não consegue ouvir os sinais do ecossistema. Ela própria bloqueia os sinais, e bloqueia também o *feedback* social. O que pretendo elaborar é um conjunto de critérios de saúde social que substitua o PNB.
Gostaria de dizer agora algumas palavras sobre esse desequilíbrio cultural. A tecnologia de hoje, que eu chamo de "machista", ou de tecnologia "*big bang*", está certamente ligada à valorização das atividades competitivas e ao desestímulo das atividades cooperativas. Todos os meus modelos são modelos ecológicos, e sei que em todo ecossistema a competição e a cooperação estão sempre em equilíbrio dinâmico. O darwinismo social errou ao observar a natureza com olhos muito toscos, enxergando apenas o vermelho nos dentes e nas garras. Viu apenas a competição. Não percebeu o nível molecular de cooperação pois esse nível é, simplesmente, sutil demais.

219

SHLAIN

O que você quer dizer com cooperação em nível molecular?

HENDERSON

A cooperação que existe, por exemplo, no ciclo do nitrogênio, no ciclo da água, no ciclo do carbono. Todos eles são exemplos de cooperação em que o darwinismo social não podia reparar, pois não tinha uma ciência adequada para isso. Eles não enxergaram todos os padrões cíclicos que são característicos dos sistemas biológicos, e também dos sistemas sociais e culturais.

SIMONTON

Para compreendermos os padrões cíclicos da evolução cultural, é útil compreendermos nossos próprios ciclos de desenvolvimento. Se eu compreender os meus ciclos, terei muito mais tolerância e flexibilidade. E isso, a meu ver, possui aplicações sociais e culturais.

CAPRA

Acho que o feminismo há de contribuir para isso, pois as mulheres são naturalmente mais cientes dos ciclos biológicos. Nós homens somos muito mais rígidos, e em geral não concebemos nosso corpo vivendo em ciclos. Entretanto, esse tipo de consciência é extremamente saudável e facilitará nosso reconhecimento dos ciclos culturais.

DIMALANTA

Um fenômeno crucial que parece ocorrer na evolução dos sistemas é o que se chamou de "amplificação do desvio". Há um impulso inicial, como uma nova invenção, que inicia um processo de mudança. Essa mudança é então amplificada, e todos se esquecem das conseqüências. Quando o sistema incorpora esse desvio inicial, e continua a amplificá-lo, pode acabar se destruindo. Portanto, a curva de evolução cultural volta a descer. É possível que haja então um novo impulso, que esse impulso seja amplificado e que todo o processo se repita. Acho que esse processo não foi suficientemente estudado. Há muitos exemplos dele no universo. Na terapia familiar, às vezes tudo o que se precisa fazer é desestabilizar o sistema para introduzir uma mudança, e um dos mecanismos mais eficazes é gerar um processo de amplificação do desvio. Só que não é possível continuar amplificando-o, e temos de recorrer a um *feedback* negativo. Socialmente, é aqui que entraria a nossa consciência.

CAPRA

Quando falamos sobre o desequilíbrio cultural, talvez devêssemos antes perguntar: O que é equilíbrio? Existe efetivamente um estado de equilíbrio? Esse problema surge tanto no contexto da saúde pessoal quanto na cultura como um todo.

SHLAIN

Também é preciso falar sobre o ritmo das mudanças. Nunca houve uma época com tantas coisas acontecendo simultaneamente e introduzindo tantas variáveis novas. Há mudanças muito rápidas nos campos da tecnologia, da ciência e da indústria, entre outros. Trata-se da taxa de mudança mais acelerada que já houve na história da humanidade, e acho difícil extrapolar, para os dias de hoje, algo que aconteceu nessa história, a fim de tentar aprender com o passado. É dificílimo saber em que estágio estamos de nossa evolução cultural, porque tudo vai se acelerando demais.

LOCK

Certo, e um dos resultados disso é que nossos dois aspectos — o do ser humano cultural e o do ser humano biológico — estão mais separados que nunca. Modificamos nosso meio ambiente a tal ponto que estamos fora de sintonia com a nossa base biológica, num grau maior que o de qualquer outra cultura e qualquer outro grupo de pessoas no passado. Talvez isso esteja diretamente relacionado ao problema das atitudes competitivas. Essas atitudes decerto favoreceram nossa adaptação biológica quando éramos caçadores/agricultores. Não há dúvida de que, para se sobreviver naqueles tempos, a agressividade e a competitividade eram necessárias. Essas qualidades, porém, me parecem ser a última coisa de que precisaríamos num ambiente densamente povoado e sujeito a um grande controle cultural. Portanto, ainda possuímos alguns remanescentes de nossa herança biológica, e estamos ampliando a cisão com cada nova inovação cultural.

CAPRA

Por que então não evoluímos pela adaptação?

SHLAIN

Os animais se adaptam pela mutação, e isso demora muitas gerações. No entanto, no tempo de duração de uma vida, presenciamos mudanças tão extraordinariamente aceleradas que a pergunta é: Conseguiremos nos adaptar?

CAPRA

É claro que, como seres humanos, temos consciência, e poderíamos nos adaptar modificando nossos valores de modo consciente.

HENDERSON

Esse é exatamente o papel evolucionário que concebo para nós. O próximo salto na evolução, para chegar a ocorrer, *terá* de ser cultural, e acho que toda a nossa introspecção e todo o nosso empenho em testar nossas habilidades dizem respeito a isso. Será um esforço hercúleo para nos safarmos dessa situação, uma situação que, de outra forma, seria um beco sem saída para nossa evolução. Muitas outras espécies antes de nós não conseguiram chegar lá; porém, contamos com uma grande bagagem cultural e intelectual para nos ajudar.

CAPRA

Gostaria de dirigir a discussão agora para uma pergunta concreta: Temos saúde? Somos saudáveis? Não me parece ter sentido comparar os padrões de saúde ao longo de um período muito extenso, uma vez que a própria saúde vai-se modificando com as mudanças no meio ambiente. Entretanto podemos dizer que nos últimos vinte anos o meio ambiente não sofreu mudanças tão grandes assim e, portanto, uma comparação dos padrões de saúde deve ser possível. Pois bem, se encararmos a doença como sendo apenas uma das conseqüências da má saúde, não será suficiente comparar os padrões patológicos, uma vez que as doenças mentais e as patologias sociais também teriam de ser incluídas. E, se o forem, qual seria a resposta à pergunta "Temos saúde?" Há estatísticas referentes a esse ponto de vista mais amplo?

LOCK

Não, não há nenhuma estatística que possamos usar, pois a definição de patologia social é algo sobre o que as pessoas não conseguem chegar a um acordo.

HENDERSON

Tudo depende do nível sistêmico que se está observando. No momento em que se decide focalizar um conjunto de critérios para se poder falar de progresso num determinado campo, então, justamente devido ao intuito de obter esse tipo de precisão, perde-se todo o resto — como na física.

SHLAIN

Você conhece a posição, mas não pode conhecer a velocidade.

CAPRA

Não obstante, seria útil podermos levar em conta esse tipo de coisa, não? Pois se eliminarmos algumas enfermidades e, como conseqüência, houver mais doenças mentais e mais criminalidade, não fizemos muito para melhorar a saúde. Como Hazel disse, estamos apenas passando a bola adiante. Seria interessante medir isso e expressá-lo de alguma maneira confiável.

SIMONTON

Só a pergunta "Temos saúde?" já cria para mim um verdadeiro problema. Acho-a problemática porque ela reflete um ponto de vista muito estático. O que me vem à mente é: "Estamos caminhando numa direção saudável?"

LOCK

Acho que devemos deixar claro com que nível estamos lidando. Estamos falando de pessoas, de populações ou de algum outro nível quando fazemos essa pergunta?

SIMONTON

Por isso é importante integrar todos os níveis para tentar responder a ela. Temos de formular a resposta tanto no contexto do indivíduo quanto no contexto da sociedade.

HENDERSON

Deparo-me com problemas muito similares quando trabalho num grupo de estudos em Washington, na Seção de Avaliação Tecnológica do Congresso. Enfrentamos esses problemas o tempo todo, e a única maneira que encontrei para produzir alguma coisa útil foi descrever minuciosamente o sistema que estamos observando, junto com todos os outros sistemas correlatos. Desde o início temos de especificar com exatidão o que estamos observando. E então descobrimos que, se alguma coisa é tecnologicamente eficiente, ela pode ser socialmente ineficiente. Se é salutar para a economia, pode ser pouco salutar para a ecologia. Esses problemas terríveis sempre surgem quando se reúnem pessoas de várias disciplinas diferentes para avaliar novas tecnologias. Nunca é possível integrar todos os pontos de vista e todos os interesses diferentes. O máximo que se pode fazer é ser honesto desde o início, e é a honestidade que é tão dolorosa.

CAPRA

Parece-me que isso jamais será possível enquanto insistirmos em ser estáticos e desejarmos tudo no melhor plano possível. No entanto, se adotarmos uma maneira dinâmica de viver — em que, digamos, às vezes fazemos a opção por uma enfermidade social para obtermos benefícios em outros campos, e às vezes decidimos o oposto —, então talvez seja possível manter tudo num equilíbrio dinâmico.

SHLAIN

Por que o índice de mortalidade está baixando se estamos fazendo tantas coisas erradas em nossa dieta, em nosso estilo de vida, na maneira como produzimos estresse e em tantas outras coisas mais? Pressinto que o enfoque desta discussão será o de que vivemos numa sociedade de tecnologia avançada que, entretanto, é bastante doentia e insalubre. Se for assim, porém, por que a cada ano estamos vivendo mais? Na última década, a duração média de vida aumentou em quatro anos. Reparem, não estou falando sobre a qualidade da vida; no entanto, se vivemos numa sociedade tão insalubre, como se explica esse parâmetro?

SIMONTON

Para mim a duração da vida não é a única coisa a ser considerada. Se tomarmos o caso do câncer, por exemplo, veremos que a incidência de câncer está atingindo proporções epidêmicas, de acordo com nossa definição de epidemia. Se olharmos para a economia, veremos que a inflação está atingindo proporções epidêmicas. De modo que tudo depende do que se deseja ver. O quadro global parece-nos dizer que uma mudança se faz necessária se quisermos sobreviver enquanto cultura. Há muitos aspectos positivos no prolongamento da vida — como a diminuição das doenças cardíacas; — porém, tomar a duração média da vida como algo absoluto, isso, para mim, é querer tapar o sol com uma peneira.

SHLAIN

Entretanto não deixa de ser um parâmetro estatístico significativo. E acho que a duração da vida precisa ser relacionada com a mudança geral de percepção e cognição que observamos em nossa cultura. Está havendo toda uma mudança na maneira como as pessoas encaram os alimentos que ingerem, os exercícios físicos são cada vez mais enfatizados — veja todas essas pessoas correndo por aí — e têm ocorrido muitas outras mudanças positivas.

CAPRA

Acho que quando nos referimos à "nossa cultura" é preciso distinguir entre a cultura majoritária, que está em declínio, e uma cultura minoritária, que está em ascensão. Todas essas pessoas correndo, o aparecimento das lojas naturalistas, o Movimento do Potencial Humano, o movimento ecológico, o movimento feminista, tudo isso é parte de uma cultura ascendente. O sistema social e cultural é complexo e multidimensional; não é possível usar uma única variável — qualquer que seja ela — para refleti-lo em sua totalidade. Portanto, pode muito bem ter acontecido que essa combinação específica de cultura em ascensão e cultura em declínio nos tenha ajudado a aumentar a expectativa de vida, apesar de tantas atitudes tão pouco saudáveis continuarem imperando por aí.

CAPRA

Isso me leva a uma pergunta correlata: A medicina está sendo bem-sucedida? As opiniões sobre o progresso na medicina costumam ser diametralmente opostas e, portanto, bastante confusas. Alguns especialistas falam do progresso fantástico que a medicina alcançou nas últimas décadas, enquanto outros afirmam que, na maior parte das vezes, os médicos são relativamente ineficazes na prevenção de doenças ou na manutenção da saúde por meio de intervenções clínicas.

SIMONTON

Um aspecto importante dessa pergunta é esta outra: O que o cidadão comum pensa da medicina? Podemos obter alguma indicação a respeito examinando o número de processos contra médicos, o prestígio desses na sociedade, e assim por diante. E quando observo como a sociedade encara hoje a medicina, constato que houve uma deterioração dramática nos últimos trinta e poucos anos. Quando observo a medicina a partir de dentro, vejo que a direção que ela tomou é muito pouco saudável. Há vários indicadores de que a medicina está caminhando numa direção pouco saudável — pouco saudável em si e, por não estar satisfazendo as necessidades da sociedade, pouco saudável também para a sociedade.

SHLAIN

Vamos, porém, manter as coisas na sua devida perspectiva. Não pode haver dúvida de que a medicina evoluiu muito na cura de doenças infecciosas e na compreensão de alguns processos patológicos básicos das outras enfermidades. Não pode haver dúvida de que no espaço de tempo de cem anos os avanços foram espantosos. Antes disso, males como a varíola e a peste bubônica eram uma ameaça constante à existência das pessoas. Toda família tinha a expectativa de perder uma em cada três crianças. Não se esperava que uma família crescesse sem perder um dos filhos ou a mãe no parto.

SIMONTON

A transformação foi sem dúvida espantosa. Entretanto eu relutaria em proclamá-la categoricamente como um avanço da medicina.

SHLAIN

Com a descoberta das causas e do tratamento de muitas doenças fatais cuja ameaça à população era rotina, esses males simplesmente deixaram de existir.

SIMONTON

Certamente, mas o mesmo aconteceu com a lepra, e ela não foi erradicada pela intervenção médica. Se tomarmos um prisma histórico, veremos o mesmo tipo de melhoria ocorrendo. É quase como um processo evolucionário, não se devendo a nenhuma forma de intervenção. Não estou dizendo que o que aconteceu *não* se deveu à medicina, mas dizer que foi devido a ela é negar a história.

SHLAIN

Concordo que não podemos isolar a medicina e as doenças da estrutura social em que elas existem, e certamente toda melhoria de saneamento, higiene e padrão de vida é um aperfeiçoamento. Houve uma inegável diminuição no número de mulheres que morrem no parto e um inegável aumento no número de bebês que chegam à idade adulta e na expectativa de vida das pessoas. Evidentemente, isso nos leva ao problema do que usar para medir a qualidade de vida. O fato de as pessoas estarem vivendo mais tempo não significa necessariamente uma saúde melhor. Entretanto, não tenho a menor dúvida de que a espécie humana, enquanto espécie, está em meio a uma terrível tempestade. Nossa população está se expandindo em termos absolutos, e a longevidade aumentou. A expectativa de vida continua subindo nos Estados Unidos; em uma década passou de sessenta e nove para setenta e três anos.

LOCK

Mas isso se deve aos problemas ligados à pobreza, ao fato de muitas pessoas em diversas partes dos Estados Unidos só agora estarem começando a ter uma nutrição adequada, e assim por diante. Contudo, veja que, ao mesmo tempo, a expectativa de vida dos índios norte-americanos é de apenas quarenta e cinco anos.

SIMONTON

É isso o que estou dizendo. Podemos afirmar que ocorreram certas mudanças; dizer, porém, quem é responsável por elas ou atribuir-lhes uma causa única seria cair numa verdadeira armadilha.

LOCK

Concordo. Concordo plenamente.

SHLAIN

Esperem um momento. Trato de muitas pessoas idosas, e sei que o tratamento que lhes dou hoje é diferente do de dez anos atrás. Houve uma melhoria. Algumas coisas não estão melhorando, porém muitas estão. As chances de eu receber alguém em estado crítico e conseguir com que saia andando do hospital são maiores hoje do que há dez anos.

E há mais uma coisa a ser considerada. Se, por exemplo, alguém me procura com ataques crônicos de cálculo biliar, posso pesquisar a história de sua família, sua formação cultural e seus hábitos alimentares, mas essa pessoa continuará tendo cálculos na vesícula. Pois bem, se eu extirpar a vesícula, a dor vai embora. Você pode dizer que eu me restringi a uma peça que não estava funcionando no relógio e que, em vez de consertá-la, a eliminei. O relógio, porém, voltou a funcionar. Você pode dizer que esse não é um bom modelo, mas é um modelo que funciona.

SIMONTON

Nem tudo o que funciona é bom para o sistema. O fato de uma intervenção aliviar a dor e o sofrimento não significa necessariamente que se deva seguir em frente com esse tipo de procedimento. Acho importante dizer que nem tudo o que alivia o sofrimento de modo temporário é necessariamente bom. A intervenção cirúrgica é um exemplo disso. Se você recorrer a ela, excluindo levar em conta outros fatores, a longo prazo esse tipo de abordagem pode ser insalubre para o sistema como um todo.

CAPRA

Acho que o que Carl está dizendo se baseia numa concepção de doença como uma saída para um problema pessoal ou social. Digamos que eu tenha esse problema e que acabe desenvolvendo uma doença na vesícula; se você extirpá-la, não terá resolvido meu problema. Ele continuará a existir e poderá acarretar alguma outra doença — alguma doença mental, talvez, ou um comportamento anti-social. Segundo essa concepção mais ampla de doença, a cirurgia não é mais que o tratamento de um sintoma.

SIMONTON

Se examinarmos a história da saúde e da assistência à saúde nos Estados Unidos durante os últimos cem anos, não restará, a meu ver, nenhuma dúvida de que mudanças bastante dramáticas ocorreram em muitos aspectos da vida cotidiana e da saúde. Um dos problemas é que muitas pessoas tentam assumir todo o crédito por essas mudanças, em vez de tentarem integrar as coisas. O que incutiram em minha formação profissional foi que essas mudanças se devem aos avanços da medicina e, para mim, há nisso uma importante verdade. Posso ver como a medicina mudou e como isso afetou nossa vida. Entretanto, o motivo de a medicina ter mudado relaciona-se com outras mudanças ocorridas na sociedade, e todos esses aspectos tornaram-se tão interdependentes que é impossível separá-los. Sempre que alguém quer assumir todo o crédito por uma coisa boa, isso reflete uma atitude extremamente possessiva, que se torna uma desculpa para canalizar mais verbas para determinadas iniciativas ou atividades. E essa faceta me parece pouquíssimo saudável.

LOCK

Temos uma boa ilustração disso quando a medicina ocidental é introduzida nos países em desenvolvimento. Na Tanzânia, por exemplo, há os médicos de elite, que foram treinados no Ocidente ou na Rússia e que querem muita tecnologia; há o governo, que no caso é um governo de esquerda e deseja uma medicina voltada para as regiões rurais; há a Organização Mundial de Saúde, com suas diversas fontes de poder e seus diversos tipos de exigências; e, finalmente, há o povo do país. Pois bem, se você examinar os interesses desses diversos grupos e procurar ser honesto ao averiguar por que cada um está envolvido naquilo que faz, verá que poucas pessoas de fato se importam se alguém na Tanzânia recebe penicilina ou não. O Nepal é um exemplo ainda melhor. No Nepal, há mais de trinta e cinco projetos patrocinados por órgãos de desenvolvimento de todo o mundo, todos eles sediados em Katmandu e todos eles tentando levar saúde aos nepaleses. Um dos principais motivos disso é, obviamente, que todos querem ficar em Katmandu apreciando o Himalaia, de modo que toda a questão da saúde é apenas uma desculpa para permanecerem lá. Acho importantíssimo expor os verdadeiros motivos por trás de todos esses acontecimentos.

CAPRA

O realce que se costuma dar aos sintomas, e não às causas subjacentes, fica claro no grau de utilização de drogas na terapêutica médica atual. Gostaria de discutir a filosofia básica que justifica a prescrição de remédios. Parece haver dois pontos de vista. Um deles sustenta que os sintomas físicos das doenças são provocados por bactérias, e que para se eliminar os sintomas é preciso destruí-las. O outro afirma que as bactérias são fatores sintomáticos presentes numa doença, mas que não são sua causa. Portanto, não se deve dar muita importância a elas, e sim às causas subjacentes. Em que pé se encontram atualmente esses dois pontos de vista?

SHLAIN

Se você expuser um indivíduo sob forte estresse a um organismo tuberculoso, ele provavelmente contrairá essa doença. Por outro lado, se você expuser uma pessoa saudável, ela não se contaminará necessariamente. Todavia, uma vez manifesta a enfermidade, se nada for feito as bactérias destruirão o organismo.

CAPRA

Por que não é possível fortalecer o organismo para que ele próprio se livre das bactérias?

SHLAIN

Era esse o tratamento antes de surgirem as drogas contra a tuberculose. Levavam-se os pacientes aos Alpes suíços, dava-se a eles ar puro, uma boa nutrição, uma vida sem estresse, enfermeiras especiais, todos os tipos de terapias — e não funcionava. Entretanto, quando alguém desenvolveu a droga apropriada foi o fim da doença, que era antes a maior assassina do mundo.

LOCK

Thomas McKeown é um epidemiologista britânico que analisou todas as quedas dos índices de mortalidade na Inglaterra e na Suécia desde o final do século passado. E mostrou que, nos casos de todas as principais doenças infecciosas, os índices de mortalidade haviam despencado antes de surgirem vacinas ou drogas contra qualquer uma delas.

SHLAIN

Em decorrência de uma melhor higiene e saneamento.

LOCK

Exato. E isso produziu um efeito espetacular muito antes que as drogas fossem descobertas.

SHLAIN

Não obstante, quando encontro um indivíduo suficientemente desgraçado para ter contraído tuberculose, trato-o com drogas. E ele melhora. Por outro lado, se eu mandá-lo para um sanatório e lhe der uma dieta adequada, ar limpo e tudo mais, as chances são de que essas coisas não o farão melhorar.

DIMALANTA

Acho que o problema aqui é estarmos vendo as coisas sob um prisma do tudo ou nada. Se há bactérias e temos um antibiótico, devemos usá-lo. Ao mesmo tempo, porém, devemos estudar o sistema para descobrir o que tornou aquele indivíduo suscetível à doença.

SHLAIN

Não vou discutir isso.

SIMONTON

Entretanto há motivos para não se agir assim. Trata-se de uma coisa muito demorada. E, além do mais, as pessoas não querem ter seu estilo de vida examinado. Não querem ser confrontadas com seu próprio comportamento doentio. Enquanto sociedade, não *queremos* uma boa assistência médica. Quando se tenta forçar uma boa assistência médica a uma sociedade que não a deseja, surgem problemas.

CAPRA

O uso de drogas na terapêutica médica é incentivado e perpetuado pela indústria farmacêutica, que exerce uma enorme influência sobre médicos e pacientes. Basta ver todos os anúncios de remédios que passam à noite na televisão.

LOCK

A publicidade na televisão não é um problema apenas no caso dos remédios; ela também é problemática com relação aos detergentes e agentes de limpeza.

SIMONTON

Os comerciais de remédios, no entanto, dizem-se diferentes.

HENDERSON

A única coisa diferente na publicidade de remédios é que as contra-indicações chegam a ser mencionadas, o que não é verdade para as outras propagandas. Por exemplo, eles nunca dizem que certos detergentes deixam os pratos brilhantes mas que em troca você tem de abdicar do brilho dos rios e dos lagos. Ou, só para mencionar outro exemplo, os flocos de cereais pré-adoçados para bebês, que são anunciados nos programas matinais de TV aos domingos, possuem graves contra-indicações, de modo que é mais raro a publicidade de consumo divulgar as contra-indicações dos produtos do que a publicidade de drogas dirigida aos médicos.

SIMONTON

Por isso sempre achei que há algo de diferente na publicidade da indústria farmacêutica. Há um tom de piedade, de nobreza, a noção de que eles não nos enganariam, que têm seus melhores interesses em mente — isso porém não é verdade. A indústria farmacêutica, como qualquer outra, quer ganhar dinheiro, e quanto mais ela obscurece isso com uma névoa de nobreza, mais desonesta se torna.

LOCK

O que eu gostaria de saber é por que as principais revistas especializadas dirigidas aos médicos são financiadas pelas companhias farmacêuticas. A classe médica é a única que permite isso. Nas outras profissões, as próprias pessoas pagam a produção de suas revistas. No entanto a classe médica permite que as companhias farmacêuticas o façam.

SIMONTON

Ela também permite que as companhias farmacêuticas patrocinem festas monumentais.

LOCK

Exato. Isso acontece mais do que em qualquer outra profissão. Eu me sentiria muito melhor ante a classe médica se visse alguma iniciativa dela para recuperar sua integridade.

SHLAIN

A conclusão geral é de que a indústria farmacêutica é uma coisa ruim que não produz nada de bom? Pois posso pensar numa velhinha com problemas no coração. Suas válvulas não funcionam muito bem, elas simplesmente não têm mais força para empurrar todo o seu sangue, de modo que começa a haver um acúmulo de fluido no seu tornozelo, e ela passa a ter dificuldade para andar e respirar à noite. Dou-lhe uma pílula ou duas para fazer com que seu sistema elimine o excesso de líquido. Essa pílula que lhe dou é um aperfeiçoamento infinito daquela que lhe receitava há dez ou quinze anos. Essa pílula foi constantemente melhorada e refinada; é cada vez melhor e tem cada vez menos efeitos colaterais. Agora essa mulher pode dormir a noite inteira, e poderá viver um pouquinho mais, com mais conforto e uma qualidade de vida melhor. Tudo graças ao monstro sobre o qual vocês estavam falando, a indústria farmacêutica.

HENDERSON
Estamos falando sobre o que acontece quando se troca um benefício por outro.

SHLAIN
Compreendo, mas é importante insistir num pouco de equilíbrio. Devemos ter em mente que a indústria farmacêutica não é um bicho-papão que está nos esfolando vivos, querendo nos empurrar drogas que têm efeitos colaterais graves e não funcionam. Há hoje alguns medicamentos incríveis, e que funcionam muito bem. Atualmente temos pessoas com artrite reumatóide e com doenças degenerativas que, há dez anos, seriam muito mais desgraçadas — e que ainda o seriam hoje se não fosse por algumas das novas drogas no mercado.

HENDERSON
Há outro aspecto nessa questão. Sempre que vejo muita ordem e estrutura num sistema, tendo a procurar a desordem em alguma outra parte. Lembrem-se do que aconteceu com a Parke-Davis e o cloranfenicol, um antibiótico que ela produzia. O medicamento foi proibido nos Estados Unidos, exceto para aplicações extremamente restritas, mas a empresa continuou a comercializá-lo no Japão como um remédio contra a dor de cabeça e resfriados, e para obtê-lo não era necessário nem receita médica. Ora, foi documentado que a incidência de anemia plástica no Japão aumentou em proporção direta às vendas desse antibiótico. Estive em outros países onde pude observar o mesmo tipo de ocorrência. No momento em que uma droga é proibida nos países industriais avançados, as companhias farmacêuticas multinacionais simplesmente passam a vendê-la em alguma outra parte de seu mercado. Incluo isso na minha imagem de estresse sendo passado adiante para outros no sistema.

LOCK
O Children's Hospital de Montreal incentiva toda a sua equipe a se restringir a cerca de quarenta medicamentos. Com essas quarenta drogas, eles acham que podem lidar com todos os problemas possíveis — e estão incluídas aí a aspirina e a penicilina, entre outras.

SHLAIN
Para contrastar, o manual *Physician's desk reference* tem aumentado enormemente todos os anos. Parte do motivo é que para cada droga a lista de complicações cresce sem cessar, para não falarmos das novas drogas que

vão sendo acrescentadas. Todavia, creio que a maioria dos médicos fica dentro de limites razoáveis. Não creio que eu jamais tenha usado mais de quarenta drogas. Quando eles chegam para mim e dizem: "Use isso, é novo", respondo: "Não, deixe no mercado por uns dez anos e então eu talvez pense sobre o assunto".

CAPRA

O que significa, porém, "deixe no mercado"? Alguém tem de prescrever o medicamento se eles o deixam no mercado.

SIMONTON

Evidentemente. Esses representantes das companhias farmacêuticas estão sempre procurando os médicos e dando-lhes presentes. Isso começa já na faculdade de medicina. Eles vêm e lhes dão um novo estetoscópio ou uma maleta de viagem. Eles os convidam para festas. O negócio todo tem alguns aspectos muito pouco saudáveis. Meu cunhado é clínico-geral no sudoeste de Oklahoma, e vocês precisam ver o que esses representantes lhe dão. Ele está sempre receitando novos remédios.

SHLAIN

No entanto isso também tem outro lado. Cada vez que um representante da indústria farmacêutica entra no meu consultório, deixa algumas amostras de medicamentos comigo. Essas amostras grátis geralmente são drogas muito caras e valiosas, que posso então dar para as pessoas que não podem pagar por elas.

SIMONTON

Não é esse, porém, o motivo de eles agirem assim. E se todos agissem dessa forma, deixariam de fazer isso. As regras do jogo são outras.

LOCK

Tem razão. A organização dos laboratórios é tal que a promoção é feita de maneira muito sutil, induzindo os médicos a prescrever cada vez mais medicamentos. Isso começa na própria faculdade de medicina e nunca mais pára.

SHLAIN

Bem, os médicos são membros da comunidade e da cultura. Se nossa cultura é empresarial, os médicos certamente serão afetados por isso.

LOCK

Concordo. Estou disposta a aceitar que, em sua maioria, os médicos são dedicados e não estão no ramo só para ganhar dinheiro prescrevendo mais e mais remédios. Temos de analisar o contexto maior e ver como eles são manipulados — como todos nós o somos.

SHLAIN

Algo que me impressiona a respeito de todo esse negócio das drogas é que a concorrência entre os laboratórios é tão acirrada que, após um certo tempo, só os melhores medicamentos sobrevivem. Quando os tranqüilizantes foram lançados, havia um grande número deles. E muitos ainda existem. Depois de um certo tempo, porém, os médicos começaram a perceber quais deles produziam muitos efeitos colaterais. Quando se introduz algum produto novo, leva um certo tempo até o equilíbrio ser atingido. Isso dá a impressão de que os médicos são inacreditavelmente ingênuos e que prescrevem tudo o que lhes é oferecido pelas companhias farmacêuticas, mas não é bem assim que as coisas funcionam.

CAPRA

Já que estamos falando de medicina e saúde, talvez fosse interessante examinarmos a saúde dos próprios médicos.

SIMONTON

Acho essa uma questão fundamental. Historicamente, todo curador era considerado uma pessoa saudável. Muitas vezes ele contraía alguma doença grave, mas esperava-se que ele fosse saudável. Da mesma forma como se esperava que os líderes religiosos fossem pessoas em harmonia com Deus, esperava-se que os médicos estivessem em harmonia com práticas saudáveis e que tivessem saúde. Hoje isso não é mais verdade.

CAPRA

Talvez isso seja apenas parte da configuração geral de nossa sociedade. Nossos sacerdotes não são muito espirituais, nossos advogados não são irrepreensíveis no que se refere ao cumprimento da lei, e nossos médicos não são muito saudáveis.

SIMONTON

Você tem razão. E normalmente não avaliamos como é mau o estado de saúde de nossos médicos. Nos Estados Unidos, a expectativa de vida dos médicos é dez a quinze anos menor que a da média da população.

LOCK

E os médicos não só apresentam um índice mais elevado de doenças físicas, como apresentam índices elevados de suicídio, divórcio e outras patologias sociais.

CAPRA

O que faz, então, um médico ter tão pouca saúde?

SHLAIN
Começa nas faculdades de medicina. Se você olhar uma faculdade de medicina, verá que é extremamente competitiva.

CAPRA
Mais do que em outros setores do sistema educacional?

SHLAIN
Mais. A concorrência e a agressividade são excepcionais nas faculdades de medicina.

SIMONTON
Temos também de levar em consideração as enormes responsabilidades dos médicos, e a grande ansiedade que delas decorre. Por exemplo, não dormir por estar preocupado com o fato de uma enfermeira não cumprir uma ordem sua com relação a um paciente em estado crítico. Você então liga ao hospital às quatro da manhã para assegurar-se de que suas ordens estão sendo cumpridas. Há toda essa espécie de comportamento compulsivo decorrente da tremenda sensação de responsabilidade. Além disso, ninguém nos ensina a lidar com a morte, e sentimos muita culpa quando um paciente morre. Há também a tendência de cuidarmos de nós mesmos em último lugar, depois de termos cuidado de todos os outros. Por exemplo, não é raro um médico trabalhar durante um ano inteiro sem tirar férias. De modo que há muitos motivos para os médicos não terem boa saúde.

SHLAIN
A essência do treinamento médico consiste em inculcar a noção de que os interesses do paciente vêm em primeiro lugar e que o seu bem-estar é secundário. Acredita-se que isso seja necessário para criar um senso de compromisso e responsabilidade. De modo que o treinamento médico consiste em horários demasiado longos com reduzidíssimos intervalos de folga.

LOCK
Indiscutivelmente temos de nos conscientizar dos problemas inerentes à formação de um médico. Os médicos são obrigados a assumir um papel que muitos deles não querem desempenhar.

SIMONTON
Certo, e as pressões para se conformarem a esse papel são fantásticas. Quando se começa a clinicar, se um médico decide pensar mais em si, a pressão dos colegas é fenomenal. Ele é obrigado a ouvir: "Ah, então você vai esquiar outra vez, hein?", e todos esses tipos de comentários dos colegas. É realmente doloroso.

HENDERSON

Acho que a má saúde dos médicos é parte de um fenômeno que podemos observar em toda a nossa sociedade: "Faça o que digo, não o que faço". É uma conseqüência da cisão cartesiana, é a exaustão da lógica do patriarcalismo, da especialização e de muito mais. Podemos encontrar a máxima "Faça o que digo, não o que faço" na educação, na tecnologia, e em toda parte.

Ocorreu um problema semelhante no movimento ecológico. Num determinado estágio do movimento, as pessoas começaram a perceber que, para ser um ecologista sério, não bastava pertencer ao Sierra Club e pagar as mensalidades; também era preciso separar o seu lixo, desligar as luzes e praticar a simplicidade voluntária. Houve toda uma evolução da consciência no movimento ecológico. Hoje as pessoas na vanguarda do movimento são aquelas que aceitaram um modo de vida correto e uma simplicidade voluntária. Reduzir a distância entre o que se diz e o que se faz tornou-se praticamente a condição *sine qua non* do movimento ecológico. Quando se estabelecem essas ligações todas, torna-se um imperativo moral não mais ter dois pesos e duas medidas. Deixa de ser possível sair por aí dizendo o que todos devem fazer sem que você próprio seja um modelo. De modo que você acaba não apontando o caminho, mas sendo o caminho; e se você não puder sê-lo, deve abandonar o jogo porque terá se tornado um charlatão.

DIMALANTA

Em psiquiatria, há uma grande pressão para você ser um missionário — isto é, salvar todo mundo mas esquecer-se de si. Esse é um dos motivos pelos quais o número de suicídios entre psiquiatras é tão elevado. O que ocorre é que os pacientes transferem seus problemas para o psiquiatra e, se ele não souber se cuidar, atinge uma situação em que fica desesperado e acaba se matando. Portanto, em minha terapia, deixo bem claro para a família que estou tratando que o meu papel consiste não só em cuidar dela, mas também de mim mesmo. Tenho minhas necessidades, e faço-a ver que isso é parte do sistema em que estamos imersos. Quando há um conflito entre minhas necessidades e as necessidades da família, então a família que vá para os diabos. Geralmente as pessoas não conseguem entender isso.

SIMONTON

Certo. Elas não aceitam esse fato.

DIMALANTA

Porém, como posso dizer para cuidarem de si se acabam vendo que não estou cuidando de mim mesmo? O problema é quando parar e reconhecer que você chegou ao seu limite. O psiquiatra tem de reconhecer que suas necessidades são parte do sistema com que está lidando enquanto terapeuta.

SHLAIN

Mas alguém tem a sensatez de perceber isso?

SIMONTON

Só a prática acaba nos proporcionando esse tipo de sensatez.

DIMALANTA

Acho que nossas habilidades intuitivas como terapeutas acabam por nos ensinar isso, mas só se abandonarmos nossas fantasias de onipotência. Para mim, esse é um processo muito doloroso. Porém, ao mesmo tempo, é aí que a psicoterapia começa a ser realmente fascinante — e acho que isso não se restringe à psiquiatria, mas se aplica a toda a medicina.

SHLAIN

No decorrer de um dia de trabalho, as pessoas entram em minha vida no momento que é o mais aterrador de sua vida. Quando me envolvo, elas se encontram num estado de grande angústia, de modo que estou sempre lidando com pessoas profundamente angustiadas. Para elas, sua interação comigo é a coisa mais importante que está lhes acontecendo, enquanto que para mim é apenas parte do meu dia-a-dia de trabalho. É muito difícil manter a generosidade nessas circunstâncias. Tenho de permanecer sempre no grau de intensidade em que elas estão, o que é muito desgastante, muito exaustivo, muito extenuante. Porém é muito difícil não agir assim porque, se você pretende ser parte daquilo que irá fazê-las melhorar, se pretende assumir a função de curá-las, precisa ficar do lado delas.

HENDERSON

Acho que todos nós aceitamos a idéia de que um médico deve ser dedicado. Agora, se como resultado dessa dedicação sua interação com os pacientes passa a ser desgastante, isso significa apenas que ele deve atender menos pacientes — o que se choca frontalmente com a economia da medicina.

CAPRA

Além disso, o modo como um médico ou terapeuta lida com a própria saúde, em comparação com o modo como lida com a saúde de seus pacientes, dependerá muito do tipo de trabalho que ele está realizando. O trabalho de um cirurgião é muito diferente do trabalho de um terapeuta familiar. Posso compreender perfeitamente bem que o fato de alguém procurar um cirurgião num momento de crise de sua vida é muito diferente do de lidar com uma situação familiar complexa.

SHLAIN

Não apenas isso. Se estou operando um paciente e surge algum problema, não há como eu chegar e dizer a alguém: "Faça-me um favor e assuma isso para mim". A responsabilidade é minha. Estou ligado ao paciente até o fim. Esse é o contrato não-escrito que firmei com ele. Se algum médico me telefona e diz: "Encontrei um alcoólatra caído na soleira de uma porta no centro de San Francisco e ele está vomitando sangue. Você pode atendê-lo?", e se eu disser: "Sim", a partir desse mesmo instante nós ficamos indissoluvelmente ligados. Muitas vezes eu nem sequer conheço o indivíduo. Ele chega semi-inconsciente e tenho de cuidar dele. Não posso me livrar do paciente.

GROF

Muitas das coisas que vemos acontecendo na profissão médica provêm de motivos psicológicos. Num de meus *workshops* sobre a morte e o processo de morrer, um interno de San Francisco teve uma reação emocional violentíssima durante a sessão, e deu-se conta de que tinha esse terrível problema de medo da morte. A maneira como isso se manifestava em seu trabalho cotidiano estava no fato de ele continuar agindo numa situação desesperadora quando todos ao seu redor já haviam desistido. Ele era capaz de ficar horas ao lado do paciente dando-lhe adrenalina e oxigênio. Entretanto acabou percebendo que o que queria era provar a si mesmo que tinha controle sobre a morte. De modo que, na realidade, estava usando seus pacientes para lidar com um problema psicológico pessoal.

SHLAIN

Um dos motivos pelos quais tantas pessoas seguem a medicina é o fato de estarem intrigadas com a morte, com o mistério do nascimento, e assim por diante. Essa foi uma das motivações que me levaram a querer ser médico. Eu queria estar o mais perto possível desses mistérios, pois realmente queria conhecê-los melhor.

CAPRA

Ao discutirmos a terapêutica do câncer desenvolvida pelos Simontons, devemos ter em mente que eles consideram seu trabalho um estudo-piloto. Eles selecionam seus pacientes com muito cuidado, e querem ver até onde conseguem ir no caso ideal, com pacientes altamente motivados, a fim de compreenderem melhor a dinâmica por trás do câncer.

SIMONTON

É verdade. Esse ano não receberei mais de cinqüenta novos pacientes. Esse é um compromisso firme e necessário, pois sempre interagimos muito intimamente com eles. Nosso compromisso para com nossos pacientes é acompanhá-los para sempre — até que eles morram, ou nós. Devido a esse compromisso duradouro, não temos como arcar com os custos de um grande número de pacientes. Isso significa também que minha principal fonte de renda não provém do tratamento de pacientes e sim dos artigos e ensaios que escrevo e das palestras que profiro.

Um dos problemas que enfrentamos é o de como determinar a motivação deles. Partimos do pressuposto de que estamos lidando com pacientes altamente motivados, mas na realidade há um amplo espectro de motivações.

GROF

Não creio que vocês consigam medir o grau de motivação como uma variável única. A motivação é uma dinâmica complexa, com uma grande variedade de constelações psicodinâmicas, e que pode chegar a extremos — como já vi ocorrer diversas vezes com meus pacientes psiquiátricos. Por exemplo, pessoas com uma disposição fortemente competitiva podem até mesmo dizer a você: "Não vou melhorar porque não quero me tornar um número na sua estatística de sucessos". Às vezes chegam a esse ponto. A idéia de que poderiam talvez melhorar nossa imagem profissional torna-se um fator importante para eles.

DIMALANTA

Concordo. A resistência é um dos problemas mais sérios que enfrentamos na psicoterapia. Os pacientes estão sempre testando nossa força e muitas vezes têm grande dificuldade para confiar em outra pessoa.

SIMONTON

Claro, pois eles não confiam em si mesmos.

DIMALANTA

Exato. No ambiente familiar e social em que vivem, a negação é um dos mecanismos mais eficientes de sobrevivência.

CAPRA

Carl, você poderia nos contar algumas de suas experiências mais extremas de envolvimento pessoal no processo terapêutico?

SIMONTON

A coisa mais extrema que jamais fizemos foi trazer para casa alguns de nossos pacientes terminais e viver com eles durante um mês para experimentarmos e testarmos os limites de nossa abordagem. Trouxemos seis ou sete pacientes. Dois morreram no decorrer desse mês; os outros morreram no decorrer do ano seguinte, com exceção de um. A que sobreviveu é uma mulher que acaba de participar de uma maratona no Havaí. Foi uma experiência muito curiosa e intrigante, e tão difícil fisicamente que acho que jamais a tentaremos de novo. Tenho convivido com a morte; ela é parte do meu trabalho normal como oncologista. Mas viver tão intimamente com essas pessoas é algo muito diferente. Dormi junto com um paciente na noite em que ele morreu — foi inacreditável.

LOCK
Você então sentiu realmente o que a família do doente está atravessando?

SIMONTON
Senti, pois éramos em essência uma família. Foi um verdadeiro aprendizado vivenciar como sua morte foi consciente. O rapaz que morreu tinha vinte e cinco anos e sofria de leucemia. Ele dissera de manhã que iria morrer naquele dia: quando fomos tomar café, comentou com um dos outros pacientes: "Vou morrer hoje". E morreu, por volta das sete da noite.

SHLAIN
Devo dizer, Carl, que na profissão médica só alguns poucos conseguiriam fazer o que você está fazendo. É o mais próximo da santidade a que se pode chegar. O carinho e o amor que você consegue dar a seus pacientes terminais é algo de valor inestimável. Estou aqui sentado, pensando que discordo de muitas coisas que você disse e, no entanto, reluto em discordar por causa do que você vem fazendo. Sinto, porém, que estamos misturando duas coisas diferentes. Estamos examinando as coisas que acontecem tendo você como agente curador, e estamos tentando tornar isso científico. Isso me incomoda, e vou dizer por quê.
De um modo geral, a maioria dos seus pacientes vêm de fora do Estado. Isso me diz que nenhum deles quer morrer. O fato de irem até Fort Worth para procurá-lo coloca-os numa categoria à parte de pacientes cancerosos. Aposto que seus pacientes são também quinze a vinte anos mais jovens que a média geral estatística de pessoas com câncer do seio, do cólon e dos pulmões. Pertencem também a um grupo sócio-econômico muito mais elevado, e isso significa que geralmente têm muito mais motivação — pois é graças a ela que puderam pertencer a esse grupo sócio-econômico.
Esses pacientes o procuram, e você nos deu um esboço do que faz com eles. Contudo, estou convencido de que é você, enquanto médico, o responsável pela cura. Diversos cancerologistas conseguem resultados que ninguém é capaz de duplicar porque têm o dom da cura. O paciente que o procura por saber quem você é irá, pelas estatísticas, viver mais justamente por isso. Você está comparando suas estatísticas com a média nacional, que inclui muitos pacientes idosos e que de fato não querem viver, para os quais o câncer é uma bênção que porá um fim à sua vida. Se você tivesse um grupo de controle com a mesma distribuição etária, os resultados pareceriam muito diferentes, pois quem tem quarenta e oito anos na realidade nunca quer morrer.

SIMONTON
Absurdo!

SHLAIN

Está bem, entendo que há no câncer um certo desejo de morte, mas, em termos relativos, é muito mais difícil conseguir que alguém de oitenta e quatro anos com câncer avançado do cólon se disponha a lutar do que alguém de quarenta e cinco anos e com uma família ao seu lado.

SIMONTON

Concordo, mas quando você afirma que o paciente de quarenta e cinco anos não quer morrer, isso é algo que nós, enquanto sociedade, projetamos nas pessoas. Deixe-me colocar a questão da seguinte maneira: o problema de uma pessoa de quarenta e cinco anos tende a ser diferente do problema de uma pessoa de oitenta e quatro.

SHLAIN

OK, é só isso que estou dizendo. Não teria sentido eu chegar para um paciente de oitenta e quatro anos com um papo animado instando-o à luta. Eu acharia isso pouco natural. No entanto, se me aparecesse uma mulher de trinta e cinco anos com câncer no seio — meu Deus, eu faria tudo ao meu alcance para impedir que ela morresse.

CAPRA

O que você está dizendo, Leonard, é que os resultados obtidos por Simonton não são típicos da população maior de pacientes cancerosos. Pelo que sei, ele está bem ciente disso. O que ele quer é selecionar, muito cuidadosamente, os melhores casos possíveis a fim de estudar a dinâmica que existe por trás da doença.

SHLAIN

O que estou dizendo é que não tenho certeza de que isolar esse grupo selecionado e ser a pessoa atenciosa que é, criando toda uma atmosfera de trabalho, possa levá-lo a concluir que seus pacientes sobrevivem mais tempo porque ele percebe a dinâmica da doença e aplica as suas técnicas de tratamento.

Preocupa-me apresentar os resultados de Carl a outros médicos que depositam toda a sua fé em estatísticas, pois não acreditam que a pessoa de Carl e a de seus pacientes sejam elementos significativos. Eles examinarão as estatísticas e verificarão que Carl está conseguindo sobrevidas duas vezes maiores usando uma determinada técnica, esquecendo-se de que isso se deve em parte a ele e em parte a seus pacientes. Eles irão apenas olhar para a técnica e dizer: "Eis aqui um modelo interessante. Devemos aplicá-lo em escala nacional". É isso o que me preocupa.

CAPRA

Para mim está claro que, para se aplicar o modelo de Carl, é preciso ter um certo tipo de personalidade. Qualquer um pode aplicar sua técnica de visualização; não pode, porém, aplicar sua psicoterapia. A psicoterapia, no entanto, é parte integrante do modelo de Simonton, e envolve um contato íntimo ao extremo entre terapeuta e paciente.

SHLAIN

Por uma série de motivos, estou constantemente avaliando diferentes terapêuticas contra o câncer. Por exemplo, havia em Cleveland um certo Turnbull, um estupendo cirurgião que desenvolvera uma técnica "sem toque" para a cirurgia do câncer do cólon. Ele dizia que, quando se opera um câncer do cólon, o importante é não tocar no tumor. Durante vários anos foi isso o que ele ensinou: é preciso operar em volta do tumor, sem tocá-lo — o que, evidentemente, é quase impossível.
Li seu artigo com muito cuidado, e depois conversei com um dos residentes de sua clínica. E descobri que Turnbull cuidava de seus pacientes de uma maneira incrível, dando-lhes o número do telefone de sua casa, permitindo que lhe telefonassem a qualquer hora, esse tipo de coisa. Pois bem, Turnbull publicou estatísticas nas revistas científicas que mostravam que sua técnica sem toque é melhor em termos de taxa de sobrevivência do que a tradicional, tocando-se no tumor. Isso é absurdo! É o próprio Turnbull que importa. Provavelmente faz pouca diferença se você encosta ou não no tumor. Não importa qual a técnica usada; se o paciente ama o médico e o médico ama o paciente, então esse paciente irá sair-se melhor.

GROF

Penso que o fato de afirmar que a motivação tem uma influência tão forte no desenvolvimento de um câncer implica, já de início, uma concepção muito diferente da doença. Quando você, Leonard, afirma que os pacientes de Carl estão se saindo melhor por causa da motivação deles e também porque Carl é um autêntico curador, nada disso pode ser interpretado de acordo com o que se costumava acreditar sobre o câncer.

LOCK

Certo. No modelo biomédico usual realmente não importa se o indivíduo é médico ou curandeiro.

CAPRA

Hoje, porém, a ciência médica evoluiu a tal ponto que essa distinção nítida entre coisas materiais e coisas espirituais está sendo superada. Portanto, não é mais anátema afirmar que algo se deve ao dom de cura de alguém. Já podemos perguntar: O que isso significa? Já podemos investigar a dinâmica do dom de cura.

LOCK

Mesmo assim, partilho um pouco da preocupação de Leonard. Fico pensando, Carl, se você não estaria forçando demais o modelo científico para apresentar seus dados; se você, por ter de enfrentar a todo momento a comunidade médica, não estaria usando as estatísticas um pouco excessivamente, tentando quantificar a qualidade de vida. Você não estaria sendo seduzido a entrar no jogo deles para sobreviver?

SIMONTON

Quero ser capaz de quantificar as coisas para mim, para eu me sentir à vontade com minhas próprias observações. O que me importa é a capacidade de realizar observações sistemáticas e transmiti-las para outros a fim de que possamos aprender algo com elas. Isso é importante para minha natureza básica.

LOCK

Sinto que, se quisermos superar o raciocínio linear e o arcabouço reducionista, não poderemos ter medo de usar nossas reações subjetivas e emocionais aos acontecimentos, nem de expressá-las em situações onde temos de lidar com pessoas que só trabalham dentro do arcabouço científico. É preciso causar impacto nessas pessoas passando-lhes a idéia de que existem outras maneiras de expressar as coisas. Mesmo a observação sistemática não é a única técnica que podemos empregar. A experiência puramente subjetiva também constitui informação válida que pode ser usada e sobre a qual se pode trabalhar.

SIMONTON

Concordo que seja possível montar todo um sistema estudando-se a fundo um único histórico do paciente. Contudo, isso requer uma observação extraordinariamente meticulosa, uma observação que parta de uma perspectiva bastante ampla.

HENDERSON

Compreendo esse problema muito bem. Eu o enfrento quando tento me comunicar com os representantes dessa cultura. Estou constantemente lidando com os inacreditáveis problemas das pessoas que tentam criar indicadores sociais para a qualidade de vida — qual valor atribuir à vida humana, coisas assim. É o mesmo problema: como se comunicar com essa cultura super-reducionista.

SIMONTON

Meu problema não é tanto de comunicação. Estou tentando medir e quantificar para mim mesmo. Quero ter certeza da direção que estou seguindo em meu trabalho. É muito fácil me iludir se não puder medir de maneira bem concreta meu progresso. Isso, para mim, é o importante. Essas cifras são, basicamente, para mim mesmo.

HENDERSON

Mas você tem de assumir um ponto de referência cultural.

SIMONTON

Tenho de assumir o que tem sentido para mim.

CAPRA

Mas, Carl, o que tem sentido para você depende de seu sistema de valores, e seu sistema de valores é o da cultura. Você é filho do seu tempo. Se pudéssemos mudar o sistema de valores da cultura de modo que as coisas não-quantificadas também tivessem sentido para você, então não seria forçado a insistir na quantificação.

SIMONTON

Isso, é claro, seria o ideal. Porém não lido com idéias, e sim com coisas práticas.

LOCK

Concordo. Diante das circunstâncias, e considerando-se que você é filho dessa cultura, você está fazendo precisamente a coisa certa. Entretanto, para o futuro, seria bom se pudéssemos passar a depender um pouco menos dos dados quantitativos. Isso significaria uma maior aceitação do valor do entendimento intuitivo e do lado espiritual da vida.

SHLAIN

Numa de suas palestras, Fritjof, você falou das dificuldades em se usar o modelo científico para medir o paranormal. Você disse que era como o princípio de indeterminação de Heisenberg. Quanto mais científicos nos tornamos, menos veremos dos fenômenos paranormais que queremos estudar. Parece, porém, que aqui você está tentando estabelecer um modelo científico para medir algo que provavelmente não é mensurável.

CAPRA

(Após uma longa pausa.) Pela primeira vez neste fim de semana fiquei desconcertado. Senti que, de algum modo, as coisas estavam me escapando, especialmente depois que minha própria palestra me foi jogada de volta na cara. *(Risos.)* Todavia, agora que tive alguns minutos para refletir, acho que encontrei a resposta.

Podemos falar sobre a saúde em diversos níveis, e acontece que estamos misturando vários deles. Leonard estava falando sobre o nível em que a abordagem científica talvez não se aplique. Podemos chamá-lo de nível paranormal, ou espiritual, onde ocorrem as curas psíquicas. Esse nível é provavelmente muito significativo no trabalho de Carl. Porém há outro nível, logo abaixo, onde se procura integrar os aspectos físicos, psicológicos e sociais da doença. O que Carl está tentando fazer é levar as pessoas ao nível em que possam enxergar as dimensões físicas, psicológicas e sociais da condição humana como uma unidade, e em que elas mesmas possam ser tratadas como uma unidade. Ele está explorando a interdependência dos padrões psicológicos e físicos.

Pois bem, é difícil separar essa investigação do nível das curas psíquicas, pois, via de regra, as pessoas que estão introduzindo essas novas abordagens unificadoras são também pessoas espirituais. Portanto, quando examinamos seu trabalho, fica difícil separar o aspecto espiritual do outro nível. Apesar disso, acho que é algo que vale a pena. Muito pode ser conseguido no nível da integração das abordagens físicas, psicológicas e sociais. E acho que nesse nível nós também podemos ser científicos — não no sentido de uma ciência reducionista, mas no sentido sistêmico geral de ciência.

DIMALANTA

Em minha prática profissional, estou perfeitamente ciente das limitações da linguagem. A única maneira de eu comunicar algo além do pensamento racional é quando uso metáforas — ou, às vezes, até mesmo o que chamo de absurdo metafórico. Agora, quando me comunico com uma família, quanto mais claro eu for, quanto melhor ela me compreender, menos isso ajuda. E isso porque estou descrevendo uma realidade que é uma abstração.

LOCK

Concordo com isso, e penso que no processo de cura a parte mais importante da comunicação ocorre no nível metafórico. Portanto, precisamos ter metáforas em comum. Uma situação curador-paciente só funciona se houver algum conhecimento partilhado. Isso é o que os curadores das culturas tradicionais sempre conseguiram fazer, e que os médicos, trabalhando no chamado idioma científico, perderam. O conhecimento não é mais adequadamente partilhado entre pacientes e médicos. E também penso que esse tipo de conhecimento comum ou partilhado não pode ser quantificado.

CAPRA

Quando os Simontons realizam seu processo de visualização, eles trabalham com metáforas. E estão sempre fazendo experimentos com metáforas para descobrirem quais são as mais úteis. Essas metáforas, porém, não aparecem em suas estatísticas, nem precisam.

LOCK

Tem razão. E é isso o que na verdade aprecio na abordagem de Carl, a flexibilidade que ele evidentemente adota em todo o seu sistema. Isso é muito empolgante.

CAPRA

Uma das questões mais enigmáticas e intrigantes de todo o campo da medicina, para mim, é esta: O que é doença mental?

GROF

Muitas pessoas são diagnosticadas como psicóticas não com base em seu comportamento ou inadaptabilidade, mas com base no conteúdo de suas experiências. Alguém que é perfeitamente capaz de lidar com a realidade cotidiana, mas que vive experiências muito insólitas, de um tipo místico ou transpessoal, pode acabar recebendo eletrochoques, o que é absolutamente desnecessário. Muitas dessas experiências apontam de fato na direção de um modelo que começa a emergir da física moderna. O que me fascina é que até mesmo as culturas xamanísticas não toleram todo tipo de comportamento. Elas sabem o que é uma transformação xamanística e o que é ficar louco.

LOCK

Sim, sem dúvida. Também há loucos nas culturas xamanísticas.

GROF

Há, na antropologia contemporânea, uma forte tendência para identificar a chamada "doença xamanística" com a esquizofrenia, a epilepsia ou a histeria. Diz-se freqüentemente que não há psiquiatria nessas culturas primitivas não-científicas, e assim muitos pensamentos ou padrões de comportamento bizarros e incompreensíveis são interpretados como sobrenaturais ou sagrados. Isso simplesmente não é verdade. Os xamãs verdadeiros têm de ingressar nos domínios incomuns da experiência e depois voltar para integrá-los à realidade cotidiana. Eles têm de mostrar que sabem agir de maneira adequada, e até mesmo superior, em ambos os domínios. Um bom xamã está a par de tudo o que acontece na tribo, possui grandes habilidades interpessoais e é muitas vezes um artista criativo.

LOCK

Sim, e ele tem de usar os símbolos da sociedade. Ele não pode usar um simbolismo idiossincrático, pois o simbolismo precisa enquadrar-se no que a sociedade exige dele como xamã. As pessoas que só conseguem simbolizar idiossincraticamente são aquelas que seriam rotuladas como sendo doentes mentais em qualquer cultura. Eu acredito de fato que existe algo que é doença mental. Em toda cultura, há certas pessoas incapazes de comunicar até mesmo suas necessidades mais rudimentares.

CAPRA

Então o contexto da sociedade é decisivo para a idéia de doença mental?

LOCK

Sim, absolutamente.

CAPRA

Se tirarmos o doente mental de sua sociedade e o colocarmos num descampado, ele estaria bem?

LOCK
Exato.

GROF
Você pode também transferi-lo de uma cultura para outra. Alguém que é considerado louco aqui pode não sê-lo em outra cultura, e vice-versa.

DIMALANTA
A questão não é se podemos entrar na psicose, e sim se podemos entrar e sair dela. Veja bem, todos nós podemos ficar um pouco loucos de vez em quando. Isso nos dá uma perspectiva diferente de nosso pensamento linear, o que é algo muito excitante. E nos torna muito criativos.

LOCK
E esse é também o critério para um bom xamã. Alguém que pode controlar a experiência dos estados alterados de consciência.

CAPRA
Podemos então dizer que parte da doença mental é a incapacidade de usar símbolos corretos em sociedade. Não se pode dizer apenas que isso é culpa da sociedade. Há efetivamente algo com que o indivíduo não consegue lidar.

DIMALANTA
Certo.

LOCK
Definitivamente.

DIMALANTA
Concordo com Carl Whitaker, que distingue três espécies de loucura. Uma delas consiste em ser levado à loucura numa família, por exemplo. Outra é agir feito louco, o que todos nós fazemos às vezes, e que é bastante excitante se soubermos entrar e sair desse estado. A terceira é ser louco, que é quando não se tem controle sobre isso.

SHLAIN
Não gosto muito da palavra "louco". Para mim, ser louco, ou esquizofrênico, significa estar fora de contato com a realidade, com esta realidade, neste momento. Quando você é levado à loucura, está reagindo de maneira inapropriada mas não está em outro mundo. Acho que devemos ser bastante estritos no modo como definimos esquizofrenia e doença mental grave. De outra forma teremos de falar sobre o que é uma reação apropriada e o que é uma reação inapropriada, e isso se torna tão vago que não seremos capazes de enfocar coisa alguma.

CAPRA

É por isso que Tony distingue entre ser levado à loucura e ser louco.

SHLAIN

Certo, mas ele afirma que alguém pode enlouquecer e voltar sem problema algum. Isso significa apenas agir como louco, no sentido coloquial da palavra, ou efetivamente perder o contato com a realidade?

DIMALANTA

O que quero dizer com agir como louco é a capacidade de ir além das normas sociais. Há muitas maneiras socialmente aceitáveis de agir como louco. Você pode sonhar, ou se embebedar, ou fazer muitas outras coisas.

SIMONTON

Leonard, quando você diz que ser louco quer dizer não estar em contato com a realidade, você parece significar com isso a perda de contato com todos os aspectos da realidade, o que não é verdade.

HENDERSON

Uma das coisas que faço quando me encontro em outros estados de realidade é penetrar na cabeça do pessoal do Departamento de Defesa e ver o mundo como eles o vêem — para depois voltar e tentar comunicar, de maneira diferente, o que vi. Com isso, adquiro uma noção bem clara dessa definição de loucura. Por exemplo, na semana passada tivemos um debate em Washington, com membros do Departamento de Defesa, sobre as possíveis reações diante de um ataque nuclear. E lá eles falam sobre a estratégia de *Mutually Assured Destruction*[1], também conhecida como MAD[2]! Foi muito interessante ver como todos aqueles reducionistas discutiam a questão. Tantos e tantos milhões de mortes se a velocidade do vento for zero, tantos e tantos milhões se houver uma corrente descendente de radiação, e assim por diante. Eles estavam lidando com perguntas como: Quantas pessoas morrerão semanas após o ataque? Quantas pessoas morrerão anos após o ataque? E outras do gênero. Vê-los discutindo assim foi, para mim, um verdadeiro estado alterado de realidade. E entrar na realidade do pessoal do Departamento de Defesa é, de fato, uma forma de loucura temporária.

SIMONTON

Esse é verdadeiramente um corolário social da doença mental no indivíduo.

HENDERSON

É isso mesmo, não é? Costumo fazer discursos sobre o que chamo de tecnologia psicótica, sobre o fato de a tecnologia estar entrando no campo

---

[1] *"Destruição Mutuamente Assegurada." (N. do T.)*
[2] *"Louco." (N. do T.)*

da psicose. Por exemplo, há uma quantidade ideal de consumo diário de energia; além disso, o consumo de energia torna-se patológico. Estou tentando pegar esses tipos de conceito e forçar as pessoas que tomam decisões a considerá-los.

DIMALANTA
O que você está descrevendo parece ser um tipo muito mais destrutivo de psicose.

HENDERSON
É inacreditavelmente destrutivo.

CAPRA
Não estou nem um pouco satisfeito com o termo "esquizofrenia". Parece que os psiquiatras chamam de esquizofrenia tudo o que eles não compreendem, como se fosse um termo que se aplica a uma ampla variedade de coisas.

DIMALANTA
É na realidade um rótulo que se coloca em alguém cujo comportamento não se consegue compreender com o pensamento lógico. Acredito nos aspectos biológicos da esquizofrenia, mas a maioria dos esquizofrênicos que vemos são geralmente inadaptados sociais. Trata-se de um problema de família e, para mim, é um índice da patologia do sistema. Nossa tendência é rotular alguém de esquizofrênico, ou de louco, até ele interiorizar esse tipo de comportamento.

SHLAIN
Isso coloca uma enorme responsabilidade sobre os outros membros da família. Não consigo realmente acreditar que quando se tem um filho autista, por exemplo, seja possível dizer que a culpa é do pai ou da mãe. Quando você se refere a sistemas familiares e diz que um membro do sistema está doente por causa de algo que ocorre nesse sistema, isso elimina completamente a possibilidade de, talvez, haver algo errado na configuração psíquica dessa pessoa.

SIMONTON
Quando você diz "culpa", isso implica intenção, motivação, e todo tipo de coisas que, no caso, são inapropriadas.

DIMALANTA
Há muita literatura especializada que fala como uma pessoa inadaptada à sociedade se torna doente mental e é institucionalmente rotulada de esquizofrênica.

CAPRA

Você acredita que a rotulação em si leva a pessoa a um estado pronunciado de psicose?

DIMALANTA

Sim.

HENDERSON

Gostaria de estabelecer uma analogia com outro nível do sistema. Se os psiquiatras rotulam uma determinada síndrome, que não compreendem, de "esquizofrenia", é exatamente assim que o termo "inflação" é usado pelos economistas. De um ponto de vista sistêmico mais amplo, a inflação é simplesmente o conjunto de todas as variáveis que os economistas não incluíram em seus modelos. Há muita mistificação quando se discute inflação. E isso porque todos no sistema tentam transferir para outros seu estresse. Se você estabelecer a hipótese de que a inflação provém inteiramente de uma única fonte, criará uma forma de atribuir a culpa a alguém — o que permite prescrever uma série de remédios. De modo que está tudo no diagnóstico, percebem?

DIMALANTA

Na psiquiatria, o diagnóstico é uma peça-chave do ritual, e é ele que define as fronteiras do comportamento: tenho de agir de certa maneira ou serei rotulado como louco.

SIMONTON

Um dos problemas é a rigidez, e o sentimento de que, uma vez rotulado, você será esse rótulo, e o será para sempre. A língua e os rótulos são necessários, evidentemente, mas têm seus problemas.

DIMALANTA

Nas famílias em que um dos membros é rotulado de esquizofrênico, se você perguntar: "Seu filho é louco?", ou: "Sua mãe é louca?", freqüentemente ouvirá que "Não, esse é apenas o seu jeito", distorcendo por completo a realidade — pois a realidade exerce uma função na família.

LOCK

Volto a achar que essa questão admite vários níveis diferentes. Existe de fato algo que é esquizofrenia. Nem tudo se deve à sociedade.

SIMONTON

Assim como há doenças físicas.

LOCK

Exatamente. Há o outro lado do espectro. Em certas doenças, inclusive em alguns casos de doença mental, os aspectos biológicos são dominantes e os componentes psicológicos e sociais, mínimos. Há certos desarranjos esquizofrênicos que se devem principalmente a influências sociais, ao passo que em outros o componente genético é predominante. Por exemplo, se estudarmos a evolução da esquizofrenia em crianças, a presença desses componentes genéticos fica clara.

DIMALANTA

A lição a ser aprendida com isso é que algumas doenças são doenças do sistema. Quando o sistema controla o indivíduo, gera nele um enorme estresse, produzindo o que foi chamado de doença mental. Entretanto, há certas doenças biológicas com componentes genéticos que surgirão não importa qual seja o meio ambiente. Em outros casos, pode haver uma interação complementar entre os componentes biológicos e ambientais, de modo que os sintomas aparecerão se houver uma predisposição genética, e se o indivíduo estiver num determinado tipo de ambiente.

CAPRA

Stan, você poderia nos falar sobre algumas das novas tendências que tem observado na psicoterapia?

GROF

De um modo geral, as antigas psicoterapias eram baseadas no modelo freudiano, segundo o qual tudo o que acontecia na psique era determinado biograficamente. Dava-se uma ênfase extraordinária ao intercâmbio verbal, e os terapeutas trabalhavam apenas com fatores psicológicos, deixando de lado os processos corporais.

As novas psicoterapias representam uma abordagem mais holística. Em sua maioria, as pessoas sentem hoje que a interação verbal é de algum modo secundária. Eu diria que, enquanto recorrermos apenas à terapia verbal, que significa basicamente sentar-se ou deitar-se e falar, não efetivaremos nada muito dramático no sistema psicossomático. Nas novas terapias, há uma ênfase enorme na experiência direta. Dá-se também muito destaque à interação entre mente e corpo. As abordagens neo-reichianas, por exemplo, tentam eliminar os bloqueios psicológicos por meio da manipulação física.

CAPRA

Chega a ser estranho chamar essas técnicas de psicoterapia. Parece que teremos de transcender a distinção entre terapia física e psicoterapia.

GROF

Outro aspecto é que, na realidade, as velhas terapias eram intra-orgânicas ou intrapsíquicas, isto é, a terapia se processava com o organismo isolado. Um psicanalista nem sequer queria conhecer a mãe do paciente ou falar com ela ao telefone. As novas terapias, ao contrário, destacam as relações interpessoais. Há terapias para casais, para famílias, para grupos, e assim por diante. Além disso, há hoje uma tendência para se prestar atenção aos fatores sociais.

CAPRA

Você poderia dizer algo sobre a idéia de levar o organismo a um estado especial, em que o processo de cura pode ser iniciado? Por exemplo, quando você realiza uma terapia com LSD, obviamente está fazendo algo muito drástico nesse sentido. Você concebe isso como sendo parte de toda terapia?

GROF

Minha convicção pessoal é a de que a psicoterapia caminhará nessa direção. Em última instância, não teremos nenhuma concepção apriorística do que queremos atingir ou do que queremos explorar. Iremos, de alguma forma, energizar o organismo. Isso se baseia na idéia de que os sintomas emocionais ou psicossomáticos são experiências condensadas. Por trás dos sintomas, há uma experiência que está tentando se completar. É o que se chama de gestalt incompleta na terapia gestáltica. Energizando-se o organismo, desbloqueia-se esse processo. O indivíduo poderá então vivenciar essas experiências, que terão o apoio do terapeuta, quer se enquadrem ou não em seu arcabouço teórico.

CAPRA

Quais as maneiras para se energizar o organismo?

GROF

As drogas psicodélicas são o exemplo mais óbvio, mas há muitos outros métodos, a maioria dos quais tem sido usada durante milênios por diversas culturas aborígines — isolamento ou sobrecarga sensorial, dança extática, hiperoxigenação e assim por diante. A música e a dança, em particular, podem ser catalisadores muito poderosos.

DIMALANTA

Os próprios terapeutas podem agir como catalisadores. Por exemplo, quando me introduzo numa família, posso tornar-me um catalisador para certos modos especiais de comportamento que rompem seu padrão usual.

GROF

Sendo um catalisador, o terapeuta tende a ser meramente um "facilitador". As novas terapias dão um destaque muito maior à responsabilidade do paciente. É o processo *dele* que está sendo estudado. Ele é o especialista. É o único capaz de decifrar o que está errado consigo. Como terapeuta, posso oferecer-lhe as técnicas e dividir com ele a aventura do processo, mas não vou dizer-lhe o que deve fazer, nem aonde deve chegar.

DIMALANTA

Parece-me que essa comunicação é crucial. Na terapia familiar, você precisa primeiro saber como entrar na casa. Geralmente entro pela porta dos fundos, e não pela da frente. Em outras palavras, você tem de aprender o modo de pensar da família para determinar um ponto de entrada. Alguns irão aceitá-lo imediatamente em seus quartos, de outros você terá que se aproximar pela cozinha. Na maior parte das vezes, o humor é o instrumento mais importante.

CAPRA

Como você usa o humor?

DIMALANTA

Uso o humor sempre que há uma discrepância entre o que a família diz e como ela se comporta. A linguagem é muitas vezes usada para negar um comportamento, e uso o humor para apontar essa incoerência. Às vezes, amplifico o comportamento até torná-lo absurdo, e então não há mais como negá-lo.

GROF

Quando apresentamos ao paciente algum tipo de técnica ativadora, não podemos deixar que o nosso raciocínio conceitual interfira nesse processo. Na realidade, o que se tenta é eliminar o intelecto do paciente, pois os conceitos dele, que também são limitados, irão se introduzir no caminho, atrapalhando o desenrolar da experiência. A intelectualização é uma etapa posterior e, na minha opinião, totalmente irrelevante em termos de resultados terapêuticos.

CAPRA

Parece-me que estamos falando de duas abordagens diferentes. Tony lida com a rede de relações interpessoais existente no seio de uma família, ao passo que Stan age energizando o sistema mente/corpo de um único indivíduo.

DIMALANTA

Creio que não há contradição entre o que eu e Stan estamos fazendo. Não trabalho exclusivamente com famílias. O paciente identificado numa família — e pode haver mais de um — irá eventualmente necessitar de terapia individual. Enquanto trabalho com a família, tento melhorar a interação entre todos os seus membros e tornar o sistema inteiro mais flexível. Quando isso ocorre, posso então começar a trabalhar individualmente com o paciente identificado e envolver-me numa terapia mais intensa. Para mim, a terapia familiar não é uma técnica. É uma maneira de encarar os problemas, de ver como os problemas estão interligados.

GROF

Quando eu realizava terapia individual com LSD, a ênfase primordial era o trabalho com o próprio paciente; na maioria das vezes, porém, eu não podia deixar a família de fora, especialmente no caso de pacientes mais jovens. A princípio, eu sempre esperava que a família fosse apreciar algum progresso perceptível de um paciente, mas isso nem sempre acontecia. Por exemplo, a mãe diz: "O que você fez com meu filho? Ele agora está respondendo para mim". Se esse tipo de atitude persistir, o ideal é estender a terapia de modo a incluir toda a família. Por outro lado, não acredito em trabalhar apenas em nível interpessoal sem incluir algum trabalho individual em profundidade.

DIMALANTA

Concordo com você. Às vezes entrevisto o paciente identificado antes de ver o resto da família.

HENDERSON

Há algum estudo que vê o ativismo social como uma autoterapia? Desde muitos anos, estou envolvida em grupos ecológicos e de interesse público, e tenho perfeita consciência de quanto as pessoas procuram resolver dessa forma seus próprios problemas. Isso não significa que o trabalho delas não seja, às vezes, excelente e em perfeita sintonia com as transformações sociais; porém, esse aspecto autoterapêutico existe. Cinco milhões de pessoas estão envolvidas em alguma forma de militância ecológica, constituindo um grupo interessantíssimo. Estariam elas agindo assim por serem altruístas, ou estão realizando algum tipo de autoterapia?

LOCK

Na verdade, sua pergunta é esta: Estão elas conscientes dos aspectos autoterapêuticos?

HENDERSON

Sei que tenho estado consciente desses aspectos há anos, e isso tem me dado enorme prazer.

GROF

Muitos livros dão interpretações psicodinâmicas do ativismo social, das revoluções, etc. Porém, não falam da autoterapia consciente por meio do ativismo social.

HENDERSON

Mas não posso acreditar que eu seja a única. Muitas pessoas devem fazer esse tipo de autoterapia conscientemente.

BATESON

Mas será que a abandonam quando estão curadas?

HENDERSON

Essa é uma pergunta interessante a ser pesquisada. Algumas sim. Só gostaria de saber se alguém já as estudou como uma população.

BATESON

Shakespeare.

Risos.

8
Uma qualidade especial de sabedoria

Quatro meses depois dos Diálogos de Big Sur, em junho de 1978, sentei-me finalmente para começar a escrever *O ponto de mutação*. Durante os dois anos e meio seguintes, segui uma disciplina rigorosa, acordando cedo e escrevendo durante um certo número de horas todos os dias. Comecei com quatro horas, mas fui pouco a pouco ampliando meu horário de trabalho à medida que me aprofundava no texto, até que, já na fase de edição final, dedicava de oito a dez horas por dia ao manuscrito.

A publicação de *O ponto de mutação*, no início de 1982, marcou o encerramento de uma longa jornada intelectual e pessoal que começara quinze anos antes, no auge dos anos 60. Minhas explorações das mudanças conceituais e sociais foram cheias de riscos e lutas pessoais, de belos encontros e amizades, de grande efervescência intelectual, de profundos *insights* e de experiências comoventes. No final, senti-me extremamente gratificado. Com a inspiração, os conselhos e a colaboração de muitos homens e mulheres notáveis, pude apresentar num volume um panorama histórico do antigo paradigma da ciência e da sociedade, fazendo uma crítica abrangente das suas limitações conceituais e sintetizando o surgimento de uma nova visão da realidade.

Uma viagem à Índia

Na época em que o livro estava sendo publicado em Nova York, passei seis semanas na Índia para celebrar o encerramento de meu trabalho e adquirir uma perspectiva diferente na minha vida. Essa viagem à Índia foi em resposta a três convites que eu recebera independentemente durante o ano anterior: um da Universidade de Bombaim, para dar três palestras conhecidas como Palestras em Memória de Sri Aurobindo; um do India International Centre, em Nova Deli, para proferir a Palestra em Memória de Ghosh; e o terceiro de meu amigo Stan Grof, para participar da conferência anual da International Transpersonal Association, que ele organizou em Bombaim em torno do tema "Sabedoria antiga e ciência moderna".

Alguns dias antes de minha partida, recebi da Simon and Schuster a primeira cópia da prova de *O ponto de mutação*. Enquanto folheava o livro no vôo para Bombaim, pus-me a refletir sobre o fato curioso de que, embora a cultura indiana tivesse exercido uma influência poderosíssima sobre meu trabalho e minha vida, eu nunca havia estado na Índia ou em parte alguma do Extremo Oriente. E ponderei que, na realidade, o ponto mais oriental onde já estivera até essa época de minha vida tinha sido Viena, onde nasci. Vi também que foi ao me dirigir para o oeste — a Paris e à Califórnia — que tive meus primeiros contatos com a cultura oriental. Agora, pela primeira vez, eu estava efetivamente a caminho do Extremo Oriente — ainda que continuasse voando para o oeste, até Tóquio e Bombaim, seguindo o caminho do sol por sobre o Pacífico.

Minha estada em Bombaim começou com um bom augúrio. A universidade me reservara uma quarto no Nataraj, um tradicional hotel indiano cujo nome homenageava Xiva Nataraja, o Senhor da Dança. Toda vez que entrava no hotel, eu era recebido por uma estátua gigantesca de Xiva dançando, a imagem indiana que me fora mais familiar nos últimos quinze anos e que exercera uma influência tão decisiva em meu trabalho.

Desde o primeiro momento, a Índia me sobrepujou com suas multidões e com a infinidade de imagens arquetípicas que via em todo lugar ao meu redor. No curto período de uma breve caminhada por Bombaim, presenciei várias velhinhas diminutas de sari, sentadas no chão vendendo bananas; pequenos cubículos ao longo de um muro, onde barbeiros barbeavam homens de todas as idades; uma fileira de homens agachados perto de uma parede, com as orelhas perfuradas; um grupo de mulheres mendigas aconchegando seus bebês à sombra; uma menina e um menino sentados na terra jogando um antigo jogo de tabuleiro, usando conchas como dados; uma vaca sagrada perambulando sem ser perturbada; um homem equilibrando com graça em sua cabeça um fardo de varapaus enquanto abria caminho pela multidão. . . Senti como se houvesse sido jogado num mundo inteiramente diferente, e essa foi uma sensação que jamais me abandonou durante toda a minha estada na Índia.

Em outros momentos, passeei por um parque ou atravessei uma ponte pensando estar nas vizinhanças de algum grandioso acontecimento, pois via centenas de pessoas nas ruas, todas caminhando no mesmo sentido. No entanto, logo descobri que elas estavam ali todos os dias — um desfile ininterrupto de gente. A experiência de ficar em pé em meio a essa torrente de pessoas, ou de caminhar contra ela, foi inesquecível. Pude distinguir uma variedade infinita de rostos, expressões, tons de pele, roupas, marcas coloridas nas faces, e me senti como se estivesse encontrando a Índia inteira.

O trânsito em Bombaim é sempre muito denso, compondo-se não só de automóveis mas também de bicicletas, jinriquixás, vacas e outros animais, e pessoas carregando enormes fardos na cabeça ou empurrando carroças superlotadas. As viagens de táxi eram de acabar com os nervos; a cada poucos minutos parecia que tínhamos escapado de um acidente por um fio de cabelo. O que realmente me deixava estonteado, porém, era observar que os motoristas desses táxis — *sikhs* barbados em sua maioria, todos vestindo turbantes coloridos — não ficavam nem um pouco tensos. A maior parte do tempo dirigiam segurando o volante com uma só mão, e pareciam totalmente calmos ao escaparem de bater em outros carros, pedestres e animais por frações de centímetro. Cada viagem de táxi me lembrava a dança frenética de Xiva — braços e pernas agitados, cabelos esvoaçantes, mas no centro um rosto calmo e relaxado.

A sociedade indiana é, com freqüência, associada a uma enorme pobreza. Vi, de fato, muita miséria em Bombaim. Por algum motivo, porém, ela não me deprimiu tanto quanto eu temia. A pobreza ali é inteiramente explícita, está em todas as ruas. Ela jamais é negada, e parece integrar-se na vida do lugar. Na verdade, depois de caminhar pelas ruas e andar de táxi durante vários dias, aconteceu-me algo muito estranho. Havia uma palavra vindo-me à mente sem cessar, uma palavra que parecia descrever a vida em Bombaim melhor que qualquer outra — a palavra "rica". Bombaim não é uma cidade, refleti. É um ecossistema humano onde a variedade de vidas é inacreditavelmente rica.

A cultura indiana é sensual ao extremo. A vida cotidiana é cheia de cores vivas, e de sons e cheiros intensos; a comida é fortemente condimentada; os hábitos e rituais são ricos nos mais expressivos detalhes. Contudo, mesmo com toda essa sensualidade, é uma cultura meiga. Passei muitas horas no saguão de entrada do Nataraj observando as pessoas irem e virem. Todas, virtualmente, vestiam as tradicionais roupas macias e esvoaçantes que, logo vim a descobrir, são as mais apropriadas ao clima quente da Índia. Movimentavam-se com graça, sorriam muito e não demonstravam nem por um único instante o comportamento machista tão comum no Ocidente. Toda a cultura parecia estar mais orientada para o feminino. Ou talvez fosse mais exato dizer que a cultura indiana é apenas mais equilibrada?

Embora os sons e imagens ao meu redor fossem maravilhosamente exóticos, por outro lado senti de maneira intensa que estava "retornando à Índia" nesses primeiros dias em Bombaim. A cada instante, redescobria elementos da cultura indiana que estudara e vivenciara através dos anos — o pensamento filosófico e religioso da Índia, os textos sagrados, a exuberante mitologia dos épicos populares, os escritos e ensinamentos de Mahatma Gandhi, as magníficas esculturas dos templos, a espiritualidade da música e da dança. Nos últimos quinze anos, todos esses elementos haviam desempenhado papéis importantes em minha vida diversas vezes, e agora todos eles se juntavam, pela primeira vez, numa única e fabulosa experiência.

Conversa com Vimla Patil

Minha sensação de estar "retornando à Índia" só aumentou diante da maneira calorosa e entusiástica com que incontáveis homens e mulheres indianos me receberam. Pela primeira vez na vida fui tratado como uma celebridade. Vi minha fotografia na primeira página do *Times of India,* fui recebido por altos dignitários da vida pública e acadêmica, e cercado por multidões de pessoas pedindo autógrafos, trazendo presentes e querendo discutir suas idéias comigo. Fiquei, claro, perplexo com essa totalmente inesperada reação ao meu trabalho, e precisei de várias semanas para assimilá-la. Quando explorei os paralelos entre a física moderna e o misticismo oriental me dirigi aos cientistas e às pessoas interessadas na ciência moderna, e também àquelas que praticam ou estudam as tradições espirituais do Oriente. Constatei que a comunidade científica da Índia não é muito diferente da ocidental, embora sua atitude diante da espiritualidade seja totalmente distinta. Enquanto o misticismo oriental só interessa a uma faixa mínima da sociedade do Ocidente, ele é a principal corrente cultural da Índia. Os representantes do *establishment* indiano — membros do parlamento, professores universitários, presidentes de empresas — já haviam aceitado aquelas partes da minha argumentação que eram vistas com mais desconfiança pelos críticos ocidentais e, como muitos deles tinham um imenso interesse pela ciência moderna, também receberam meu livro com entusiasmo. *O tao da física* não era mais conhecido na Índia que no Ocidente, mas fora aceito e promovido pelo *establishment* indiano. E isso, é claro, faz toda a diferença.

Entre as muitas conversas e discussões que tive em Bombaim, uma que se destaca especialmente em minha memória foi a longa troca de idéias com Vimla Patil, a notável mulher que é a editora de *Femina*, uma grande revista feminina. Nossa conversa começou como uma entrevista, mas logo se transformou numa longa e animada discussão em que aprendi muito sobre a sociedade, a política, a história, a música e a espiritualidade indianas. Quanto mais eu conversava com Vimla Patil, mais eu gostava dela; era uma mulher afetuosa, maternal e conhecedora do mundo e da vida.

Eu estava particularmente interessado em saber mais sobre o papel da mulher na sociedade, que me parecia bastante enigmático. Sempre me impressionaram as vigorosas imagens das deusas indianas. Eu sabia que as divindades femininas existem em grande número na mitologia hindu, e que representam os muitos aspectos da deusa arquetípica, o princípio feminino do universo. Sabia também que o hinduísmo não despreza o lado sensual da natureza humana, tradicionalmente associado à mulher. Em conseqüência disso, suas deusas não são mostradas como virgens beatíficas; ao contrário, são retratadas com freqüência em abraços sensuais de assombrosa beleza. Por outro lado, muitos costumes indianos relativos à vida conjugal e familiar parecem bastante patriarcais e opressores das mulheres.

Vimla Patil disse-me que o caráter indiano, meigo e espiritual, que desde os tempos mais remotos sempre concebera de maneira bastante equilibrada os homens e as mulheres, fora fortemente influenciado pela invasão muçulmana e depois pela colonização britânica. De todo o amplo espectro da filosofia indiana, explicou-me, os ingleses implementaram apenas aqueles aspectos que correspondiam ao ponto de vista vitoriano, moldando-os num sistema jurídico opressor. Não obstante, prosseguiu Patil, o respeito pelas mulheres ainda é parte integrante da cultura indiana. E deu-me dois exemplos. Uma mulher que viaja sozinha pela Índia estará mais segura do que em muitos países ocidentais; e as mulheres estão cada vez mais se destacando em todos os níveis da vida política indiana.

Indira Gandhi

Com essas observações, naturalmente nossa conversa voltou-se para Indira Gandhi, a mulher que exercia o cargo político supremo da Índia. "O fato de termos tido uma mulher como primeira-ministra por tanto tempo exerceu uma grande influência sobre nossa vida pública e política", esclareceu Patil. "Há hoje na Índia toda uma geração que nunca soube o que é um homem dirigindo o país. Imagine só o fortíssimo efeito que isso deve ter sobre a psique indiana."

Sem dúvida; porém, que tipo de mulher era Indira Gandhi? No Ocidente ela era em geral retratada como uma pessoa dura e impiedosa, autocrática e obcecada pelo poder. Era essa a imagem que os indianos tinham dela?

"Alguns", admitiu Patil, "mas a maioria certamente não. A sra. Gandhi é muito popular na Índia, você bem sabe; não tanto entre os intelectuais, mas entre as pessoas mais simples, que ela compreende extremamente bem." Quando Indira Gandhi viajava pelas diversas regiões do país, explicou-me Patil, costumava trajar os saris típicos de cada uma, e participava das festas das comunidades tribais e rurais, dando as mãos para as mulheres e entrando nas danças folclóricas do local. "Ela tem uma afinidade muito direta com o povo. Por isso é tão popular."

Patil continuou explicando que as tendências autocráticas de Indira teriam de ser compreendidas no contexto de sua formação familiar. Sendo uma brâmane aristocrática, filha de Jawaharlal Nehru, o primeiro-ministro da Índia, e intimamente ligada a Mahatma Gandhi desde a infância, sua obsessão não era tanto de poder quanto de um senso de destino. Ela sentia que seu destino era dirigir a Índia, que havia uma missão que tinha de cumprir.

"É verdade que a sra. Gandhi é uma mulher decidida e resoluta", prosseguiu Patil com um sorriso. "Ela é capaz de mostrar-se furiosa, e a maioria dos homens indianos associam-na, ao menos inconscientemente, a Kali" — a manifestação selvagem e violenta da Deusa Mãe.

"E o que você me diz da época em que a sra. Gandhi decretou estado de emergência, impôs uma rígida censura à imprensa e colocou na prisão toda a liderança do partido oposicionista?"

"Não há dúvida de que ela cometeu erros, mas amadureceu com eles e tornou-se uma pessoa muito espiritualizada."

À medida que Vimla Patil ia respondendo a minhas perguntas com observações e comentários perspicazes, fui-me dando conta de que teria de rever consideravelmente minha imagem de Indira Gandhi, e de que sua personalidade era muito mais complexa do que a retratada pela imprensa ocidental.

"E a atitude da sra. Gandhi perante as mulheres?", perguntei por fim, voltando ao tema inicial de nossa conversa. "Ela apóia as causas das mulheres?"

"Ah, sim, definitivamente", respondeu Patil. "Em sua própria vida ela rompeu com diversas convenções que oprimiam as mulheres. Casou-se com um parse, um homem de outra religião e outra classe social, e rejeitou o papel tradicional da esposa indiana ao ingressar na política nacional."

"E, como líder da Índia, de que forma ela apóia as causas das mulheres?"

"De diversas maneiras sutis", disse Patil, sorrindo. "Ela dirige o país de tal maneira que os homens pensam que está trabalhando para eles. Ao mesmo tempo, porém, vai discretamente apoiando os direitos e as causas das mulheres. Permite que diversos movimentos envolvidos com as causas das mulheres cresçam, criando condições favoráveis para eles por meio da não-interferência. Em conseqüência disso, hoje muitas mulheres podem ser vistas no serviço público, algumas delas em cargos bem elevados."

Patil narrou-me então um incidente em que Indira Gandhi chegou de fato a interferir para apoiar a causa de uma mulher. Não muito tempo atrás, a Air India recusara-se a conceder o brevê para uma mulher. Diante disso, a sra. Gandhi "bateu os punhos na mesa", obrigando a Air India a conceder o brevê. "Esses atos isolados recebem muita publicidade", explicou Patil. "E ajudaram imensamente as mulheres. Hoje toda mulher indiana sabe que nenhum cargo lhe será barrado. Há um grande orgulho e muita autoconfiança entre as jovens mulheres da Índia."

"De modo que a sra. Gandhi deve ser ainda mais popular entre as mulheres indianas do que entre os homens?"

Patil sorriu outra vez. "Ah, claro. As mulheres indianas a vêem não só como uma líder de grande coragem, sabedoria e perseverança, mas também como um símbolo da emancipação feminina. Essa é uma de suas grandes forças políticas. Ela tem garantidos cinqüenta por cento dos votos — os das mulheres."

Ao final de nossa conversa, Vimla Patil insistiu que eu tentasse por todos os meios conhecer a sra. Gandhi quando fosse a Deli. Achei sua sugestão um tanto extravagante e apenas sorri polidamente, jamais imaginando que eu de fato me encontraria com Indira Gandhi em breve, e que teria uma longa e inesquecível troca de idéias com ela.

Arte e espiritualidade indianas

Durante minha conversa com Vimla Patil, também falei muito sobre arte e espiritualidade, dois aspectos inseparáveis da cultura indiana. Sempre tentei me aproximar das tradições espirituais do Oriente não apenas de maneira cognitiva, mas também vivencial. No caso do hinduísmo, minha abordagem empírica fora efetuada principalmente graças à arte indiana. Por isso, decidira não procurar nenhum guru na Índia, e também nenhum *ashram* ou outro centro de meditação, preferindo, em vez disso, passar o máximo de tempo possível vivenciando a espiritualidade indiana por meio de suas formas tradicionais de arte.

Uma de minhas primeiras excursões em Bombaim foi até as famosas cavernas de Elefanta, um magnífico templo antigo dedicado a Xiva, com enormes esculturas de pedra representando o deus em suas muitas manifestações.

260

Fiquei perplexo diante dessas poderosas esculturas, cujas reproduções eu conhecia e amava há muitos anos: a imagem tríplice de Xiva Mahesvara, o Grande Senhor, irradiando serena tranqüilidade e paz; Xiva Ardhanari, uma assombrosa unificação de formas masculinas e femininas no movimento rítmico e ondulante do corpo andrógino da divindade e no plácido ar de desprendimento do rosto dele/dela; e Xiva Nataraja, o célebre Dançarino Cósmico de quatro braços, cujos gestos sublimemente equilibrados expressam a unidade dinâmica de toda a vida.

Minha ida a Elefanta antecipou outra experiência, ainda mais intensa, com esculturas de Xiva: as dos templos reclusos nas cavernas de Ellora, a um dia de Bombaim. Como eu tinha apenas um dia disponível para essa viagem, tomei o primeiro vôo da manhã até Aurangabad, que fica perto de Ellora. Em Aurangabad, havia um ônibus para turistas que partia de uma plataforma claramente designada em inglês, mas preferi trocá-lo por um ônibus de uma linha local, mais difícil de encontrar mas que prometia uma aventura muito melhor. A própria estação de ônibus já me impressionou; nas paredes brancas, as plataformas eram identificadas por símbolos vermelhos em círculos cor de laranja, que supus serem números, rodeados por inscrições em preto, evidentemente indicando o destino dos veículos. Essas inscrições, na caligrafia indiana clássica, onde grossas barras horizontais uniam as letras de cada palavra, estavam compostas de maneira tão bela e equilibravam-se tão delicadamente com o vermelho e o laranja dos números que me pareceram versos tirados do Veda.

A estação estava cheia de camponeses, cuja tranqüila dignidade e forte senso estético me marcaram a fundo. As roupas das mulheres eram muito mais coloridas ali do que em Bombaim — saris de algodão em azul-cobalto e verde-esmeralda, finamente entrelaçados de dourado, sendo a riqueza das cores acentuada pelos grossos colares e braceletes de prata. Homens e mulheres ostentavam igualmente grande elegância e serenidade.

O ônibus para Ellora estava lotado, e fez longas e incontáveis paradas pelo caminho, durante as quais as pessoas carregavam e descarregavam enormes pacotes, cestos com galinhas e outros animais, e até mesmo um carneiro — tudo transportado no teto do ônibus. Assim, a viagem de vinte e cinco quilômetros até Ellora demorou quase duas horas. Eu era o único não-indiano nesse ônibus, mas estava vestido com o *khadi* (algodão) tradicional, usava *chappals* (sandálias) e levava uma simples sacola de juta ao ombro. Ninguém se preocupou em reparar em mim, de modo que pude observar todo o fluir da vida ao meu redor sem interferência alguma — ainda que, como todos os outros, eu fosse obrigado a me encostar ininterruptamente aos outros homens, mulheres e crianças do ônibus superlotado. Mais uma vez, porém, constatei que as pessoas eram extremamente gentis e simpáticas.

Os vilarejos que atravessamos eram limpos e tranqüilos. Muitas das cenas e atividades que presenciei só me eram conhecidas nas histórias de fadas e em tênues memórias da infância — o poço onde as mulheres se reúnem para pegar água e conversar, o mercado onde homens e mulheres se agacham no chão, rodeados de frutas e legumes, o ferreiro com sua oficina na extremidade da vila. As tecnologias que observei — por exemplo, as usadas para irrigar, fiar e tecer — eram simples, mas freqüentemente engenhosas e elegantes, refletindo a singular sensibilidade estética característica da Índia.

Enquanto o ônibus passava pelos algodoais, cruzando montes e colinas, eu me encantava com a beleza da paisagem e das pessoas que ali viviam — o cinza-pálido e o amarelo-dourado das gigantescas tecas que alinhavam a estrada; homens idosos vestidos de branco com turbantes de um rosa brilhante, montados em carros de boi de duas rodas, e os bois de chifres compridos e recurvados com graça; pessoas lavando roupas no rio, seguindo a técnica imemorial de batê-las ritmicamente contra uma pedra chata e de estendê-las para secar formando desenhos coloridos; moças em saris singelos com jarros de latão na cabeça, flutuando pelos morros como bailarinas; — cada vista era um quadro de serenidade e beleza.

Eu me encontrava portanto num estado de espírito muito especial, encantado, quando cheguei aos templos sagrados nas cavernas de Ellora, onde artistas de outrora haviam passado centenas de anos escavando uma cidade de templos e esculturas na pedra maciça. Dos mais de trinta templos hindus, budistas e jainas, visitei apenas três dos mais belos, todos eles hindus. A beleza e a força dessas cavernas sagradas estão além de qualquer palavra. Uma delas é um templo de Xiva construído na encosta de uma montanha. Pesadas colunas retangulares preenchem o átrio principal, e são interrompidas apenas ao centro por um corredor que une o santuário, situado na parte mais interna e escura do templo, às arcadas iluminadas, que se abrem para o lindíssimo panorama da região. O nicho interno do santuário, mantido em trevas, abriga um bloco cilíndrico que representa o *lingam* de Xiva, o antigo símbolo fálico. Na extremidade externa do corredor central há uma escultura em tamanho real de um touro descansando. Calmo e tranqüilo, ele contempla meditativamente o falo sagrado. E há nas paredes em torno do átrio muitos painéis esculpidos mostrando a figura divina de Xiva em várias poses tradicionais de dança.

Passei mais de uma hora em meditação nesse templo, a maior parte do tempo sozinho. Enquanto caminhava lentamente do santuário para as arcadas externas, fiquei como que enfeitiçado pela silhueta calma e poderosa do touro diante das serenas campinas indianas. Voltando-me, vi o *lingam* de Xiva, além do touro e das colunas rijas, e senti a tremenda tensão criada pelo poder estático desses símbolos masculinos. Entretanto, ao vislumbrar os movimentos sensuais e femininos da dança exuberante de Xiva nos painéis espalhados pelas paredes do átrio, a tensão se dissolveu. A sensação resultante, de intensa masculinidade sem nenhum vestígio de machismo, foi uma de minhas experiências mais profundas na Índia.

Após muitas horas de contemplação em Ellora, quando o sol já se punha, retornei a Aurangabad. Não consegui passagem para voltar de avião a Bombaim naquela noite, e tive de tomar o ônibus noturno. O vôo até Aurangabad pela manhã demorara vinte minutos. A viagem de volta, no ônibus "superexpresso" pelas estradas do interior, cheias de gente, carroças e animais, levou onze horas.

Para minha grande felicidade, houve um grande festival de música e dança indianas em Bombaim nas duas semanas que permaneci ali. Fui a duas apresentações, ambas extraordinárias, uma de música e outra de dança. A primeira foi um concerto de Bismillah Khan, o ilustre mestre indiano de *shehnai*. O *shehnai*, um dos instrumentos clássicos da música indiana, é um instrumento de sopro de duas palhetas, semelhante ao oboé, e exige um tremendo controle da respiração para produzir um som forte e contínuo. Vimla Patil, muito amavelmente, convidara-me para ir ao concerto com ela e sua família. Adorei essa oportunidade de sair com amigos indianos, que me explicaram e traduziram muitas coisas que eu não teria entendido sozinho. Enquanto conversávamos e tomávamos chá durante o intervalo, fui apresentado a vários amigos e conhecidos dos Patil, muitos dos quais elogiaram minhas roupas — a tradicional *kurta* (camisa) longa e esvoaçante de seda, calças de algodão, sandálias e um comprido xale de lã, para proteção contra o vento frio daquele concerto ao ar livre. A essa altura, já me sentia muito à vontade vestindo roupas indianas, e isso evidentemente era apreciado.

Como em todos os concertos indianos, a apresentação estendeu-se por muitas horas, proporcionando-me uma das mais lindas experiências musicais de minha vida. Embora eu já tivesse ouvido Bismillah Khan em discos, o som do *shehnai* era-me muito menos familiar que o da cítara de cordas ou do *sarod*. No concerto, entretanto, fui imediatamente arrebatado pela interpretação brilhante do mestre. Seguindo os ritmos e tempos sempre mutáveis dos ragas clássicos constantes no programa, Khan produzia variações das mais singulares nos padrões melódicos, evocando nuanças de estados de espírito que iam da alegria leve à serenidade espiritual. Perto do final de cada peça, ele acelerava o ritmo, exibindo um imenso virtuosismo e um inacreditável controle do instrumento num *finale* exuberante e de grande emoção.

Durante toda a noite, os sons mágicos e assombrosos do *shehnai* de Bismillah Khan e a ampla gama de emoções humanas que provocavam deixaram em mim uma profunda impressão. No início, suas improvisações lembraram-me as do grande músico de *jazz* John Coltrane, mas em seguida minhas associações passaram para Mozart e depois para as cantigas folclóricas de minha infância. Quanto mais eu ouvia, mais me dava conta de que o *shehnai* de Khan transcende todas as categorias musicais.

A platéia reagiu com imenso entusiasmo a essa música encantadora; contudo, havia uma certa tristeza na sua afetuosa admiração. Estava claro para todos que Bismillah Khan, aos sessenta e cinco anos, já não tinha o fôlego e o vigor da juventude. E, de fato, após tocar brilhantemente por duas horas, ele curvou-se diante do público e anunciou com um sorriso triste: "Em minha juventude eu podia tocar a noite inteira sem parar, mas agora devo pedir que me permitam um pequeno intervalo". A velhice, o quarto inimigo do homem de sabedoria, de acordo com Don Juan, chegara para Bismillah Khan.

263

Na noite seguinte, tive outra experiência igualmente extraordinária com a arte indiana — dessa vez de movimento, dança e ritual. Foi uma apresentação de *odissi,* uma das formas indianas clássicas de dança. Desde a antiguidade indiana, a dança sempre constituiu parte integrante do ritual de adoração, e ainda é uma das expressões artísticas mais puras de espiritualidade. Cada apresentação de dança clássica é um drama dançado em que o artista representa histórias conhecidas da mitologia hindu, transmitindo as emoções por meio de *abhinaya* — uma requintada linguagem de posturas corporais, gestos e expressões faciais estilizadas. Na dança *odissi,* as posturas clássicas são as mesmas das divindades dos templos hindus.

Fui à apresentação com um grupo de jovens que eu conhecera após uma de minhas palestras, sendo que uma delas também estudava a dança *odissi.* Estavam todos muito entusiasmados, e disseram-me que a atração especial da noite era não apenas assistir a Sanjukta Panigrahi, a maior dançarina *odissi* da Índia, mas também seu célebre guru, Keluchara Mohaparta, que geralmente não dança em público. Nessa noite, porém, Guruji, como todos o chamam, também iria dançar.

Antes do espetáculo, minha amiga dançarina e uma colega levaram-me aos bastidores para conhecer sua professora de dança e, possivelmente, para ver Guruji e Sanjukta prepararem-se para a apresentação. Quando as duas jovens encontraram sua professora, curvaram-se e tocaram com a mão direita primeiro os pés da mestra e depois a própria testa. Fizeram isso com uma facilidade natural, fluida; seus gestos mal chegaram a interromper seus movimentos e sua conversa. Depois de me apresentarem, permitiram que eu espiasse um recinto ao lado onde Sanjukta e Guruji estavam envolvidos num ritual íntimo. Já vestidos com as roupas da apresentação, estavam os dois um defronte ao outro em oração, murmurando intensamente com os olhos fechados. Era uma cena da mais absoluta concentração, que terminou com Guruji abençoando sua aluna e beijando-a na testa.

Fiquei perplexo com as vestes, a maquiagem e as jóias finíssimas de Sanjukta, mas fiquei ainda mais fascinado por Guruji. Ali estava ele, um homem não muito magro, meio careca, de rosto delicado e estranhamente forte que transcendia as noções convencionais de masculino e feminino, juventude e velhice. Usava pouquíssima maquiagem e vestia um tipo de indumentária ritualística que lhe deixava o tronco nu.

O espetáculo foi magnífico. Os dançarinos evocaram uma sucessão ininterrupta de emoções dando uma demonstração estonteante dos mais requintados gestos e movimentos. As poses de Sanjukta eram fascinantes. Pareceu-me como se as antigas estátuas de pedra, que ainda permaneciam vivas em minha memória, houvessem subitamente adquirido vida.

Todavia, a experiência mais prodigiosa foi ver Guruji executar a evocação e a oferenda iniciais — com que se começa toda apresentação de dança clássica indiana. Ele apareceu do lado esquerdo do palco com um prato de velas acesas na mão, cruzando com ele o palco para oferecê-lo a uma divindade representada por uma pequena estatueta. Ver esse velho estranhamente belo flutuar

264

pelo palco em movimentos fluidos de retorção, com as velas tremeluzindo ao seu redor, foi uma experiência inesquecível de magia e ritual. Fiquei sentado ali, totalmente maravilhado, olhando para Guruji como se ele fosse algum ser de outro mundo, uma personificação arquetípica do movimento.

Encontro com Indira Gandhi

Pouco depois dessa memorável apresentação, fiz um vôo para Deli, onde permaneci durante três dias para dar minha palestra no India International Centre, um centro de estudos e pesquisas para estudiosos visitantes. Fui recebido com tanto entusiasmo em Deli quanto em Bombaim. Novamente tive de dar muitas entrevistas e encontrar-me com representantes de alto nível da vida acadêmica e política da Índia. Para minha grande surpresa, fiquei sabendo logo ao desembarcar que a primeira-ministra aceitara presidir minha palestra, mas que, infelizmente, não mais poderia fazê-lo por ter a agenda completamente cheia. Havia uma sessão no Parlamento e, além disso, uma importante conferência "sul-sul" de países do Terceiro Mundo iria se realizar em Deli naquela semana, impossibilitando-a de honrar sua promessa. Entretanto, informaram-me que ela talvez pudesse me receber rapidamente no dia seguinte à minha palestra. Meus anfitriões perceberam meu ar de estupefação e disseram-me que a sra. Gandhi conhecia meu trabalho e chegara repetidas vezes a citar O tao da física em seus discursos. Naturalmente essa honra inesperada deixou-me perplexo, embora também bastante empolgado com a perspectiva de conhecer Indira Gandhi.

Na noite de minha chegada, fui convidado para um jantar íntimo mas requintado na casa de Pupul Jayakar, uma renomada autoridade em teares manuais e tecidos, que promove ativamente o artesanato e as artes ornamentais da Índia pelo mundo todo. Quando a mulher de Jayakar soube do meu interesse pela arte indiana, fez-me conhecer toda a sua quinta extraordinariamente decorada. Sua coleção de arte incluía diversas magníficas estátuas antigas, bem como uma fabulosa variedade de estampados, que eram sua paixão e especialidade. O jantar foi um banquete indiano tradicional, que começou bem tarde e durou muitas horas. Lembro-me de que todos à mesa estavam esplendidamente vestidos; senti como se estivesse entre príncipes e princesas. A conversa da noite desenrolou-se sobretudo em torno da filosofia e da espiritualidade indianas. Em particular, falamos muito sobre Krishnamurti, que a sra. Jayakar conhecia muito bem.

Naturalmente eu também estava ansioso por ouvir falar mais de Indira Gandhi. Descobri, para minha alegria, que uma das convidadas, Nirmala Deshpande, era uma velha amiga e confidente da sra. Gandhi. Mulher delicada, pequena e meiga, levava uma vida ascética no ashram de Vinoba Bhave, o sábio-militante e colega íntimo de Mahatma Gandhi. Nirmala Deshpande contou-me que esse ashram era dirigido por mulheres e que a sra. Gandhi o visitava com freqüência, submetendo-se por completo às regras e costumes do eremitério enquanto permanecia nele. Mais uma vez ouvi uma descrição de Indira Gandhi cabalmente diversa da sua imagem pública no Ocidente — o que aumentou minha perplexidade, e também minha curiosidade e expectativa.

Dois dias depois notificaram-me que a primeira-ministra de fato me receberia. Algumas horas depois que me foi entregue essa mensagem, me vi sentado no gabinete de Indira Gandhi, na Casa do Parlamento, aguardando para conhecer a mulher cuja personalidade enigmática dominara a maioria de meus pensamentos e conversas durante minha estada em Deli. Enquanto esperava, dei uma olhada no escritório e reparei que era bastante austero — uma mesa grande e sem ornamentos, um bloco de papel e um porta-lápis em cima, uma estante de livros lisa, um enorme mapa da Índia dependurado na parede, uma estatueta de uma divindade à janela. Enquanto olhava, uma multidão de imagens de Indira Gandhi passou-me pela mente — a figura predominante da Índia durante quase duas décadas; uma mulher de presença altiva e imponente; uma líder resoluta e autocrática, dura e arrogante; uma mulher de grande coragem e sabedoria; uma pessoa espiritual, em sintonia com os sentimentos e aspirações da gente simples. Qual Indira eu iria conhecer?

Minhas divagações foram interrompidas quando a porta se abriu e a sra. Gandhi entrou, acompanhada de um pequeno grupo de homens. Ao estender a mão e me receber com um sorriso amistoso, minha primeira impressão foi a grande surpresa de ver como ela era pequenina e frágil. Em seu sari verdeágua, ela me pareceu uma mulher muito delicada e feminina ao sentar-se à escrivaninha. Olhou-me com certa expectativa, mas não disse mais nada. Seus olhos, com as famosas olheiras, eram cordiais e amistosos, e eu poderia facilmente ter me esquecido de que estava diante da líder que comandava a maior democracia do mundo não fossem os três telefones ao alcance de sua mão numa mesinha à sua esquerda.

Comecei a conversa dizendo como me sentia honrado de conhecê-la e agradecendo-lhe por me receber apesar da sua agenda superlotada. Expressei em seguida minha gratidão, nessa primeira visita à Índia, ao seu país como um todo. Disse-lhe quão profundamente a cultura indiana afetara o meu trabalho e a minha vida, e que grande privilégio era ir à Índia para proferir uma série de palestras. Encerrei essas palavras de agradecimento dizendo que esperava poder pagar minha dívida transmitindo alguns *insights* que obtivera, em parte devido a meus contatos com a cultura indiana, e que minha esperança era a de que isso pudesse facilitar a cooperação e a troca de idéias entre o Oriente e o Ocidente.

A sra. Gandhi permaneceu em silêncio, respondendo ao meu pequeno discurso com um sorriso caloroso. Assim, resolvi prosseguir. Disse-lhe que acabara de publicar um novo livro, onde ampliava os argumentos de *O tao da física* de modo a incluir outras ciências, e onde também discutia a crise conceitual que o Ocidente atravessa nos dias de hoje e as implicações sociais dessa transformação cultural. Com essas palavras, peguei a cópia de prova que estava em minha pasta e a entreguei a ela, acrescentando que era um grande privilégio poder dar-lhe a primeira cópia de *O ponto de mutação*.

A sra. Gandhi agradeceu meu presente com um gesto gracioso, mas continuou calada. Tive a insólita sensação de estar diante de um vácuo, de uma pessoa que, ao contrário de todas as minhas expectativas e preconceitos, parecia ter transcendido o seu ego. Ao mesmo tempo, senti que seu silêncio era um teste. Indira Gandhi não teria aberto uma brecha em suas obrigações políticas só para ficar batendo papo comigo. Ela estava esperando que eu entrasse em algum assunto substancial, e cabia a mim apresentar essa substância da melhor maneira que fosse capaz. Não me senti intimidado pelo desafio. Pelo contrário, senti-me estimulado e empolgado quando entrei num resumo conciso de minhas teses principais.

Tenho discutido essas idéias há muitos anos com pessoas das mais variadas ocupações, e adquiri uma certa perspicácia para saber se estão realmente entendendo o que digo ou se estão apenas ouvindo por boa educação. Com a sra. Gandhi ficou claro desde o princípio que ela de fato compreendia os assuntos que eu mencionava. Senti de imediato que ela mesma já os examinara minuciosamente e que estava familiarizada com a maioria das idéias que eu lhe expunha. E, à medida que eu prosseguia em meu sumário, pôs-se a interpor pequenos comentários, para logo ir se envolvendo mais e mais na conversa. Concordou com a minha afirmação inicial de que os principais problemas da nossa época são problemas sistêmicos, o que significa estarem todos interligados. "Acredito que a vida é uma e que o mundo é um", disse ela. "Como você sabe, a filosofia indiana sempre nos ensinou que somos parte de tudo e que tudo é parte·de nós. De modo que os problemas do mundo estão, necessariamente, interligados."

Ela também se mostrou bastante receptiva quando realcei a consciência ecológica como o fundamento de uma nova visão da realidade. "Sempre me senti muito próxima da natureza", disse. "Tive a felicidade de crescer com um forte senso de afinidade com toda a natureza vivente. Suas plantas e seus animais, suas pedras e suas árvores, eram todos meus companheiros." Acrescentou em seguida que o seu país possuía uma antiga tradição de proteção ao meio ambiente. Açoka, o grande imperador da Índia que reinou por quarenta anos no século III a.C., considerava seu dever não apenas proteger os cidadãos mas também preservar as florestas e a vida selvagem. "Por toda a Índia", contou a sra. Gandhi, "ainda podemos ver seus éditos entalhados em pilares de pedra e rocha há vinte e dois séculos, antecipando as preocupações ecológicas de hoje."

Para concluir minha breve sinopse, mencionei as implicações do novo paradigma ecológico para a economia e a tecnologia. Em particular, falei das chamadas tecnologias brandas, que incorporam princípios ecológicos e são consistentes com todo um novo conjunto de valores.

Quando terminei, a sra. Gandhi permaneceu quieta por alguns instantes. E então falou, num tom de muita franqueza e seriedade: "Meu problema é saber como posso introduzir novas tecnologias na Índia sem destruir a cultura existente. Queremos aprender o máximo que pudermos com os países ocidentais, mas também queremos preservar nossas raízes indianas". E ilustrou esse problema — que evidentemente é o mesmo em todo o Terceiro Mundo — com muitos exemplos. Falou da "relação afetuosa" que as pessoas tinham com seu ofício no passado, e que praticamente inexiste hoje em dia. Mencionou a grande beleza e a perenidade dos antigos trajes típicos, dos entalhes em madeira, da cerâmica. "Hoje parece muito mais fácil e barato comprar coisas de plástico do que dedicar tempo a esses ofícios", ponderou com um sorriso triste. "É uma pena!"

A sra. Gandhi foi se entusiasmando quando passou a falar das danças folclóricas tribais. "Quando vejo essas mulheres dançando, percebo tanta alegria, tanta espontaneidade, que fico com medo de que venham a perder seu espírito se conseguirem atingir um maior progresso material." Contou-me que as danças folclóricas eram parte do desfile anual, que comemorava a proclamação da república em Deli, e que outrora os membros das diversas tribos iam de seus vilarejos distantes até a cidade para dançarem através do dia e da noite. "Ninguém era capaz de fazê-los parar. Quando dizíamos que tinham de fazê-lo, eles simplesmente iam para algum parque e continuavam dançando. Hoje, porém, eles querem ser pagos por isso, e suas apresentações estão ficando cada vez mais curtas."

Ouvindo Indira Gandhi falar, pude perceber que ela refletira profundamente sobre esses problemas. Mais que isso, fiquei impressionado ao ver essa líder mundial, que introduzira em seu país a tecnologia da era espacial, dando tanto valor à necessidade de manter viva a beleza e a sabedoria da antiga cultura. "O povo da Índia, não importa quão pobre possa ser, possui uma qualidade especial de sabedoria, uma força interior que provém de nossa tradição espiritual. Gostaria que ele mantivesse essa qualidade, essa presença especial, ao mesmo tempo que se livra da pobreza."

Mencionei que as tecnologias brandas que eu defendia eram na realidade muito apropriadas à preservação dos costumes e valores tradicionais. Elas tendem a ser bem semelhantes às promovidas tão enfaticamente por Mahatma Gandhi — em pequena escala e descentralizadas, adaptáveis às condições locais e concebidas visando uma crescente auto-suficiência. Focalizei então a geração de energia solar como sendo uma tecnologia branda por excelência.

"Bem sei", sorriu ela. "Já falei disso tudo há muito tempo. Eu mesma moro numa casa aquecida com energia solar." Depois de refletir por um instante, acrescentou: "Se eu pudesse partir do zero, faria as coisas de maneira bem diferente. Entretanto, preciso ser realista. Há toda uma enorme base tecnológica na Índia que não posso jogar fora".

Enquanto conversávamos, a sra. Gandhi não se mostrou nem um pouco autoritária. Pelo contrário, sua atitude foi bastante natural, modesta e despretensiosa. Nossa conversa mostrou-se efetivamente uma séria troca de idéias entre duas pessoas que partilham algumas preocupações sobre certos problemas e que estão tentando encontrar soluções para eles.

Dando seqüência às suas observações sobre tecnologia e cultura, a sra. Gandhi narrou-me como as pessoas na Índia, assim como em toda parte, são facilmente seduzidas pelo brilho da parafernália tecnológica moderna, por aparelhos que não têm muito valor e que são destruidores da antiga cultura. "Qual seria a melhor maneira de selecionar uma tecnologia realmente apropriada e válida?", ponderou ela. E, para concluir suas observações, olhou para mim e disse com simplicidade: "Você vê, esse é o principal problema que estou enfrentando. O que devo fazer? Você tem alguma idéia?"

Fiquei perplexo com essa pergunta sincera e totalmente despretensiosa. Sugeri à sra. Gandhi a criação de um órgão de avaliação tecnológica formado por uma equipe multidisciplinar, que lhe aconselharia sobre o impacto ecológico, social e cultural das novas tecnologias. Disse-lhe que havia um desses órgãos em Washington, e que minha amiga Hazel Handerson fazia parte de seu conselho consultor. "Uma instituição semelhante", propus, "voltada para soluções a longo prazo, com uma visão ecológica e um forte compromisso com a cultura tradicional, ajudá-la-ia consideravelmente a avaliar suas opções e seus riscos."

Mais uma vez fiquei perplexo com a reação de Indira Gandhi. Enquanto eu falava, ela simplesmente tomou o bloco de papel que estava em sua mesa e, com um lápis, começou a tomar nota. Colocou por escrito todos os detalhes que eu mencionara, inclusive o nome de Hazel Henderson, sem fazer comentário algum.

Mudando de assunto, perguntei a ela o que pensava a respeito do feminismo.

"Bem, não sou feminista", respondeu. E acrescentou logo em seguida: "Mas minha mãe era".

A sra. Gandhi explicou: "Quando eu era criança, sempre pude fazer o que queria. Nunca achei que fizesse muita diferença ser menino ou menina. Eu assobiava, corria e subia em árvores como os garotos. De modo que a idéia da liberação das mulheres não chegou a me ocorrer".

Disse também que a Índia, ao longo de toda a sua história, não só teve muitas mulheres que se distinguiram em atividades públicas como também muitos homens esclarecidos que sempre apoiaram a emancipação das mulheres. "Gandhiji foi um deles", disse ela, "e meu pai também. Eles reconheceram que um movimento não-violento como o nosso não poderia ser bem-sucedido, se não pudesse contar com a simpatia e o interesse ativo de nossas mulheres. De modo que eles, consciente e deliberadamente, as atraíram ao movimento nacional, o que acelerou imensamente a emancipação das mulheres indianas.

"E o que pensa *você* sobre o feminismo?", indagou, devolvendo a minha pergunta. Falei da afinidade natural entre os movimentos ecológicos, pacifistas e feministas, e expressei minha convicção de que o movimento das mulheres iria provavelmente desempenhar um papel de importância básica na atual mudança de paradigma. Indira Gandhi concordou:

"Disse muitas vezes que as mulheres de hoje talvez tenham um papel especial a desempenhar. O ritmo do mundo está mudando, e as mulheres poderão influenciá-lo, dando-lhe a cadência correta".

Cinqüenta minutos haviam transcorrido quando nossa conversa chegou a um fim natural, e a sra. Gandhi indicou, com um gesto cordial, que precisava partir e cuidar de outros assuntos. Agradeci-lhe mais uma vez por ter me recebido e, ao me despedir, disse que estaria interessadíssimo em ouvir quaisquer observações que ela pudesse ter sobre *O ponto de mutação* e muito honrado se pudesse me escrever sobre eles.

"Ah, sim", disse ela alegremente. "Vamos manter contato."

Três anos depois me lembrei dessas palavras, com lágrimas nos olhos, quando soube do assassinato trágico e violento de Indira Gandhi. Sua morte, numa lúgubre lembrança do assassinato de Mahatma Gandhi, seu homônimo e mentor, forçou-me a colocar minha experiência da natureza meiga e graciosa do povo indiano numa perspectiva diferente. Ao mesmo tempo, porém, nossa conversa ficou gravada ainda mais fundo em minha memória.

Indira Gandhi foi certamente a mulher mais notável que já conheci. Antes de eu ir para a Índia, minha imagem dela era a de uma líder mundial altiva e imponente, sagaz e um tanto fria, arrogante e autocrática. Não sei até que ponto essa imagem estava certa. Sei apenas que é uma imagem extremamente parcial. A Indira Gandhi que conheci era uma pessoa calorosa e encantadora, compassiva e sábia. Quando deixei seu escritório e a Casa do Parlamento, atravessando antecâmaras e corredores, passando por secretários de gabinete e guardas de segurança, a frase de R. D. Laing veio-me à mente como uma descrição perfeita do que eu acabara de vivenciar: um encontro autêntico entre seres humanos.

Bibliografia[1]

BATESON, Gregory — *Steps to an ecology of mind.* Nova York, Ballantine, 1972.
———— — *Mind and nature.* Nova York, Dutton, 1979.
CAPRA, Fritjof — "The dance of Shiva". *Main Currents,* set./out. 1972.
———— — "Bootstrap and buddhism". *American Journal of Physics,* jan. 1974.
———— — *O ponto de mutação.* São Paulo, Círculo do Livro, 1986.
———— — e SPRETNAK, Charlene — *Green politics.* Nova York, Dutton, 1984.
———— — "Bootstrap physics: a conversation with Geoffrey Chew". *In:* DE TAR, Carleton, FINKELSTEIN, J., e CHUNG-I TAN, orgs., *A passion for physics.* Cingapura, World Scientific, 1985.
CARLSON, Rick J. — *The end of medicine.* Nova York, Wiley, 1975.
CASTAÑEDA, Carlos — *Os ensinamentos de Don Juan.* Rio de Janeiro, Record.
CLEAVER, Eldridge — *Alma no exílio.* Rio de Janeiro, Civilização Brasileira, 1971.
COREA, Gena — *The hidden malpractice.* Nova York, Morrow, 1977.
DUBOS, René — *Man, medicine and environment.* Nova York, Praeger, 1968.
EHRENREICH, Barbara e ENGLISH, Deirdre — *For her own good.* Nova York, Doubleday.
EINSTEIN, Albert — "Autobiographical notes". *In:* SCHILPP, Paul Arthur, org., *Albert Einstein: philosopher-scientist.* Nova York, Tudor, 1951.
FRIEDAN, Betty — *The feminine mystique.* Nova York, Dell, 1963.
FUCHS, Victor R. — *Who shall live?* Nova York, Basic Books.
GREER, Germaine — *A mulher eunuco.* São Paulo, Círculo do Livro, 1974.
GROF, Stanislav — *Realms of the human unconscious.* Nova York, Dutton, 1976.
HEISENBERG, Werner — *Física e filosofia.* São Paulo, Martins Fontes.
HENDERSON, Hazel — *Creating alternative futures.* Nova York, Putnam, 1978.
———— — *The politics of the Solar Age.* Nova York, Anchor/Doubleday.
HESSE, Hermann — *O lobo da estepe.* Rio de Janeiro, Civilização Brasileira.
HUXLEY, Aldous — *As portas da percepção.* São Paulo, Círculo do Livro, 1983.
ILLICH, Ivan — *Medical nemesis.* Nova York, Pantheon.
JANTSCH, Erich — *The self organizing universe.* Nova York, Pergamon.
JUNG, Carl Gustav — "On psychic energy". *In:* READ, Herbert, FORDHAM, Michael, e ADLER, Gerhard, orgs., *The collected works of Carl G. Jung.* (1928), v. 8, Princeton, Princeton University Press.
KRISHNAMURTI, J. — *Freedom from the known.* Nova York, Harper & Row.
KÜBLER-ROSS, Elisabeth — *On death and dying.* Nova York, Macmillan, 1969.

---

[1] *A bibliografia se restringe às obras mencionadas no texto.*

KUHN, Thomas S. — *The structure of scientific revolutions*. Chicago, University of Chicago Press, 1970.

LAING, R. D. — *O eu dividido*. Petrópolis, Vozes, 1987.

—— — *The politics of experience*. Nova York, Ballantine, 1968.

—— — *The voice of experience*. Nova York, Pantheon, 1982.

LOCK, Margaret M. — *East Asian medicine in urban Japan*. Berkeley, University of California Press, 1980.

MARX, Karl — *O capital*. Rio de Janeiro, Civilização Brasileira, 1980.

—— — *Manuscritos económico-filosóficos*. Lisboa, Edições 70.

MCKEOWN, Thomas — *The role of medicine: mirage or nemesis?* Londres, Nuffield Provincial Hospital Trust, 1976.

MERCHANT, Carolyn — *The death of nature*. Nova York, Harper & Row, 1980.

MONOD, Jacques — *Chance and necessity*. Nova York, Knopf, 1971.

NAVARRO, Vicente — *Medicine under capitalism*. Nova York, Prodist, 1977.

NEEDHAM, Joseph — *Science and civilisation in China*, v. 2, Cambridge, Inglaterra, Cambridge University Press, 1979.

REICH, Wilhelm — *Selected writings*. Nova York, Farrar, Straus & Giroux, 1979.

RICH, Adrienne — *Of woman born*. Nova York, Norton, 1977.

SCHUMACHER, E. F. — *O negócio é ser pequeno*. São Paulo, Círculo do Livro, 1982.

—— — *A guide for the perplexed*. Nova York, Harper & Row, 1977.

SIMONTON, O., MATTHEWS-SIMONTON, Stephanie e CREIGHTON, James — *Getting well again*. Los Angeles, Tarcher, 1978.

SINGER, June — *Androgyny*. Nova York, Doubleday, 1976.

SOBEL, David, org. — *Ways of health*. Nova York, Harcourt Brace Jovanovich, 1979.

SPRETNAK, Charlene — *Lost goddesses of early Greece*. Boston, Beacon Press, 1981.

——, org. — *The politics of women's spirituality*. Nova York, Anchor/Doubleday, 1981.

THOMAS, Lewis — *The lives of a cell*. Nova York, Bantam, 1975.

WATTS, Alan — *The way of Zen*. Nova York, Vintage, 1957.

—— — *The joyous cosmology*. Nova York, Random House, 1962.

—— — *The book*. Nova York, Random House, 1966.

WILBER, Ken — "Psychologia perennis: the spectrum of consciousness". *Journal of Transpersonal Psychology*, n. 2, 1975.

—— — *O espectro da consciência*. São Paulo, Cultrix, 1989.

Índice remissivo

acupuntura, 127, 129-130, 132
adaptação, 221
agricultura, 148-149
água, metáfora da, 88-89
"Além da visão de mundo mecanicista", 75, 135-136
Androgyni (Singer), 101
ar, poluição do, 148, 196
ativismo
    ambiental, 205-206, 235, 253
    social, 148, 196-197, 205-206
    como autoterapia, 253

Bacon, Francis, 174-175, 183-184
Bartenieff, Irmgard, 150
Bateson, Gregory, 10, 59-73, 77, 103, 106, 107, 110, 112, 131, 175, 181, 200, 211, 215, 253
    conceito de mente de, 68-70, 166-167
    duplo vínculo, teoria do, na esquizofrenia, 104
    sobre consciência, 70
    sobre Grof, 83
    sobre lógica, 63, 66-67
    poesia e, 67-68
Bhave, Vinoba, 265
Blake, William, 67
Bohm, David, 23, 51-53, 91
Bohr, Niels, 13-15, 25, 32, 41-42, 47
"Bootstrap e budismo" (Capra), 42-46
bootstrap, teoria, 38, 41-57, 91, 127, 128, 195
    aproximação inerente na, 54
    ausência de entidades fundamentais na, 41-42, 44-45, 53-55
    budismo comparado com, 42-46
    espaço-tempo na, 46, 49-51
    Heisenberg sobre, 44-45
    modelo *quark* e, 45-46
    na psicologia, 81-82
    rede de inter-relações na, 41-42, 43, 44-45 49-51, 53-57
    teoria quântica e, 41-42, 49-51

    topologia na, 45-46, 52
budismo, 21, 28-29, 37, 38, 49, 76, 87, 88-89, 93, 181
    maaiana, 30, 37, 43-44
    teoria *bootstrap* comparada com, 42-46
    zen, 24-26, 121, 163, 213

Caldecott, Oliver, 35-36
Califórnia, Universidade da
    Berkeley, 127, 136, 147, 182-183
    Santa Cruz, 17, 43
câncer, 123, 125-126, 141, 142-144, 152-165, 218, 224, 237-244
    abordagem psicossomática do, 159-165
    disposições psicológicas e, 159-160
    emoções e, 158-159, 161
    estresse e, 125, 141, 142-144, 161
    morte e, 154-155
    motivação e, 237-238, 241
    participação do paciente no, 162-163
    teoria da vigilância do, 143
Capra, Bernt, 19-20, 53n
Capra, Jacqueline, 17, 18, 27, 55
Carter, Jimmy, 179, 197
"Casamento do Céu e do Inferno", 67
Castañeda, Carlos, 20, 21, 28, 75, 84
Chew, Denyse, 55-56
Chew, Geoffrey, 10, 41-57, 110, 176, 181
    Bohm e, 51-53
    rede de inter-relações de, 42, 43, 44-45, 49-51, 53-57
    sobre aproximação, 55-56
    teoria *bootstrap* de. *Veja bootstrap*, teoria.
chi, 124-125, 129-130, 131-135
    definição, 131-135
    direção, 133
China, medicina da. *Veja* medicina chinesa.
Chuang-Tzu, 28, 29
ciência, 9-10

aproximação inerente à, 55-56
consciência e, 108-112
espírito baconiano da, 174-175, 183-184
espiritualidade *versus*, 22-24
Laing sobre, 108-109
metáforas arquitetônicas na, 53-54
mudança de paradigma na, 109, 113
preocupação social e, 29
Schumacher sobre, 174-176
taoísmo e, 28
visão feminista da, 182-184
voltada para a manipulação, 174-175, 183
Cleaver, Eldridge, 19
complementaridade, 99, 179
confucionismo, 138
consciência, 10, 46, 49, 108-121, 221
da matéria, 88-89
estados alterados de, 37, 82, 95, 246. *Veja também* LSD, experiências com.
feminina, 185, 186
masculina, 194
mente e, 108-119
misticismo e, 111-113
sistema de Wilber da, 96
universal, metáfora da água na, 88-89
Veja também inconsciente.
coração, doenças do, 125-126, 159, 224
Corea, Gena, 146
Creating alternative futures (Henderson), 189-195
crescimento econômico, 171-172, 190, 193-194, 209
cura/processos de cura, 239, 241
metáforas e, 244
psíquica, 243
custos sociais, 192, 198, 205, 209

Dança de Xiva, 10, 26
"Dança de Xiva, A" (Capra), 20, 31
dança na Índia, 264-265
Descartes, René, 16, 53, 109, 184
metáfora da árvore de, 59-60
Veja também paradigma cartesiano.
desemprego, 207-210
Deshpande, Nirmala, 265
Dimalanta, Antonio, 146, 215-253
Dirac, Paul, 48
Discurso sobre o método (Descartes), 53
doença, 218, 222-224, 224-225, 227, 228
como desarmonia, 217-218
como processo mental, 166-167
como solucionadora de problemas, 156-158
Simonton sobre, 156-158, 218-219

Veja também medicina; doença mental.
doença mental, 98-106, 222, 227, 244-253
contexto social, 245-246
Laing sobre, 77-79, 93-94, 103-106
LSD e, 99
no paradigma cartesiano, 99-100
Simonton sobre, 156-157
Veja também esquizofrenia.
drogas, 17-18, 30, 228-233
psicoativas, 94, 100
Veja também LSD, experiências com.
Dubos, René, 145-146

ecologia, 10, 148-149
abordagem holística e, 199-200
economia e, 172, 191-195, 199-200, 223
espiritualidade e, 89-90, 199-200, 214
feminismo e, 187-189, 200
Marx sobre, 205-206
economia, 148, 169-181
abordagem sistêmica da, 210-212
britânica, 180
budista, 170
contracultura e, 169-171
crescimento e, 171-172, 190-191, 193-194, 209-210
equilíbrio na, 206, 208
história da, 202-204
impasse na, 192
inflação e, 207-210, 224
keynesiana, 206-207, 210
Marx sobre, 204-205
mercados livres e, 203-204
paradigma newtoniano na, 202-204
paradoxos na, 190
perspectiva ecológica necessária à, 172, 191-195
política e, 191, 196-197
"Reaganomia", 210
saúde e, 267
Schumacher sobre, 169-181
Ehrenreich, Barbara, 146
Einstein, Albert, 13, 41, 115, 201
Elefanta, cavernas, 260-262
energia, 115, 193
nuclear, 178
psíquica, 102-103
solar, 194-195
Veja também chi.
English, Deirdre, 146
equilíbrio, 220-221
na agricultura, 148-149
na economia, 194, 206, 208

274

na Índia, 257
na medicina chinesa, 130, 144
na medicina holística, 150, 166-168
Era Solar, 194, 195
Esalen, Instituto, 61, 62, 70, 97-98, 106
espaço-tempo, 46, 49-51
    LSD e, 87-88
    psicologia espectral, 96
espiritualidade, 21-24, 28
    auto-realização e, 22, 24
    ciência *versus,* 22-24
    como transpessoal, 83-84, 89-90, 96, 106, 115
    das mulheres, 188-189
    ecologia e, 90, 118, 214
    feminismo e, 188-189
    LSD e, 87-88
    na Índia, 257-258
    na morte, 155
esquizofrenia, 78, 98-106
    catatônica, 156-157
    misticismo comparado com, 105-106
    padrões congelados, 104
    teoria do vínculo duplo, 104-105
"estado da medicina norte-americana, O", 142
estereótipos patriarcais, 182, 184-185
estresse, 125, 141, 142-143, 161-162, 166, 212, 228
evolução, 219-222

farmacêutica, indústria, 149, 229-233
feminismo, 19, 146, 181-189, 194, 220, 224
    ecologia e, 187-189, 200
    espiritualidade e, 187-189
    estereótipos patriarcais e, 182, 184-185
    Indira Gandhi sobre, 259-260, 269
    matriarcados e, 186-187
    misticismo e, 186
    síntese masculino-feminino no, 197
Fermi, Enrico, 48
Fischer, Roland, 114, 116
física, 13-16
    inter-relacionamento da, 15-16, 33, 38, 175-176
    paradoxos na, 14-15, 24-26
    paralelos com misticismo. *Veja* paralelos, misticismo/física.
    paralelos com psicologia, 99, 101-103
    psicanálise e, 85-86
    Schumacher sobre, 174-177
    Veja também bootstrap, teoria; teoria quântica.
For her own God (Ehrenreich e English), 146

Francisco de Assis, São, 113
Freud, Sigmund, 76, 85-86
Freud/teoria freudiana, 84, 250
    psicologia junguiana comparada com, 101-103
    relações interpessoais na, 93
Friedan, Betty, 197
Fritjof, Saga de, 90
Fuchs, Victor, 145, 147

Galileu Galilei, 108-109
Gambles, Lyn, 182
Gandhi, Indira, 10, 259-260, 265, 270
Gandhi, Mohandas K., 170, 259, 268, 269, 270
gestalt, 251
Grécia antiga, 188
Green politics (Capra e Spretnak), 10
Greer, Germaine, 181-182, 184, 185
Grof, Christina, 72, 85, 96, 101, 114, 153
Grof, Stanislav, 10, 77, 79-90, 92, 95-97, 98-101, 107, 110, 114-119, 146, 151, 153, 175, 180-181, 186, 191, 215-253, 255
    cartografia de, 82-90, 95-96
    Mente Universal de, 117
    respiração, 101, 114, 151-152
    sobre doenças mentais, 98-101, 104, 244, 246
    trabalho com LSD, 79-88, 94, 98-100, 117-118, 250, 252
Guide for the perplexed, A (Schumacher), 181

Heisenberg, Werner, 10, 13-16, 17, 31-34, 47, 92, 116, 176, 185, 190
    Fórmula Mundial de, 45
    princípio de indeterminação, 15, 32, 51, 243
    sobre a teoria *bootstrap,* 44-45
    sobre *O tao da física,* 38
Henderson, Hazel, 10, 189-214, 215-253, 269
    arcabouço econômico-ecológico de, 191-195, 199-200, 219-220
    futuros alternativos de, 191, 198
    sobre doenças mentais, 247-249
    sobre feminismo, 197-198
    sobre inflação, 207-210, 249
    sobre Marx, 204-206
    sobre movimento ecológico, 235
Heráclito, 63, 66
Hesse, Hermann, 18, 20, 84
hinduísmo, 26-28, 38
holismo e medicina. *Veja* medicina holística

Huain-Nan-Tzu, 28
Huxley, Aldous, 80

Illich, Ivan, 145
inconsciente
    cartografia do, de Grof, 82-90, 95-96
    coletivo, 102, 110
    comunicação com, 163
    nível
        perinatal do, 83-84, 86-87, 95-96
        psicodinâmico do, 82-83, 95
        transpessoal do, 77, 82, 88, 95-96
Índia, 93, 255-270
índios norte-americanos, 28, 188, 226
inflação, 207-210, 224, 249
inter-relacionamento, 15-18, 21-22, 33, 38, 175, 204-205
    em *chi*, 135
    mente-corpo, 124-125
    na teoria *bootstrap*, 41, 43, 44-46, 49-51, 54-57
    organismo/meio ambiente, 124

James, William, 14, 47, 99
Jantsch, Erich, 69-70, 131, 166-167
Japão, 198
    medicina no, 128, 139
Joyous cosmology (Watts), 80
Jung, Carl, 76, 81, 93, 110
junguiana, psicologia
    arquétipos na, 101-102
    como transpessoal, 95-96
    energia psíquica na, 102-103, 131
    inconsciente coletivo na, 102, 110
    paralelo com a física, 101-103
    teoria freudiana comparada com, 102-103

kampo, médicos, 139
Keynes, economia keynesiana, 206-207, 210-211, 212
Khan, Bismillah, 263
koans, 24-26
Krishnamurti, J., 10, 20, 21-24, 51-52, 265
Kübler-Ross, Elizabeth, 146, 154
Kuhn, Thomas, 17

Laing, R. D., 10, 64, 70, 77-79, 90-95, 103-106, 107-121, 146, 151, 161, 172-173, 174, 186, 270
    sobre doenças mentais, 77-79, 93-95, 103-106

    sobre paralelos entre física e misticismo, 92
    sobre psicoterapia, 77-79, 93-95, 103-106
Lao-tse, 28, 63, 66
Leibniz, Gottfried Wilhelm von, 183
Lennon, John, 16
língua, linguagem, 113-114, 244
Lives of a cell (Thomas), 145
Livingstone, Robert, 71, 166
Lock, Margaret, 10, 135-140, 145, 215-253
    sobre modelos médicos, 135-140
lógica, 63
    paradoxo na, 63, 66
Lost goddesses of early Greece (Spretnak), 188
Lovell, Bernard
LSD, experiências com, 80-83, 85-88, 94
    como amplificador dos processos mentais, 80
    conhecimento adquirido com, 117-118
    consciência e, 114-117
    doenças mentais e, 98-99
    em psicoterapia, 250-251, 252
    espiritualidade e, 86-88
    experiências perinatais e, 82-84, 86-87
    metáfora da água e, 88-89
    psicoterapia comparada com, 81

maaiana, budismo, 30, 37, 43-44
Manuscritos econômico-filosóficos, 205
Marx, Karl, 185, 204-206
Maslow, Abraham, 84, 97
matéria
    consciência da, 88-89
    definição de, 115-116
matriz S, teoria da, 41-42, 44, 45-46
Matthewos-Simonton, Stephanie, 123, 125-126, 142-144
McKeown, Thomas, 145, 228
mecânica matricial, 14, 32
Medical nemesis (Illich), 145
medicina, 123-168
    abordagem psicossomática da, 124-125, 142-144, 148, 159-165
    diferenças culturais na, 135-137. *Veja também* medicina chinesa; medicina ocidental.
    drogas e, 228-233
    mudança de paradigma na, 124, 127, 140-142. *Veja também* medicina holística.
    paralelo com agricultura na, 148-149
    preventiva, 130-131
    psicologia e, 148-168

responsabilidade na, 140, 237
xamanismo como, 136-137, 245-246
medicina chinesa (medicina no leste asiático),
127-140, 147, 162
adaptada à medicina holística, 135-142
chi na, 124-125, 129, 131-135
como medicina preventiva, 130-131, 139
confucionismo e, 138
equilíbrio na, 130, 144
holismo da, 137-139
responsabilidade na, 139-140
yin-yang na, 129-130
medicina do leste asiático. *Veja* medicina
chinesa.
medicina holística, 123-7, 135-142, 198
equilíbrio na, 150, 166-168
elaboração do arcabouço para, 147-168
medicina chinesa adaptada à, 135-142
modelo cibernético da, 166-168
terapêutica do câncer como, 123, 125-126,
142-144. *Veja também* câncer.
medicina ocidental
alopata, 154
alternativas à, 149-152
autocura na, 154
críticas à, 145-147
crítica feminista à, 146
morte e, 154-155
mudança de paradigma na, 124, 127,
140-142
nos países em desenvolvimento, 227-228
medicina preventiva, 130-131, 139, 168
Medicine under capitalism (Navarro), 145
meditação, 17, 23, 37, 161
Mehta, Phiroz, 37, 90
mente
abordagem psicossomática e, 124-125, 142-
144, 148, 159-165
Bateson sobre, 68-70, 166
câncer e, 125-126
como auto-organizadora, 69-70
como reflexo da natureza, 66
consciência e, 108-118
Merchant, Carolyn, 182-184
metáfora, 63, 67
como linguagem da natureza, 67
cura e, 244
da água, e experiências psicodélicas, 88-89
ecológica, 195-196
na terapêutica do câncer, 163
Mind and nature (Bateson), 61, 62, 68, 70
misticismo, 19-20
consciência e, 111-112, 114, 115
dinâmica do, 38

esquizofrenia comparada com, 105-106
feminismo e, 186
inter-relacionamento no, 21-22, 33, 38, 43
paradoxos no, 24-26
paralelos com a física. *Veja* paralelos entre misticismo e física.
prática do, 37
mitologia, linguagem da, 83
modelo biomédico. *Veja* medicina ocidental.
Monadologia, (Leibniz), 183
Monasch, Miriam, 184
Monod, Jacques, 32-33
morte, 146, 234, 238
câncer e, 154, 155
definições da, 217
em nível perinatal, 86-87
Mosteiro de Piedra, 107
Movimento do Poder Negro, 19
Movimento do Potencial Humano, 79, 85, 97,
123, 224
Movimento dos Direitos Civis, 11
Movimento Verde, 11, 19, 30
mulheres
espiritualidade das, 187-189
na Índia, 258
Veja também feminismo.
Murphy, Michael, 97

Nader, Ralph, 192-193
não-conhecimento, 178
nascimento, 82-83, 86-87, 94
Nauenberg, Michael, 34-35
Navarro, Vicente, 145
Needham, Joseph, 91, 129
Nepal, 227-228

O negócio é ser pequeno (Schumacher), 91,
169-172
Odissi, dança, 264
Of woman born (Rich), 184, 187, 197

Panigraphi, Sanjukta, 264
paradigma, mudança de
na ciência, 109, 113
Veja também campos específicos de
estudo.
na economia, 144-145, 171
na medicina, 124, 127, 140-142. *Veja também* medicina holística.
na psicologia, 95-96, 144-145

paradigma newtoniano, 72, 93, 140-141, 174
   na economia, 202, 203
   matéria no, 115
   psicanálise moldada no, 86, 93, 95
   Veja também paradigma cartesiano.
paradoxos
   do termostato, 63, 66
   Mente Universal e, 117
   na economia, 190
   na lógica, 63, 66-67
   na teoria quântica, 14-15, 190
   no misticismo, 25-26
paralelos
   medicina e agricultura, 142-149
   medicina chinesa e física, 127
   psicologia e física, 99, 102-103
paralelos: misticismo e física, 24-29, 33, 36-37
   consistência dos, 36-37
   dinâmica dos, 38
   inter-relacionamento dos, 33, 38
   Laing sobre, 92
   paradoxos, 25-26
   teoria *bootstrap* e budismo, 43-46
paranormalidade, abordagem científica da, 243-244
Paris, Universidade de, 16, 18
Patil, Vimla, 257-260, 263
patologia social, 157, 222-223
patriarcalismo, estereótipos patriarcais, 182, 184-185
perinatal, nível, 82-84, 86-87
   LSD e, 83, 86-88
   psicologia humanista associada ao, 95-96
poesia, 67
política, 179, 191, 196-198
Political arithmetick (Petty), 203
politics of experience, The (Laing), 77, 78
politics of the Solar Age, The (Henderson), 195
politics of women's spirituality, The (Spretnak), 188-189
poluição do ar, 148, 196
Porkert, Manfred, 129, 131-135, 146
prana, 124-125
Price, Richard, 97-98
Prigogine, Ilya, 110
   sistemas auto-organizadores de, 69-70
princípio de indeterminação, 15, 32, 51, 243
psicanálise
   arcabouço newtoniano da, 86, 93, 95
   modelo psicodinâmico para, 95
psicologia, 75-106
   abordagem cartesiana na, 78

   espectral, 96
   humanista, 84-97
   junguiana, 95-96, 101-103, 110, 131
   medicina e, 148-168
   mudança de paradigma na, 95-96, 144, 145
   paralelos com a física, 99, 101-102
   teoria *bootstrap* na, 81-82, 95-96
   transpessoal, 84
   Veja também doença mental.
psicoterapia, 76, 81, 146-147, 160-161, 235-237
   ativismo social como, 253
   câncer e, 240-241
   Dimalanta sobre, 235-236
   experiências com LSD comparadas à, 81
   gestáltica, 251
   Grof sobre, 100-101, 251-252
   humor na, 250-252
   importância da experiência na, 119-120
   Laing sobre, 93-95, 119-120
   medicina holística e, 165
   motivação na, 238-239
   respiração Grof como, 151-152
   ressonância na, 96, 100-101
   uso de LSD na, 250-251, 252
   vivencial, 101
   Veja também doença mental.
psicoterapia do futuro, 107-119
Purce, Jill, 91, 163

quântica, teoria
   físicos japoneses e, 33
   formulação da, 13-15, 185
   paradoxos na, 14-15, 25-26, 50, 190
   teoria *bootstrap* e, 41-42, 49-51
quark, modelo, 42, 45-46

raciocínio/pensamento, 21-23, 28-29
   limites do, 24-26
radiação, terapia por, 125-126
"Reaganomia", 210
Reed, Virginia, 150-151, 161
Reich, Wilhelm, 81, 150
relações, 175-176
   Bateson sobre, 64-65
   beleza nas, 65
relatividade, teoria da, 36-37, 41-42, 176
   teoria *bootstrap* e, 41-42
religião, 68
   patriarcal, 188
Rich, Adrienne, 184-186, 187, 189, 197

Schrodinger, Erwin, 14-15, 32, 47
   mecânica ondulatória de, 14-32

Schumacher, E. F. (Fritz), 10, 91, 169-181, 189, 190, 199, 211
    dimensão vertical de, 176, 181
    economia budista de, 170-171
    ordem hierárquica de, 176, 181, 189
    sobre crescimento, 171-172
    sobre física, 174-177
Science and civilisation in China (Needham), 91
self-organizing universe, The (Jantsch), 69
Shlain, Leonard, 147, 215-253
    sobre doenças mentais, 246-248
    sobre saúde, 217-218, 223-224, 225-226
    sobre terapêutica do câncer dos Simontons, 239-241
silogismo, 66-67
Simonton, Carl, 10, 123-126, 148, 167-168, 215-253
    como curador, 239, 241
    modelagem científica de, 241-244
    sobre doenças, 156-158, 218
    sobre doenças mentais, 156-157
    sobre morte, 154-155, 234, 238-239
    terapêutica do câncer de, 123, 125-126, 141, 142-144, 152-165, 237-244
Singer, June, 94, 101-103
sistemas, teoria sistêmica, 60, 103, 146, 223
    auto-organizadores, 69-70, 110, 166-167
    chi e, 131-133
    cibernéticos, 166-167
    econômicos, 210-212
    medicina na, 136. *Veja também* medicina holística.
    mente na, 68-70, 110-112, 114-115
    unificando misticismo e ciência, 110-112, 114-115
Smith, Adam, 203, 204, 206
    Mão Invisível de, 206, 207
Sobel, David, 146
solo, 148
Spretnak, Charlene, 10, 187-189

Tagore, Rabindranath, 33, 34
tai chi, 106, 127, 150
taoísmo, 28-29, 77, 181, 188
    cirurgia e, 147

como científico, 28
O ponto de mutação influenciado pelo, 75
tecnologia, 172
    branda, 194, 210, 267-268
    intermediária, 178
    machista, 194, 219
    na Índia, 267-269
tempo, 116
    Veja também espaço-tempo.
Thomas, Lewis, 145, 165
topologia, 45-46, 52, 55
transpessoal, nível, 82, 88
    como espiritual, 84, 89-90, 96, 106, 115
    complementaridade no, 99
    junguiano, 96
    LSD e, 82-83, 88
    nos psicóticos, 106
transpessoal, psicologia, 84
tsang chi, 133
tuberculose, 228-229

Veneziano, Gabriele, 45-46
vertical, dimensão, 176, 181
Viena, Universidade de, 16
visualização, 126, 163-164, 244

Watts, Alan, 10, 19-21, 76, 80
Ways of health (Sobel), 146
Wheeler, John, 31
Whitaker, Carl, 246
Who shall live? (Fuchs), 145
Wilber, Ken, 96
Wu Hsing, 129
wu wei, 75, 79

xamanismo, 136-137, 245-246
Xiva, 26, 256, 260-261

yin-yang, 129, 134-135, 219
Young, Arthur, 55-56

zen-budismo, 24-26, 121, 163, 213
Zmenek, Emil, 123, 144

O PONTO DE MUTAÇÃO

Fritjof Capra

Em *O Tao da Física*, Fritjof Capra desafiou a sabedoria convencional ao demonstrar os surpreendentes paralelos existentes entre as mais antigas tradições místicas e as descobertas da Física do século XX. Agora, em *O Ponto de Mutação*, ele mostra como a revolução da Física moderna prenuncia uma revolução iminente em todas as ciências e uma transformação da nossa visão do mundo e dos nossos valores.

Com uma aguda crítica ao pensamento cartesiano na Biologia, na Medicina, na Psicologia e na Economia, Capra explica como a nossa abordagem, limitada aos problemas orgânicos, nos levou a um impasse perigoso, ao mesmo tempo em que antevê boas perspectivas para o futuro e traz uma nova visão da realidade, que envolve mudanças radicais em nossos pensamentos, percepções e valores.

Essa nova visão inclui novos conceitos de espaço, de tempo e de matéria, desenvolvidos pela Física subatômica; a visão de sistemas emergentes de vida, de mente, de consciência e de evolução; a correspondente abordagem holística da Saúde e da Medicina; a integração entre as abordagens ocidental e oriental da Psicologia e da Psicoterapia; uma nova estrutura conceitual para a Economia e a Tecnologia; e uma perspectiva ecológica e feminista.

Citando o *I Ching* — "*Depois de uma época de decadência chega o ponto de mutação*"— Capra argumenta que os movimentos sociais dos anos 60 e 70 representam uma nova cultura em ascensão, destinada a substituir nossas rígidas instituições e suas tecnologias obsoletas. Ao delinear pormenorizadamente, pela primeira vez, uma nova visão da realidade, ele espera dotar os vários movimentos com uma estrutura conceitual comum, de modo a permitir que eles fluam conjuntamente para formar uma força poderosa de mudança social.

EDITORA CULTRIX

O TAO DA FÍSICA

Um Paralelo Entre a Física Moderna
e o Misticismo Oriental

Fritjof Capra

Este livro analisa as semelhanças — notadas recentemente, mas ainda não discutidas em toda a sua profundidade — entre os conceitos fundamentais subjacentes à física moderna e as idéias básicas do misticismo oriental. Com base em gráficos e em fotografias, o autor explica de maneira concisa as teorias da física atômica e subatômica, a teoria da relatividade e a astrofísica, de modo a incluir as mais recentes pesquisas, e relata a visão de um mundo que emerge dessas teorias para as tradições místicas do Hinduísmo, do Budismo, do Taoísmo, do Zen e do I Ching.

O autor, que é pesquisador e conferencista experiente, tem o dom notável de explicar os conceitos da física em linguagem acessível aos leigos. Ele transporta o leitor, numa viagem fascinante, ao mundo dos átomos e de seus componentes, obrigando-o quase a se interessar pelo que está lendo. De seu texto, surge o quadro do mundo material não como uma máquina composta de uma infinidade de objetos, mas como um todo harmonioso e "orgânico", cujas partes são determinadas pelas suas correlações. O universo físico moderno, bem como a mística oriental, estão envolvidos numa contínua dança cósmica, formando um sistema de componentes inseparáveis, correlacionados e em constante movimento, do qual o observador é parte integrante. Tal sistema reflete a realidade do mundo da percepção sensorial, que envolve espaços de dimensões mais elevadas e transcende a linguagem corrente e o raciocínio lógico.

Desde que obteve seu doutorado em física, na Universidade de Viena, em 1966, Fritjof Capra vem realizando pesquisas teóricas sobre física de alta energia em várias Universidades, como as de Paris, Califórnia, Santa Cruz, Stanford, e no Imperial College, de Londres. Além de seus escritos sobre pesquisa técnica, escreveu vários artigos sobre as relações da física moderna com o misticismo oriental e realizou inúmeras palestras sobre o assunto, na Inglaterra e nos Estados Unidos. Atualmente, leciona na Universidade da Califórnia em Berkeley.

A presente edição vem acrescida de um novo capítulo do autor sobre a física subatômica, em reforço às idéias por ele defendidas neste livro.

EDITORA CULTRIX

I CHING – O LIVRO DAS MUTAÇÕES

Richard Wilhelm
Prólogo de C. G. Jung

Depois de amplamente divulgada em alemão, inglês, francês, italiano e espanhol, aparece pela primeira vez em português a mais abalizada tradução deste clássico da sabedoria oriental – o *I Ching*, ou *Livro das Mutações* –, segundo a versão realizada e comentada pelo sinólogo alemão Richard Wilhelm.

Tendo como mestre e mentor o venerável sábio Lao Nai Haüan, que lhe possibilitou o acesso aos textos escritos em chinês arcaico, Richard Wilhelm pôde captar o significado vivo do texto original, outorgando à sua versão uma profundidade de perspectiva que nunca poderia provir de um conhecimento puramente acadêmico da filosofia chinesa.

Utilizado como oráculo desde a mais remota antiguidade, o *I Ching*, considerado o mais antigo livro chinês, é também o mais moderno, pela notável influência que vem exercendo, de uns anos para cá, na ciência, na psicologia e na literatura do Ocidente, devido não só ao fato de sua filosofia coincidir, de maneira mais assombrosa, com as concepções mais atuais do mundo, como também por sua função como instrumento na exploração do inconsciente individual e coletivo.

C. G. Jung, o grande psicólogo e psiquiatra suíço, autor do prefácio da edição inglesa, incluído nesta versão, e um dos principais responsáveis pelo ressurgimento do interesse do mundo ocidental pelo *I Ching*, resume da seguinte forma a atitude com a qual o leitor ocidental deve se aproximar deste *Livro dos Oráculos*:

"O I Ching não oferece provas nem resultados; não faz alarde de si nem é de fácil abordagem. Como se fora uma parte da natureza, espera até que o descubramos. Não oferece nem fatos nem poder, mas, para os amantes do autoconhecimento e da sabedoria – se é que existem –, parece ser o livro indicado. Para alguns, seu espírito parecerá claro como o dia; para outros, sombrio como o crepúsculo; para outros ainda, escuro como a noite. Aqueles a quem ele não agradar não têm por que usá-lo, e quem se opuser a ele não é obrigado a achá-lo verdadeiro. Deixem-no ir pelo mundo para benefício dos que forem capazes de discernir sua significaçao."

EDITORA PENSAMENTO

ESPAÇO, TEMPO E ALÉM

Bob Toben e *Fred Wolf*

Sabe-se que muitas teorias da física moderna apontam para uma visão da realidade muito parecida com as do taoísmo e do budismo. Além disso, a maneira como a mecânica quântica reconhece que a consciência do observador está ligada aos fenômenos observados só tem paralelo na evidência científica dos fenômenos paranormais. No entanto, mesmo quando suas teorias não são meramente especulativas, os físicos evitam, com maior cuidado, afirmar que elas dão explicações gerais sobre a realidade. Para eles, elas apenas funcionam matematicamente, explicando *localmente* certos fatos.

O que os autores de *Espaço, Tempo e Além* fazem é apresentar a visão que se teria do mundo se a física pusesse de lado essas barreiras da prudência. Com isso eles controem uma visão alucinante do universo, onde a física assume o fascínio dos relatos mágicos e as explicações sobre a natureza da matéria ficam parecendo cosmogonais de alguma civilização extraterrestre. Suas pretensões, no entanto, não são nada sensacionalistas, nem constituem um esforço que se apele para o exagero a fim de divulgar, numa linguagem acessível, as idéias atuais da física, como se poderia concluir do estilo das ilustrações. Aliás, esse estilo pode enganar o leitor, pois a base teórica dessas idéias é rigorosamente preservada, embora seu lado especulativo, que os físicos preferem deixar na sombra, assuma aqui a importância de um guia de leitura extremamente sugestiva, em parte pela linguagem aforística e, às vezes, quase oracular que o autor emprega. Seu propósito é justificado mesmo perante os físicos: a "física visionária", como ele a batiza, seria mais uma "forma de arte" que outra coisa, dirigida principalmente à imaginação criadora, e capaz de fecundá-la com novas idéias.

Tanto os físicos como os leigos têm muito a lucrar seguindo esta aventura de ver o que acontece quando a física dá asas à imaginação e se metamorfoseia em mitologia. Este é, sem dúvida, um livro recomendável a todos os que tenham pelo menos um mínimo de inquietação sobre questões científicas fundamentais, mas ainda sitiadas pelos preconceitos, como a da consciência, a dos fenômenos paranormais, a da natureza da matéria, etc.

NEWTON ROBERVAL EICHEMBERG

EDITORA CULTRIX

AS CONEXÕES OCULTAS

Fritjof Capra

As últimas descobertas científicas mostram que todas as formas de vida – desde as células mais primitivas até as sociedades humanas, suas empresas e Estados nacionais, até mesmo sua economia global – organizam-se segundo o mesmo padrão e os mesmos princípios básicos: o padrão em rede. Em *As Conexões Ocultas*, Fritjof Capra desenvolve uma compreensão sistêmica e unificada que integra as dimensões biológica, cognitiva e social da vida e demonstra claramente que a vida, em todos os seus níveis, é inextricavelmente interligada por redes complexas.

No decorrer deste novo século, dois fenômenos específicos terão um efeito decisivo sobre o futuro da humanidade. Ambos se desenvolvem em rede e ambos estão ligados a uma tecnologia radicalmente nova. O primeiro é a ascensão do capitalismo global, composto de redes eletrônicas de fluxos de finanças e de informação; o outro é a criação de comunidades sustentáveis baseadas na alfabetização ecológica e na prática do projeto ecológico, compostas de redes ecológicas de fluxos de energia e matéria. A meta da economia global é a de elevar ao máximo a riqueza e o poder de suas elites; a do projeto ecológico, a de elevar ao máximo a sustentabilidade da teia da vida.

Atualmente, esses dois movimentos encontram-se em rota de colisão: ao passo que cada um dos elementos de um sistema vivo contribui para a sustentabilidade do todo, o capitalismo global baseia-se no princípio de que ganhar dinheiro deve ter precedência sobre todos os outros valores. Com isso, criam-se grandes exércitos de excluídos e gera-se um ambiente econômico, social e cultural que não apóia a vida, mas a degrada, tanto no sentido social quanto no sentido ecológico. O grande desafio que se apresenta ao século XXI é o de promover a mudança do sistema de valores que atualmente determina a economia global e chega-se a um sistema compatível com as exigências da dignidade humana e da sustentabilidade ecológica.

Capra demonstra de modo conclusivo que os seres humanos estão inextricavelmente ligados à teia da vida em nosso planeta e mostra quão imperiosa é a necessidade de organizarmos o mundo segundo um conjunto de crenças e valores que não tenha o acúmulo de dinheiro por único sustentáculo e isso não só para o bem-estar das organizações humanas, mas para a sobrevivência e sustentabilidade da humanidade como um todo.

EDITORA CULTRIX

A TEIA DA VIDA
"THE WEB OF LIFE"

Fritjof Capra

A Teia da Vida é um livro de excepcional relevância para todos nós – independentemente de nossa atual atividade. Sua maior contribuição está no desafio que ele nos coloca na busca de uma compreensão maior da **realidade** em que vivemos. É um livro provocativo que nos desancora do fragmentário e do "mecânico". É um livro que nos impele adiante, em busca de novos níveis de consciência, e assim nos ajuda a enxergar, com mais clareza, o extraordinário potencial e o propósito da vida. E também a admitir a inexorabilidade de certos processos da vida, convivendo lado a lado com as infinitas possibilidades disponíveis, as quais encontram-se sempre à mercê de nossa competência em acessá-las.

Esta obra de Capra representa também um outro tipo de desafio para todos nós. Ela exige uma grande abertura de nossa parte. Uma abertura que só é possível quando abrimos mão de nossos arcabouços atuais de pensamento, nossas premissas, nossas teorias, nossa forma de ver a própria realidade, e nos dispomos a considerar uma outra forma de entender o mundo e a própria vida. O desafio maior está em mudar a nossa maneira de pensar...

Não é uma tarefa fácil. Não será algo rápido para muitos de nós. Mas se pensarmos bem, existe um desafio maior do que entender como funcionamos e como a vida funciona?

Na verdade, Capra está numa longa jornada em busca das grandes verdades da vida. Ele humildemente se coloca "em transição", num estado permanente de busca, de descoberta, sempre procurando aprender, desaprender e reaprender.

Este livro é um grande convite para fazermos, juntos, essa jornada.

Uma jornada de vida.

Oscar Motomura
(Do Prefácio à Edição Brasileira)

EDITORA CULTRIX